Medizin für die Bildung

Für

Anna-Christiane

Manfred Spitzer

Medizin für die Bildung

Ein Weg aus der Krise

Bibliografische Information der Deutschen Nationalbibliothek
Die Deutsche Nationalbibliothek verzeichnet diese Publikation in der Deutschen Nationalbibliografie; detaillierte bibliografische Daten sind im Internet über http://dnb.d-nb.de abrufbar.

Springer ist ein Unternehmen von Springer Science+Business Media
springer.de

© Spektrum Akademischer Verlag Heidelberg 2010
Spektrum Akademischer Verlag ist ein Imprint von Springer

10 11 12 13 14   5 4 3 2 1

Planung und Lektorat: Katharina Neuser-von Oettingen, Bettina Saglio
Redaktion: Frauke Bahle
Umschlaggestaltung: wsp design Werbeagentur GmbH, Heidelberg

ISBN 978-3-8274-2677-2

Inhalt

Vorwort

Medizin für die Bildung. Das mag sich für manchen zunächst wie *Bittere Pillen für Lehrer und Schüler* anhören. Aber dies ist weder ein Buch, in dem es für kriselnde Bildungsbeteiligte, ausgebrannte Lehrer oder streikende Schüler etwas Unangenehmes zu schlucken gibt, noch geht es gar um Gehirn-Doping, also um Medikamente, die das Lernen – vermeintlich (die meisten) oder tatsächlich (manche) – verbessern können. Der Titel des vorliegenden Buchs drückt vielmehr zwei Grundgedanken aus: Zum einen geht es um strukturelle Analogien zwischen Prozessen, die mir als „Quereinsteiger" aus der Medizin in den Bereich der Bildung immer wieder auffallen. Ich schreibe dieses Buch in der festen Überzeugung, dass der Bereich der Bildung vom Bereich der Gesundheit und Medizin ganz allgemein einiges lernen kann. Zum zweiten geht es konkret um Erkenntnisse aus der Gehirnforschung zu Lernen, Emotionen, Aufmerksamkeit oder Neugier, die als Grundlage für eine Pädagogik auf wissenschaftlicher Basis dienen können. Ich bin dabei kein Vertreter von Schnellschüssen, wie sie manche Pädagogen unter Schlagworten wie *Neuropädagogik* oder gar *Neurodidaktik* propagiert haben. Und wenn die Amerikaner marktschreierisch von *brain based learning* reden, dann ist das etwa so sinnvoll und informativ wie *leg based running*.

Das alljährliche Treffen der Neurowissenschaftler (*Society for Neuroscience*) ist mit über 30.000 Teilnehmern die größte wissenschaftliche Zusammenkunft, die es weltweit überhaupt gibt. Neurowissenschaftler publizieren jährlich etwa 40.000 wissenschaftliche Arbeiten, empirische Erkenntnisse (keine Besinnungsaufsätze), die unser Verständnis der Funktionsweise des Organs des Lernens, des Gehirns, permanent deutlich erweitern und vertiefen. *Es kann nicht sein,* dass dies für die Institutionen, in denen das Lernen der nächsten Generation erfolgt (Kindergarten, Schule, berufliche Aus- und Weiterbildung bis hin zur Universität), keine Bedeutung bzw. Konsequenzen hat.

Und es darf nicht sein! Was zum Untertitel überleitet: Wir leben in sehr aufregenden, unruhigen und vor allem unsicheren Zeiten. Die weltweite *Krise der Wirtschaft und der Finanzmärkte* ist nicht zuletzt eine Krise des Vertrauens, erstens in einige grundlegende Institutionen unseres Zusammenlebens, aber auch in unsere Prinzipien des Zusammenlebens bis hin zu unserer Fähigkeit, komplexe Prozesse zu verstehen und zu steuern. Was kann in dieser Situation wichtiger sein als Klugheit, Kenntnisreichtum, Weitblick, Menschenkenntnis und Kreativität – bei allen Beteiligten, aber insbesondere bei den jungen Menschen, denen wir die Lösung der Probleme werden überlassen müssen. Denn wir waren dumm, kurzsichtig, egoistisch und engstirnig genug, um zu glauben, dass es ewig so weitergeht, wie es bei näherem Hinsehen – und dies musste eigentlich jeder vernünftige Mensch verstehen – gar nicht weitergehen konnte. Und haben dadurch einen unglaublichen Schuldenberg angehäuft und das ganze System damit letztlich an die Wand gefahren. Die nächste Generation muss es besser machen, wenn sie überhaupt eine Chance haben will: auf eine erhaltene Umwelt, auf halbwegs stabile politische und wirtschaftliche Verhältnisse und auf ein glückliches, selbstbestimmtes, freies und erfülltes Leben in der Gemeinschaft, jenseits von Konsum, Party und Ballermann.

Das vielleicht schwächste Argument dafür, unsere Bildung deutlich zu verbessern, ist noch dasjenige, dass dies ein gangbarer Weg zur Rückzahlung aller Staatsschulden wäre. Ökonomisch und ökologisch muss sich viel mehr ändern als nur das Schuldenmachen, weil es so wie bisher nicht weitergehen kann! Aus meiner Sicht wird es uns nur möglich sein, die Krise zu meistern, wenn wir uns selbst besser verstehen. Denn nicht allein die Wirtschaft oder die Banken sind in der Krise: Wir sind es. Unser althergebrachtes Welt- und Menschenbild passt nicht mehr ins 21. Jahrhundert. Und wenn Schüler heute etwa so gerne in die Schule gehen wie zum Zahnarzt, dann steht es schlecht um unsere Chancen, hier weiterzukommen. Denn woher, wenn nicht von unseren Bildungseinrichtungen, sollten die Kenntnisse und die Kreativität ihrer Anwendung kommen?

Ja, unsere Bildung ist in der Krise, und dennoch ist Bildung unsere einzige Chance, den Weg aus der globalen Krise zu finden und zu gehen.

Ich hätte dieses Buch nicht geschrieben, wäre ich nicht seit Jahren sehr intensiv mit Fragen der Bildung konfrontiert. Zum einen als Gründer und Leiter des Transferzentrums für Neurowissenschaften und Lernen (ZNL), einem kleinen wissenschaftlichen Institut in Ulm. Die Projekte dort führen mir täglich die Wichtigkeit und Dringlichkeit von Veränderungen im Bildungsbereich vor Augen. Und in Diskussionen mit den Mitarbeitern erlebe ich hautnah die Schwierigkeiten und Probleme in der Praxis. Mein Dank gilt daher allen Mitarbeitern des ZNL, allen voran Katrin Hille und Michael Fritz. Mit meinen Kollegen an der Klinik, Georg Grön und Thomas Kammer, habe ich ebenfalls viele der hier vorgestellten Gedanken diskutiert. Sie wurden nicht müde, mich zu kritisieren und zugleich zu ermutigen, weswegen auch ohne sie das Buch wohl kaum existierte. Zu einzelnen Kapiteln bekam ich hilfreiche Anmerkungen und Hinweise von Bernhard Bueb, Stefan Hahn, Rainer Lorenz, Manfred Neumann und Michael Posner. Und wenn ich nicht gerade mit zwei Fingern schrieb, dann halfen mir Frau Julia Ferreau und Frau Gerlinde Trögele.

Bärbel Herrnberger gilt mein besonderer Dank für ihre Unterstützung bei redaktionellen Arbeiten und für ihren immer scharfen und kritischen Verstand. Frau Bettina Saglio erledigte das Lektorat mit Engelsgeduld, und Katharina Neuser-von-Oettingen betreut mich bei Spektrum-Verlag seit gefühlten einhundert Jahren in wunderbarer Weise. Sie kennt meine Schwächen und Tücken, und hat es dennoch nie aufgegeben! Was will man mehr?

Das Buch ist meiner jüngsten Tochter Anna gewidmet. Wenn alles gut geht, kommt sie in fünf Jahren in die Schule. Ich hoffe sehr, dass dieses Buch bis dahin schon Auswirkungen hatte. Nicht nur ihretwegen!

Ulm, am Vatertag 2010   Manfred Spitzer

1 Einleitung

Medizin und Bildung sind zwei große Bereiche menschlicher Aktivität, die immer wieder miteinander in Beziehung gesetzt wurden und werden. Man kann den Bildungsstand einer Person oder deren Erkrankung *diagnostizieren*, oder ein Problem *behandeln* – wie eine Krankheit (vgl. Wittgenstein 1982, S. 255). Und es waren nicht selten Ärzte, die sich um die richtige Erziehung und Bildung junger Menschen Gedanken gemacht haben.[1]

Spricht man vom Gesundheits*system* und vom Bildungs*system*, so meint man die Art und Weise, wie diese Aktivitäten gesellschaftlich organisiert sind. Beide Systeme haben gemeinsam, dass sie (1) sehr viel *Geld kosten* und (2) permanent in der *Krise* zu stecken scheinen, was (3) politisch in permanenten *Reformen* – oder zumindest dem Gerede davon – resultiert. Betrachtet man die Sache genauer, so werden jedoch nicht nur Gemeinsamkeiten, sondern auch Unterschiede deutlich.

Gemeinsamkeiten und Unterschiede

Kosten: Wir Deutschen geben 10,4% des Bruttoinlandsprodukts (BIP) für Gesundheit aus, die Türken 5,7%, die Polen 6,4%, die Japaner 8,1%, die Dänen und Portugiesen knapp 10%. Nur die Schweizer, die Franzosen und die US-Amerikaner geben mit 10,8%, 11% und 16% einen noch höheren prozentualen Anteil ihrer Wirtschaftsleistung für Gesundheit aus, wie aus den Zahlen der *Organisation für wirtschaftliche Zusammenarbeit und Entwicklung* (OECD 2009a) hervorgeht. Dabei werden wir Deut-

---

1 Der französische Arzt Jean Itard (1774–1838) leitete als Chefarzt das Taubstummen-Institut in Paris und entwickelte Methoden zur Unterrichtung Gehörloser. Die italienische Ärztin Maria Montessori (1870–1952) baute nicht zuletzt auf dessen Gedanken die nach ihr benannte Pädagogik auf.

schen nicht älter als die Franzosen oder die Japaner, und die Amerikaner
werden derzeit im Gegensatz zum Rest der Welt insgesamt eher kränker
und sterben wieder früher.

Für Bildung gibt Deutschland 4,8% des BIP aus, die Türkei weniger
(2,7%), Dänemark und die USA mit über 7% jedoch deutlich mehr
(OECD 2009b). Die OECD führt seit dem Jahr 2000 internationale
Schulleistungsuntersuchungen durch, bei denen alltags- und berufsrele-
vante Kenntnisse und Fähigkeiten 15-Jähriger in den drei Bereichen Lesekompetenz, Mathematik und Naturwissenschaften gemessen werden.
Diese groß angelegten Studien sind unter dem Akronym PISA (engl.: *Programme for International Student Assessment*; Programm zur internationalen Schülerbewertung) hierzulande sehr bekannt geworden. In diesen
Vergleichsuntersuchungen schneiden die Amerikaner trotz deutlich höherer Bildungsausgaben nicht besser ab als wir. Genauere Analysen zeigen zudem, dass die Ausgaben für Bildung eines Staates und der Bildungsgrad
seiner Bevölkerung ebenso gering zusammenhängen wie die Gesundheits-
ausgaben und die Gesundheit (Whetzel & McDaniel 2006).

Bereits diese wenigen Fakten zeigen, dass man sich im Hinblick auf
Gesundheit und Bildung durchaus darüber Gedanken machen kann und
sollte, wofür wir Geld ausgeben bzw. ob wir das eingesetzte Geld richtig
ausgeben. Daher die permanente Krise – unserer Anstrengungen für Gesundheit und für Bildung.

Krise: Hier hören die Gemeinsamkeiten beider Systeme aber schon auf!
Denn die Krise des deutschen Gesundheitssystems besteht darin, dass die
Bevölkerung immer älter (und damit immer kränker) und die medizinische Versorgung immer besser und damit langfristig immer teurer wird.
Mehr Nachfrage durch erhöhte Inanspruchnahme einerseits und ein immer besseres und größeres Angebot (bzw. eine Ausweitung des Marktes)
andererseits müssen die Kosten nach oben treiben – und genau darin besteht die Krise, zumindest langfristig, denn zur Zeit steigen die Aufwen-
dungen für Gesundheit in Deutschland nicht – es wird nur oft darüber
geredet. Eines ist jedoch in jedem Falle klar: Die vermeintliche Krise bezieht sich definitiv *nicht* auf die Qualität der Versorgung (zumindest *noch*
nicht!), denn diese ist – für *alle* in Deutschland – im internationalen Vergleich so gut, dass uns viele darum beneiden, von den Amerikanern über

die Engländer bis zu den Türken! Und diejenigen, die im Gesundheitssystem arbeiten, sind in der Gesellschaft anerkannt und machen nicht zuletzt deswegen ihre Arbeit gut und gerne: Man arbeitet *zusammen mit den Kranken* für deren Gesundheit. Die *Krise des Gesundheitssystems* – wenn sie uns denn eines Tages erreicht – besteht also letztlich darin, *dass es so gut ist*, so dass es jeder für sich beanspruchen möchte – ohne viel dafür bezahlen zu müssen. Und die Politik sieht keinen anderen Ausweg als den, *weniger* Geld für Gesundheit auszugeben, entweder über eine Deckelung oder Umschichtung der Kosten und/oder über Einschränkungen bei den Leistungen.

Die Krise im Bereich der Bildung sieht dagegen ganz anders aus. Alle Beteiligten (Lehrer, Schüler, Eltern) sind mit dem, was sie tun, nicht selten unzufrieden, und gesellschaftlich anerkannt wird ihre Arbeit auch nicht gebührend genug. Schüler und Lehrer arbeiten oft *gegeneinander* statt miteinander, und auch Elternstammtische formieren sich nicht selten gegen die Lehrer (statt diese einzuladen!). Politiker sehen durchweg keinen anderen Ausweg, als den, *mehr* Geld für Bildung zu versprechen, obwohl nicht nur bekannt ist, dass dies wenig bis gar nichts bringt (Wößmann 2007) und dass die Zufriedenheit mit dem System seit Jahren *abnimmt*, sondern auch dessen Effektivität (wie Vergleiche der Kenntnisse von Abiturienten über die Jahrzehnte hinweg zeigen) und vor allem – aufgrund der demographischen Entwicklung – die Zahl der jungen, zu bildenden Menschen. Das Angebot wird also schlechter und die Zahl der „Abnehmer" kleiner. Ein Indiz für das kränkelnde Bildungssystem ist nicht zuletzt die Zunahme der Zahl der Privatschulen. Man traut sich selbst mehr zu als dem System, macht daher einen eigenen Schulbetrieb auf und hat damit oft gute Erfolge. Denn alle Beteiligten sind nicht zuletzt hoch motiviert und geben ihr Bestes. Man stelle sich einmal den Parallelvorgang im Gesundheitssystem vor: Menschen gründen mit hohem Aufwand an Zeit und Geld Privatkliniken, weil sie in ihrem Heimatort medizinisch besser versorgt werden wollen[2] – ein nur schwer vorstellbarer Vorgang! Ein weiteres Indiz sind Streiks von Schülern und Studenten. Man stelle sich vor, die Patienten einer Klinik würden streiken: für eine bessere Versorgung, für saubere Räu-

---

2 Der Vergleich hinkt natürlich etwas, denn private Schulen werden vom Staat subventioniert, private Kliniken nicht.

me, für mehr Ärzte und Pflegepersonal. Undenkbar, denn die Patienten profitieren ja dauernd davon, dass sie versorgt werden, und würden von einem Streik nur Nachteile erleiden. Schüler und Studenten sind im Bildungssystem die Nutznießer (wie die Patienten im Gesundheitssystem) und ein Streik macht eigentlich ebenso wenig Sinn wie der eines Geburtstagskindes, das sich weigert, an seinem Ehrentag Geschenke anzunehmen. Dennoch wird gestreikt. Da muss das System schon enorm schlecht sein! Und Lehrer wie Professoren sagen hinter vorgehaltener Hand (oder mittlerweile auch ganz öffentlich), dass die Schüler Recht haben.

Reformen: Ist von Gesundheitsreform die Rede, geht es ums Geld. Und um sonst gar nichts! Denn *inhaltlich* ist in der Medizin sowieso dauernd alles im Fluss und praktisch keine Diagnose oder Therapie wird heute so gestellt bzw. durchgeführt wie vor 20 Jahren. „Das Wissen in der Medizin hat eine Halbwertzeit von sechs Jahren"– habe ich vor 30 Jahren in der vorklinischen Ausbildung von Herrn Professor Fleckenstein in der Physiologie-Vorlesung gehört. Ich weiß nicht, ob das damals richtig war oder ob es heute noch stimmt; für mein Fachgebiet, die Psychiatrie, kann ich es aus erlebter Erfahrung beschreiben: Ich habe in meinem Vierteljahrhundert in der Psychiatrie miterlebt, wie in Deutschland *die Hälfte* aller Krankenhausbetten in der Psychiatrie abgebaut wurde; wie aus dem Gegeneinander von Psycho- und Pharmakotherapie ein Miteinander wurde; oder dass aus einer Persönlichkeitsvariante eine Krankheit wurde (bei der Sucht) – und umgekehrt (bei der Homosexualität). Das alles war Teil des ganz normalen Alltags: Wir Ärzte haben gelernt, umgelernt, neu gelernt und die Patienten wurden immer besser versorgt. Ein junger begabter schizophrener Patient, der erfolgreich studiert, war vor 25 Jahren so selten wie ein Kolibri in den Alpen; heute ist dies fast schon Normalität.

Und ich rede von dem Fach der Medizin, das unter Kollegen notorisch dafür bekannt ist, dass dort so wenig Neues geschieht (was nicht stimmt!). Bedenken wir die Fortschritte bei den Infektionskrankheiten (kaum jemand stirbt hierzulande mehr daran), der Altersmedizin (ohne das tägliche „Rentnerkonfekt" wären viele nicht am Leben), dem technischen Fortschritt in der Bildgebung (wir können vom letzten Winkel des Körpers die schönsten Bilder machen) oder in der Ersatzteilmedizin (von der Augenlinse bis zum gesamten Inhalt des Brustkorbs wird einfach ausgetauscht), dann wird deutlich, wie nachhaltig und auch für den Fachmann kaum zu überschauen die permanente Reform der Medizin tatsächlich ist. Chirurgie durch ein Schlüsselloch und ohne Narbe, neue Brüste zum Abitur (das Wort „Abi-Bälle" bekommt eine ganz neue Bedeutung!) und kosmetische Pharmakotherapie beim gesunden Menschen – nicht nur gegen Falten und Schüchternheit, sondern auch für bessere Konzentration oder für rascheren Muskelaufbau im Fitnessstudio – gehören zum Alltag. Ganz allgemein gilt: Der Fortschritt und damit die permanente Reform des Wissens und Handelns ist Teil des medizinischen Alltags. Neue Ideen werden in neue Therapien umgesetzt, deren wissenschaftliche Überprüfung zum Alltag gehört. Daher beschwert sich auch niemand über die andauernde Reform der Medizin: Ganz im Gegenteil! Die neueste Therapie (von der man weiß: sie ist die beste) will natürlich jeder für sich.

In der Bildung ist das alles ganz anders. Betrachten wir als Beispiel die Reform des Anfangsunterrichts im Fach Mathematik, wie ich sie als Schüler selbst in der ersten Klasse erlebt habe (natürlich ohne zu wissen, was mir geschah). Die Idee, Mathematik didaktisch in der Reihenfolge zu unterrichten, wie man sie systematisch begründen kann (und daher mit der Mengenlehre anzufangen), wurde nicht etwa zunächst als Hypothese betrachtet, die man durch methodisch saubere Studien an einigen Schulen testen müsste. Nein, sie wurde flächendeckend z.B. im Bundesland Hessen (wo ich aufgewachsen bin) umgesetzt. Nach etwa einem Jahrzehnt stellte man fest, dass dieses Vorgehen dem Erlernen der Mathematik nicht förderlich ist und die Mengenlehre in der ersten Klasse wurde wieder abgeschafft. Man stelle sich einmal vor: Ein Minister (oder sein Berater) erfährt, dass Aspirin gut ist gegen Herzinfarkt und beschließt daraufhin, Aspirin dem Trinkwasser beizugeben, um die Menschen vor Herzinfarkten zu schützen. Nach zehn Jahren stellt dann irgendjemand zufällig fest, dass es in dem betreffenden Bundesland mehr Tote gegeben hat und dass Magengeschwüre und andere Nebenwirkungen die positiven Effekte des Medikaments zunichte gemacht haben. Der Minister beschließt daraufhin, das Trinkwasser wieder medikamentenfrei zu belassen. Was als methodisches Vorgehen in der Medizin lächerlich wirkt, ist „Standard" in der Pädagogik: Eine „Reform" – von Gesamtschule bis G8, vom Betreuungsgeld für Fa-

milien bis zum Bologna-Prozess im Studium – jagt die nächste, vorherge-
hende wissenschaftliche Untersuchungen zu dem, womit man die
Lernenden flächendeckend „beglückt", sucht man jedoch vergebens.

Betrachten wir ein ganz kleines, einfaches Beispiel: In der ehemaligen
DDR dauerte die Zeit bis zum Abitur zwölf Jahre. Nach der Wende wurde
alles nach westlichem Schnittmuster reformiert, so auch die Gymnasien,
die damit um ein Jahr verlängert wurden, weil das im Westen so üblich
war. Dies war natürlich nicht die „offizielle" Begründung. Vielmehr wurde
argumentiert, dass man in 13 Jahren mehr und besser lernen könne als in
nur zwölf Jahren. Wenige Jahre später sollten die gleichen Lehrer dann das
G8 – also das achtjährige Gymnasium nach vierjähriger Grundschule – in
die Praxis umsetzen, das ihnen wiederum als das Resultat neuester pädagogischer Entwicklungen „verkauft" wurde. Kann das ein motivierter, mit-
denkender und kritischer Lehrer mit vollem Eifer mitmachen und vor
allem mittragen?

Wie das Beispiel der gymnasialen Reformen in den neuen Ländern
zeigt – erst von acht auf neun Jahre, und dann wieder zurück –, hat jede
Reform das Potential zur Demotivierung derjenigen, die sie „implementieren" müssen. Bevor man daher den Speiseplan „von oben" ändert, sollte
man durch entsprechende wissenschaftliche Studien sicher sein, dass das
neue Essen auch wirklich allen besser schmeckt und gut bekommt! Wer
das Scheitern von Reformen denen anlastet, die „die Suppe auslöffeln müssen" (bei „G8" den Lehrern, Schülern und deren Eltern, bei „Bologna" den
Professoren und Studenten), denkt und handelt zynisch, denn kein Leh-
render trifft morgens in seiner Institution die ihm anvertrauten Lernenden, um zu scheitern oder absichtlich Schlechtes zu bewirken. Vielleicht ist
Sachsen im Bundesländervergleich PISA-E nicht zuletzt deswegen als Sie-
ger hervorgegangen, weil dieses Bundesland sich zwei Gymnasialreformen
gespart und die Umstellung von zwölf Jahren Schule (bis zum Abitur) auf
13 Jahre und dann wieder zurück nicht mitgemacht hat!

Bei der Willkür der Reformen wundert es einen nicht, dass die Subjekte pädagogischer Reformen – Schüler, Lehrer und Eltern – sich wie Objekte vorkommen und sich regelhaft den Reformen gegenüber heftig zur
Wehr setzen. Um es wieder mit der Medizin zu vergleichen: Niemand setzt
sich gegen neue Behandlungsverfahren zur Wehr. Warum eigentlich
nicht? Weil Reformen in der Medizin (sie finden dauernd statt!) Teil des

praktischen Alltags sind und nicht „von oben befohlen", sondern „von unten angestrebt" werden. Eine neue Operationsmethode wird nicht durch Politik oder Verwaltung angeordnet, sondern von allen „freiwillig" (d.h. ohne „Druck von oben") angewandt – ganz einfach deswegen, *weil Menschen* – sofern man sie *lässt* – dazu neigen, *das Bessere dem Guten vorzuziehen.*

Halten wir fest: Die Fragen und Probleme, die den gegenwärtig in einer breiten Öffentlichkeit diskutierten Reformen zugrunde lagen (und zu denen jeder Mensch auch eine *Meinung* hat), wurden nicht etwa durch grundlagenwissenschaftlich begründete empirische Forschung *beantwortet oder gelöst*, sondern im Kindergarten- und Schulbereich in räumlicher (Bundesländer) und zeitlicher Hinsicht sehr *partikulär* und *immer wieder anders politisch entschieden.* Bei diesen Entscheidungen spielte das gesicherte *Wissen* zu dem, was Kinder und Jugendliche brauchen und wie sie sich optimal entwickeln, – wenn überhaupt – eine untergeordnete Rolle. Vielmehr bestimmten Gruppeninteressen und ideologische Voreinstellungen (um nicht zu sagen: Vorurteile) die Diskussion. Arbeitnehmer sehen Bildung vor allem unter dem Gesichtspunkt der Teilhabe, Arbeitgeber betrachten vor allem den Leistungsaspekt. Viele Eltern wollen für ihr (oftmals) einziges Kind nur das Beste; andere kümmern sich kaum. Verbände wollen Bestände sichern, Schulverwaltungen die Ordnung. Die Politik fordert von den *Eltern* die Flexibilität, den Arbeitsplätzen hinterherzuziehen, gestaltet jedoch Bildungsprozesse föderal so, dass ein Umzug die Bildungsbiographie der Kinder faktisch ruiniert. Die *Lehrer* sollen in immer kürzerer Zeit und mit immer weniger Mitteln verbindliche Standards für alle einhalten und zugleich individuell fördern. So wundert nicht, dass *Schüler* und *Studenten* irgendwann die Mitarbeit verweigern.

Die Föderalismusfalle

Stellen Sie sich vor, Sie überlebten einen akuten Blinddarm in Bayern mit der doppelten Wahrscheinlichkeit wie in Bremen. Auf Nachfrage erklären die Bremer diesen Sachverhalt damit, dass in den dortigen OPs mehr gelacht werde. – Undenkbar? – In der Medizin schon, in der Bildung wiederum der Normalfall! Denn die Bayern sind genauso wenig doppelt so gesund wie die Bremer wie sie doppelt so intelligent sind. Das müsste man aber annehmen, wenn man sich die Ländervergleiche zu den Resultaten unserer Bildungsanstrengungen ansieht. Ein bayerischer Realschüler kann mehr als ein Bremer Abiturient. Besonders beunruhigend ist, dass die Unterschiede auch schon früher, also bei jüngeren Schülern, sehr deutlich sind, wie die PISA-E-Studie sehr deutlich zeigt:

Betrachtet man beispielsweise den Anteil der schwachen Schüler im Fach Mathematik (definiert als die 15-Jährigen, die gerade einmal auf dem Niveau der Grundschule, also von 10-Jährigen, rechnen können, so liegt dieser in Sachsen bei gut 12%, in Nordrhein-Westfalen und Hessen bei über 23% und in Bremen bei 29%; PISA-Konsortium Deutschland 2008). Es ist völlig ausgeschlossen, dass diese Unterschiede durch genetische Einflüsse auf die Intelligenz bedingt sind; so bleibt als Erklärung nur (sofern man die PISA-Daten ernst nimmt – siehe unten), dass in den Schulen in Bremen manches nicht so gut läuft wie anderswo in der Republik. Mir ist offen gestanden völlig unklar, warum sich nicht viel mehr Menschen über diese unglaublich großen Unterschiede zwischen den einzelnen Bundesländern im Hinblick auf das Ergebnis ihrer Bildungsanstrengungen ärgern oder gar aufregen. Ist uns Bildung wirklich so egal?

Wie die Einführung und die „Ausführung" nach einem Jahrzehnt oder länger der Mengenlehre in der Mathematik der ersten Klasse oder der Ganzwortmethode des Lesens in der ersten Klasse zeigen, wurden in keinem Fall erst einmal im Rahmen wissenschaftlicher Studien die Wirkungen und Nebenwirkungen der neuen Methode an einigen Schulen getestet, um sie dann entweder auf der Basis gesicherten Wissens (und ohne Widerstand! – Wer ist schon gegen wirklichen Fortschritt?) einzuführen oder nicht.

Und so wird weiter in Schulen reformiert. Jüngst wurden beispielsweise mit öffentlichen Mitteln vielerorts die guten alten Tafeln (vgl. Abb. 1.1) abmontiert und durch Smartboards ersetzt, ohne dass es irgendeine Studie gäbe, in der nachgewiesen wäre, dass hierdurch das Lernen besser vonstatten geht. Wer jedoch Geld für Neuerungen ausgibt, trägt zumindest die Beweislast, dass diese Neuerungen auch tatsächlich wesentlich besser sind als das, was es schon gibt. Das ist überall so, nicht zuletzt in der Medizin: Wer eine neue, teure Therapie einführen will, kann

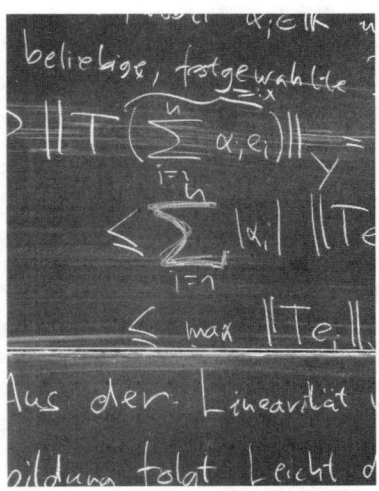

1.1 In den mathematischen Instituten von Deutschlands Universitäten gibt es sehr viele Tafeln (Foto: Thomas Spitzer). In der Mathematik „denkt" man mit Kreide und Tafel bzw. Bleistift und Papier. Das geht viel schneller, hat eine haptische Komponente, ist einfach zu bedienen, verbraucht keinen Strom und die Investitionskosten halten sich in Grenzen, von den Kosten für Wartung und Pflege einmal gar nicht zu reden. Wenn Tafeln aber dort, wo das Denken in seiner klarsten und komplexesten Form gelehrt wird, die besten Werkzeuge sind, sind sie es in Schulen dann nicht auch? Wer das Gegenteil behauptet und Millionen öffentliches Geld ausgibt, trägt zumindest die Beweislast, dass die Neuerung wesentlich besser ist als das, was es schon gibt.

dies nur tun, wenn er den wasserdichten Nachweis erbringt, dass sie tatsächlich besser ist als die alte.[3] Zu Neuerungen im Bereich der Bildung gibt es jedoch selten mehr als politische Meinungen. Wie Kinder lernen ist aber keine Frage der Parteizugehörigkeit von Landesregierungen, auch wenn die „Kulturhoheit der Länder" dies nahe zu legen scheint. Wie Kinder am besten lernen, ist vielmehr eine Frage, die mit empirischer Forschung zu lösen ist, mittlerweile unterstützt durch die Grundlagenwissenschaft der Gehirnforschung und deren Transfer in die Praxis.

Ich möchte nicht falsch verstanden werden: Man kann durchaus darüber diskutieren, ob in allen Bundesländern in der Musikerziehung das Jodeln Pflicht sein sollte oder nicht. Oder ob die erste Fremdsprache im äußersten Westen der Republik nicht besser das Französische (und nicht das Englische) wäre. Bei manchen *Inhalten* kann man sich also länderspezifisch durchaus unterscheiden. Wie aber das Lernen von Kindern am besten gelingt, dies sei nochmals sehr deutlich gesagt, ist genauso wenig eine Frage von Schwarz/Gelb oder Rot/Grün wie die Frage nach der richtigen Behandlung eines entzündeten Blinddarms. Stellen Sie sich noch einmal vor, Sie überlebten einen akuten Blinddarm in Bayern mit der doppelten Wahrscheinlichkeit wie in Bremen ... Dann wird Ihnen klar, dass es im Bereich der Bildung wirklich ein Problem gibt!

Ärzte und Lehrer

Es ist noch gar nicht so lange her, da war der Lehrer etwa so angesehen wie der Arzt, und neben dem Pfarrer und dem Bürgermeister gehörten beide zum kleinen Kreis der Respektspersonen im Ort. Das ist heute anders. Nicht erst seit Ex-Bundeskanzler Schröder, als er noch Ministerpräsident in Niedersachsen war, die Lehrer in einer Schülerzeitung als „faule Säcke"

---

3 Ich gebe zu: Manche Krankenkassen werben für sich damit, dass sie auch nicht in der genannten Weise überprüfte Verfahren bezahlen, und manche Ärzte führen solche Maßnamen auch durch. Diesen für jeden redlichen Kollegen äußerst peinliche „Bauernfang" – das Unwissen hilfsbedürftiger Menschen wird ausgenutzt, um ihnen Geld aus der Tasche zu ziehen – gibt es, aber er spielt insgesamt eine untergeordnete Rolle. Keinesfalls ist dies die *Regel* – und darauf kommt es in unserem Zusammenhang an.

bezeichnete (Perger 1995), hat deren Ansehen und Ruf gelitten. Sie gelten nicht mehr als Experten in Sachen Bildung, man vertraut ihnen nicht mehr; manche Eltern empfinden sie als Gefahr für ihr Kind, und viele Kinder sowieso als Gefahr für ihren Nachmittagsspaß; für die Schulaufsicht sind sie eine Quelle des Ärgernisses, für die Kollegen vielleicht die Konkurrenz und für sich selbst Grund zur Enttäuschung. Wie sehr hat man doch sein Fach gemocht (warum hat man es schließlich studiert?), und wie sehr würde man gerne guten Unterricht machen (kein Lehrer steht morgens auf mit dem Vorsatz: „Heute mach ich mal schlechten Unterricht!"), wenn man nur die richtigen Schüler hätte! Wie konnte es dazu kommen?

Ich bin Universitätsprofessor für Psychiatrie. Das heißt, ich bilde Studenten in der Medizin aus und Assistenzärzte im Spezialgebiet der Psychiatrie. Stellen Sie sich vor, ich hätte vor 30 Jahren den letzten depressiven Patienten gesehen. Wie könnte ich den Studenten vermitteln, wie sich depressive Menschen heute fühlen und wie sie unter den gegebenen gesellschaftlichen Rahmenbedingungen leiden? Schlimmer noch: Wie könnte ich angehenden Ärzten vermitteln, wie man depressive Menschen nach dem heutigen Stand des Wissens behandelt? Stellen Sie sich weiterhin vor, dass ein junger Medizinstudent nach seinem Abschluss damit beginnt, Patienten zu behandeln, und der ihn anleitende Psychiater ihm als erstes sagt: „Vergessen Sie bitte alles, was Sie im Studium an grauer Theorie gelernt haben! Hier haben Sie es mit wirklichen Patienten zu tun!" – Warum sollen Sie sich all dies vorstellen? – Weil Sie dann einen Eindruck davon bekommen, was in der Bildung gegenwärtig der Normalfall ist.

Professoren, die angehenden Lehrern das Lehren beibringen sollen, haben selbst keine Schüler. Sie halten keinen Unterricht und teilweise haben sie weder das Lehramt studiert noch jemals in ihrem Leben an einer Schule unterrichtet. Wie sollen sie etwas von den Problemen an heutigen Schulen wissen? Wie soll ein junger Mensch von ihnen lernen, wie man mit Heterogenität, mit Migrationshintergrund, mit Aggressivität, mit Intoleranz oder mit Motivationslosigkeit umgeht? Die Universitätslehrer, die für das, was ein Lehrer über sein Fachwissen hinaus können soll (was ihn also zum Fachmann für Unterricht macht) zuständig sind, haben selbst keinerlei Erfahrungspraxis in diesen Dingen. Sie beschäftigen sich mit „grauen" und oft stark veralteten Theorien, haben ihre Steckenpferde (die

Medien, die Geschichte, die Hermeneutik, die Evolution oder sogar die Neurowissenschaft), sind aber auch im Hinblick auf diese Steckenpferde oft nur Amateure und lesen Sekundärliteratur.

Praktisch relevante Forschung (wie bewerkstellige ich diese oder jene schwierige Situation, wie löse ich dieses oder jenes Schulproblem), die mit wissenschaftlichen Methoden arbeitet und allgemeine Ergebnisse liefert, findet an viel zu wenigen Institutionen statt. Daher gibt es in der Bildung auch wenig echten Fortschritt; oft wechseln sich nur „Modeströmungen" ab. Stellen Sie sich wieder einmal vor, in der Medizin gingen die fertigen Ärzte zur Weiterbildung nicht etwa an die Universitäten und zu Professoren, sondern zu obskuren Quacksalbern, von denen sie völlig unbewiesene Tricks und Kniffe begierig lernen, weil sie ja während ihrer Ausbildung nichts Praktisches gelernt haben. Undenkbar? – Nein, wieder der Normalfall, denn an den Orten der beruflichen Weiterbildung, den Akademien für Lehrer, findet man kaum Professoren, die neueste Forschungsergebnisse aus den Universitäten in die Praxis umsetzen bzw. verbreiten. Stattdessen gibt es dort neben Praktikern, die aus ihrer Erfahrung berichten, auch so manchen selbsternannten Guru unterschiedlichster Herkunft und Ausbildung, der „Unterricht für die rechte Gehirnhälfte" oder beispielsweise ein wissenschaftlich unausgewiesenes „Methodentraining" propagiert. Lehrer sind leider bislang kaum darin ausgebildet, ihr Handeln mit Erkenntnissen aus der Forschung in Beziehung zu setzen. Was bleibt ihnen dann anderes übrig als diese oder jene Meinung einfach zu übernehmen? Und wenn es um nichts anderes als Meinungen geht, dann wundert nicht, dass jeder für sich die Meinung aussucht, die ihm am besten passt, so dass sich nichts ändern muss. Und so ändert sich nichts.

Versorgungsforschung: PISA

Aber es gibt doch Forschung im Bereich der Bildung, sogar internationale Forschung – wird jetzt so mancher mit Blick auf die bereits oben erwähnten PISA-Studien einwenden. Um zu verstehen, dass dieser Hinweis meine Behauptung stützt, es gäbe hierzulande keine auf neurowissenschaftlicher Grundlage basierende pädagogische Forschung im eigentlichen Sinne, hilft wieder der Vergleich mit der Medizin.

Es gibt einen Forschungszweig in der medizinischen Forschung, der als „Versorgungsforschung" bekannt ist und durchaus seine Berechtigung hat. Man findet heraus, wer wo mit welcher Diagnose wie behandelt wird und welchen Erfolg die Behandlung hat. Das ist nicht uninteressant! Wussten Sie, dass ein akuter Blinddarm in Deutschland viel tödlicher ist als anderswo in Europa? Oder dass ein chronisches Nierenversagen bei einem Rentner in England praktisch immer tödlich verläuft? Oder dass weltweit zehn Millionen Babys jährlich an so etwas völlig Banalem wie einem ganz normalen Durchfall sterben? – Die Versorgungsforschung kann es Ihnen sagen. Sie kann Ihnen sogar erklären, warum das so ist.

Die Babys leben in den ärmsten Regionen, in denen es nicht nur an medizinischer Versorgung und Medikamenten, sondern an so etwas ganz selbstverständlichem wie an reinem Wasser mangelt. Die Deutschen erfreuen sich nicht nur einer guten Wasserversorgung, sondern auch eines hervorragenden Gesundheitssystems, das u.a. so gut ist, weil Ärzte sehr erfahren sind. Um diese Erfahrungen zu sammeln, müssen beispielsweise Chirurgen operieren, je mehr je besser. Jeder zweite aus deutschen Bäuchen herausgeholte Blinddarm ist aus pathologischer Sicht „unschuldig". Das ist, natürlich auf Lateinisch, tatsächlich der Fachausdruck für einen operativ entfernten Blinddarm, der nicht entzündet, d.h. kerngesund ist. Man operierte trotzdem, um auf der sicheren Seite zu sein, und wenn man schon einmal aufgeschnitten hat, so die Regel, dann nimmt man auch den Blinddarm heraus. Das macht Sinn, denn bei weiteren Bauchschmerzen weiß jeder Arzt, der die Narbe sieht, dass es am Blinddarm schon mal nicht liegen kann. Weil nun das allgemeine Risiko einer Operation in Vollnarkose etwa im Bereich von eins zu 30.000 liegt und weil dieses Risiko bei vergleichsweise einfachen Operationen das Wesentliche ist, folgt, dass in anderen Ländern, wo man mit den vorhandenen Ressourcen sparsamer umgehen muss, ein diagnostizierter „akuter Blinddarm" weniger oft tödlich verläuft.

Der britische Rentner mit chronischem Nierenversagen stirbt, weil man in diesem Land – wir würden sagen: total brutal – jede medizinische Maßnahme unter Kosten-Nutzen-Gesichtspunkten betrachtet und sich eine künstliche Niere bei einem Rentner „nicht rechnet".

In allen drei Beispielen gilt: Versorgungsforschung deckt Schwächen von Systemen auf und gibt Hinweise, wie vorhandenes Wissen und vorhandene Ressourcen besser angewendet werden könnten. Eines jedoch leistet sie nicht: Sie sagt nicht, wie man einen akuten Blinddarm, einen Durchfall oder eine chronisch kranke Niere morgen besser behandeln könnte als man das heute – in einem guten System mit Wissen und Ressourcen – ohnehin macht. Mit anderen Worten: Wirklicher medizinischer Fortschritt kommt durch Versorgungsforschung nicht zustande. Man kann es auch anders sagen: Wenn ich nachschaue, wo überall das vorhandene Wissen wie umgesetzt wird, habe ich weder ein neues Medikament noch eine neue Operationsmethode entwickelt. Fortschritt kommt nicht durch Betrachtung dessen, was ist, sondern durch Nachdenken über das, was sein könnte. Eben durch die Erforschung von genuin *Neuem*.

Zurück zu PISA. Es handelt sich hierbei ganz offensichtlich um Versorgungsforschung. Man schaut nach, wer wo was wie macht. Dass man daraus nicht ableiten kann, wie man es besser machen kann, zeigen genau die Diskussionen, die das versuchen. Betrachten wir als Beispiel den Übergang von der gemeinsamen Grundschule auf eine von mehreren Schulformen, also hierzulande in die Hauptschule, die Realschule oder das Gymnasium. Laut einer im Jahr 2008 vom Emnid-Institut durchgeführten Umfrage an 1.519 Personen in Privathaushalten im Alter von über 14 Jahren befürworten Dreiviertel der Deutschen einen längeren gemeinsamen Unterricht als bis Klasse vier (die meisten wollen bis Klasse sechs, nicht wenige bis Klasse neun; vgl. Kober 2008), sind also mit der bestehenden Regelung nicht einverstanden. Sie verursacht Stress ab der dritten Klasse (weil dann der „Ernst des Lebens" so richtig los geht und die Noten für die Schulart und damit für die wichtigste Weichenstellung in der gesamten Bildungsbiographie eines Kindes zählen). Zu viele Schüler werden falsch einsortiert, was einen immensen gesamtgesellschaftlichen Schaden nach sich zieht: Durch „Warteschleifen" entstehen im deutschen Bildungssystem jährlich Kosten von sieben Milliarden Euro, von den hohen Ausgaben der Eltern für Nachhilfeunterricht und dem psychologischen Schaden („Frust") einmal gar nicht zu reden. Warum hat dann bisher niemand etwas geändert? – Weil sich die Experten aus dem Bereich der Pädagogik extrem uneinig sind, wann dieser Übergang erfolgen soll. Die einen argumentieren wie oben, die anderen halten dagegen, dass nach PISA die

Bundesländer mit frühem Übergang (Bayern, Baden-Württemberg, Sachsen) deutlich besser abschneiden als die mit späterem Übergang oder gar Gesamtschule (diese Schulform schneidet bei PISA am schlechtesten ab). Man könne so eben am besten individuell fördern. Dem widersprechen wiederum die anderen, die auf den internationalen PISA-Besten Finnland verweisen, wo alle Schüler bis einschließlich der neunten Klasse in die gleiche Schule gehen. Dort gäbe es pro Klasse zwei Lehrer und überhaupt sei dort alles anders und man könne dies nicht mit den Verhältnissen hier vergleichen ... wird wiederum von den Verfechtern einer frühen Aufteilung entgegengehalten.

Und so wird endlos diskutiert. Denn obgleich die Beratung der Politik das erklärte Ziel der OECD und damit auch der PISA-Studien ist, zeigt der Vergleich mit der Versorgungsforschung in der Medizin, dass wirklicher Fortschritt aus dieser Ecke gar nicht kommen kann. Statistische Zusammenhänge, Korrelationen, sagen nichts über Ursachen und Wirkungen und können genau deswegen wirklichen Fortschritt nicht begründen.

Erschwerend kommt im Bereich der Bildung hinzu, dass sich die Experten in vielen Fällen nicht einmal darüber einigen können, worüber sie uneinig sind, wie das obige Beispiel der optimalen Länge einer gemeinsamen Grundschulzeit gezeigt hat: Könnte man sich auf eine (wie auch immer aussehende) Menge von Messgrößen einigen und diese dann messen, wäre das Problem ja lösbar. Aber genau diese Einigung ist nicht in Sicht.

Disziplinprobleme in der Bildungsforschung

Um zu verdeutlichen, dass es sich hierbei um ein grundlegendes und sehr weitreichendes Problem in der Bildungsforschung handelt, sei ein Gedankenexperiment angeführt. Stellen Sie sich vor, eine Gruppe von Geographen hat die Aufgabe, ein noch völlig unbekanntes Land zu erforschen. Wie sich das für Wissenschaftler gehört, sind sie unterschiedlicher Meinung über dieses Land, auch wenn sie es noch nicht kennen. Nun gibt es zwei Möglichkeiten:

(1) Man ist völlig zerstritten über die Marschroute und das, was man erkunden will, und beschließt daher, dass jeder das neue Land für sich erkundet. Nach einigen Jahren hat daraufhin jeder seine ganz speziellen Er-

fahrungen gemacht und einen dicken *subjektiven* (persönlichen) Bericht verfasst. In diesem spiegeln sich nicht nur Erlebnisse und ein paar Fakten, sondern auch das Vorwissen der einzelnen Wissenschaftler, denn der eine mag Berge, der andere beschäftigt sich lieber mit Flüssen und Seen, der nächste interessiert sich für Gesteine und Bodenschätze, wieder andere für die Pflanzenwelt oder das jeweilige Kleinklima. Die dicken Bücher lesen sich interessant, verstauben jedoch in den Regalen einiger Bibliotheken, weil sich niemand die Mühe macht, sie alle zu lesen, um so einen Überblick über das unbekannte Land zu bekommen. Einfach selbst hinfahren und ansehen geht schneller!

(2) Man einigt sich auf einen Weg und auf eine Anzahl von Sachverhalten, die man erfassen will, bzw. Fragen, die man beantworten will. Dann geht man gemeinsam diesen Weg, bespricht sich dabei dauernd, weicht auch vom Weg ab, wenn das sinnvoll erscheint, hilft sich gegenseitig aus und überprüft vor allem immer wieder die Beobachtungen (die eigenen und die der anderen) mittels hierfür von allen als sinnvoll erachteter Maßnahmen. Dadurch werden die gewonnenen Fakten *objektiv*, d.h. für andere nachvollziehbar.

Der Unterschied zwischen beiden Vorgehensweisen liegt in der *Disziplin*. So nennt man nicht nur – und das ist kein Zufall! – das Verhalten eines Einzelnen (jeder macht, was ihm einfällt, versus man tut etwas gemeinsam), sondern auch das Vorgehen der Gruppe: Im einen Fall reitet jeder für sich sein Steckenpferd, im anderen *gehen sie gemeinsam einer Disziplin* nach: der Geographie. Ganze Bereiche der Wissenschaft heißen nicht umsonst Disziplinen, denn es gehört ganz grundlegend zur Physik, Psychologie, Mathematik, Mediävistik, Chemie, Ethnologie, Philosophie, Sinologie, Biologie oder Geographie, dass man sich über einen Bereich von *Sachverhalten* sowie einen Kanon von *Fragen* und *Methoden* zu ihrer Beantwortung – zumindest prinzipiell und zu einem gegebenen Zeitpunkt einigermaßen – einig ist (das ist mit *Disziplin* gemeint). Gewiss, die Psychologie arbeitet heute auch mit Gehirnscannern, die Mediävistik auch mit Klimadaten und die Ethnologie auch mit DNA-Analysen, aber diese Veränderungen der Disziplinen über die Zeit hinweg sind nichts Schlechtes und verlaufen schon gar nicht undiszipliniert! Aus der Vogelperspektive betrachtet lösen sich sogar ganze Disziplinen auf: Weite Teile der Philosophie haben sich vor zwei Jahrhunderten in die Naturwissenschaften und einen Strauß von Geisteswissenschaften ausdifferenziert; die Chemie verschmilzt gerade mit Teilen der Physik und der Biologie zu *material sciences*, und auch die Geographie sucht man mittlerweile an vielen Universitäten vergeblich als Disziplin. Das bedeutet nicht, dass es sie nicht mehr gibt, sondern nur, dass man die gesamte Erde längst vermessen und gezeichnet (*geos*, *graphein*, griechisch: Erde, zeichnen) hat und sie nun in vielerlei Hinsicht und mit den unterschiedlichsten Methoden tiefer und genauer erforschen kann. Nicht zuletzt durch den Einsatz von Satelliten erleben die Geowissenschaften (wie die sehr disziplinierten Kinder der Geographie als Familie genannt werden) gegenwärtig einen wahren Boom.

Auch Wissenschaftler innerhalb einer Disziplin sind sich oft uneins, diskutieren kontrovers und kritisieren sich gegenseitig. Das ist normal. Aber sie achten jeweils den anderen und dessen Arbeit und publizieren in Fachjournalen mit interner Qualitätskontrolle (Review-Prozess[4]), so dass eine Arbeitsteilung herrschen kann und man auf den Vorarbeiten anderer aufbauen kann. Eine Disziplin jedoch, in der jeder alles immer selbst neu erfindet, in der Diskussion und Kritik unerwünscht sind, in der weitgehend ohne Qualitätskontrolle publiziert wird und in der man sich nicht auf Methoden und Wege zur Lösung anstehender Probleme einigen kann, *ist keine!*

So betrachtet ist die Forschung im Bereich der Bildung keine Disziplin. Man kann sich weder auf Sachverhalte, noch auf einen Kanon von Fragen und Methoden einigen. Man publiziert nicht in Fachzeitschriften mit Peer-Review-System, wenn man denn überhaupt publiziert. Auch die Spitze der deutschen empirischen Bildungsforschung – PISA – kommt

---

4 Man spricht auch von *Peer-Review* (engl. *peer*, Gleichrangiger, Ebenbürtiger), in dessen Rahmen eine zur Publikation eingereichte Arbeit zunächst von zwei bis fünf Fachkollegen begutachtet, möglicherweise kritisiert und korrigiert wird. Der Prozess ist keineswegs ohne Kritik, wird aber von vielen als zumindest zweitbeste Lösung akzeptiert. In guten wissenschaftlichen Fachblättern ist dieser Prozess der Qualitätskontrolle heute allgemeiner Standard. Es macht daher für den Fachmann einen großen Unterschied, ob eine Arbeit irgendwo (als Buch oder in einem Buch; in einer Zeitung oder in irgendeinem Journal) oder in einem gereviewten wissenschaftlichen Fachblatt publiziert wurde. Dem Laien dagegen erscheint alles, was gedruckt ist, gleich bedeutsam.

nicht gut weg, wenn man sie einmal nach *Disziplingesichtspunkten* betrachtet (vgl. Bank & Heidecke 2009; Hopmann et al. 2007; Jahnke & Meyerhöfer 2007; MWK 2004):

- Jede gute und vor allem internationale und teure wissenschaftliche Studie wird in einer internationalen Fachzeitschrift publiziert. Die PISA-Studien *nicht*.

- Die Möglichkeit der Einsichtnahme in die Originaldaten durch andere Wissenschaftler ist in vielen Disziplinen Standard; *nicht* bei PISA.

- Daher konnte man trotz Publikations-Hype zu Anfang dieses Jahrhunderts kaum vernünftig über PISA-Ergebnisse diskutieren.

- Es hilft auch nicht, wenn die verwendeten Aufgaben nicht oder nur teilweise publiziert sind und wenn sich die Leiter der PISA-Studien unterschiedlich zu ihnen äußern: Für den Leiter von PISA 2000 sind die Aufgaben so ausgewählt, dass sie *nicht* zu den Lehrplänen passen, der Nachfolger (Leiter von PISA 2006) fordert eine solche Passung.

- Noch schwerer wiegt der Umgang der PISA-Verantwortlichen mit Kritik. Hopmannund Mitarbeiter (2007, S. 14) beschreiben ihn wie folgt: Man schweigt die Kritik tot, spricht Kritikern die Kompetenz ab und unterstellt ihnen unlautere Motive. Wenn man der Konfrontation nicht ausweichen kann, gesteht man Probleme zu, hält sie aber für unbedeutend. Und wenn man sich gar nicht mehr zu helfen weiß, dann behauptet man, die Kritik sei längst bekannt und/oder widerlegt. Sollten Hopmann und Mitarbeiter Recht haben, wirft das kein gutes Licht auf PISA.

Neben diesen formalen Kritikpunkten gibt es eine Reihe *inhaltlicher* und *methodischer Schwächen*, von denen ich hier nur wenige nennen möchte:

- Die verwendeten Aufgaben wurden zum Teil aus Finnland übernommen. Dort werden sie nach neunjähriger gemeinsamer Grundschulzeit zur Differenzierung der Schüler im Hinblick auf weiterführende Schulen verwendet. Wundert Sie jetzt noch, dass die Finnen bei diesen Aufgaben so gut abschneiden?

- Man testete 15-Jährige, wie eingangs erwähnt. Und man testet an Schulen. Man erwischt dort aber keineswegs *alle* 15-Jährigen, weil in vielen Ländern die *schwachen* Schüler in diesem Alter nicht mehr die Schule besuchen. In der Türkei beträgt dieser Anteil 46%, in Mexiko 42%, in Deutschland aber nur 3,7%. Wir Deutschen haben bei PISA also besonders gründlich gearbeitet, nahezu alle 15-Jährigen (auch die schwachen) getestet und mit großer Wahrscheinlichkeit auch aus diesem Grund so schlecht abgeschnitten.

- Ganz allgemein leidet die PISA-Studie erheblich unter einer Reihe solcher Selektionseffekte. In Österreich beispielsweise wurden die PISA-Ergebnisse aus dem Jahr 2000 wegen ungenügender Berücksichtigung von (vergleichsweise schwächeren) Berufsschülern Jahre später deutlich nach unten korrigiert (Neuwirth et al. 2006). Schüler mit Lese-Rechtschreib-Schwäche oder Rechenschwäche, lernbehinderte Schüler bzw. Sonderschüler wurden in einigen Ländern vom PISA-Test ausgeschlossen, in anderen (z.B. Deutschland) nicht. Allein dadurch hat Deutschland im Ländervergleich ganz sicher wesentlich schlechter abgeschnitten, wie entsprechende Berechnungen zeigen.

Fassen wir zusammen: In Anbetracht der allgemeinen, im Rückgriff auf die Medizin angestellten Überlegungen zur fehlenden Relevanz von (potentiell gut durchgeführter) Versorgungsforschung für wirklichen Fortschritt einerseits und der faktischen Mängel der tatsächlich im Bereich der Bildungsforschung vorliegenden Forschung andererseits ist schwer einzusehen, wie hieraus eine vernünftige Politikberatung resultieren soll. Umso mehr verwundert, was alles nach PISA – und unter Berufung auf PISA – geschehen ist. So wurde eigens ein *Institut zur Qualitätsentwicklung im Bildungswesen* gegründet, dessen alleinige Aufgabe es ist, noch mehr Tests zu entwickeln, durch welche die bekannten Unterschiede in der Bildung (nach Bundesländern, nach sozialen Schichten, nach Migrationshintergrund, nach Schulart etc.) noch besser abgebildet werden. Schlauer wird dadurch niemand. Eine Sau wächst ja auch nicht schneller, wenn man sie täglich wiegt!

Am Beispiel der USA lässt sich jedoch zeigen, dass Tests einen sehr großen negativen Effekt haben können: Sie führen dazu, dass der Unterricht nicht mehr auf das Leben vorbereitet (und von Inhalten geleitet wird), sondern auf Tests und deren formales Bestehen. Auf den US-amerikanischen Sozialwissenschaftler Donald T. Campbell geht das nach ihm benannte Gesetz (*Campbell's Law*) zurück, das bereits vor Jahrzehnten hiervor eindrücklich warnte: „Je mehr ein quantitativer sozialer Indikator für soziale Entscheidungen verwendet wird, desto größer ist die Wahr-

scheinlichkeit, dass er dem Druck von Korruption ausgesetzt ist und genau
diejenigen sozialen Prozesse, die der Test zu überwachen gedacht war, kor-
rumpiert und verdreht" (Campbell 1976, S. 49; Übersetzung durch den
Autor)[5].

Campbell bezog dies explizit auf Tests im Bereich der Bildung: „Aus
meiner Sicht können Leistungstests durchaus Hinweise auf die allgemeine
schulische Leistungsfähigkeit darstellen, *allerdings unter der Bedingung,
dass das Ziel des normalen Lehrens allgemeine Fähigkeiten sind.* Wenn aber
Testleistungen selbst zum Ziel des Lehrens werden, geschieht zweierlei: Sie
verlieren ihren Wert als Indikatoren des Bildungsprozesses und sie verdre-
hen den Erziehungsprozess in unerwünschter Weise." (Campbell 1976,
S. 51f, Übersetzung und Hervorhebung vom Autor).

Krebsforschung

Man könnte das Problem des richtigen Zeitpunktes von Übergängen zwischen Bildungsinstitutionen natürlich auch wissenschaftlich angehen, also
nicht durch Politik und Polemik, sondern durch Beobachtung, Experiment und Statistik. Betrachten wir ein ähnliches Problem aus der Medizin.
Ab wann soll eine Frau zur Mammographie gehen, sich also einer Rönt-
genuntersuchung der Brust zur Früherkennung von Krebs unterziehen? So
früh wie möglich, sagen die einen, so spät wie möglich die anderen (wie
beim Übergang vom Kindergarten in die Grundschule oder von der
Grundschule ins Gymnasium!). Die Argumente: Nur wenn man den
Krebs früh erkennt, kann man ihn wirklich heilen, einerseits. Andererseits
machen Röntgenstrahlen selbst Krebs, verursachen also das, wovor sie
schützen sollen. Was also soll man tun? – Wissenschaft! Man bestimmt die
Häufigkeit der unerkannten Krebsleiden (und deren Folgen) sowie die
Häufigkeit der von Röntgenstrahlen, wie sie bei der Mammographie verwendet werden, verursachten Krebsleiden, jeweils in Abhängigkeit vom
Alter der Frau und berechnet aus diesen Daten die Vor- und Nachteile. So
stellt sich heraus: Ganz früh zur Mammographie ist schlecht (denn man

---

5 „The more any quantitative social indicator is used for social decision-making, the
   more subject it will be to corruption pressures and the more apt it will be to distort
   and corrupt the social processes it is intended to monitor."

macht das ja öfters und somit addieren sich die Strahlenrisiken) und ganz spät ist oft zu spät und damit auch schlecht. Aufgrund von Daten und deren Auswertung und Interpretation kann man daher Empfehlungen geben, die mehr sind als bloße Meinungen.

Warum sollte das gleiche Verfahren nicht auch angewendet werden, wenn es um die Frage geht, wann Kinder nach einer gemeinsamen Grundschulzeit in verschiedene weiterführende Schulen aufgeteilt werden? Man sammelt die relevanten Daten, führt Studien zu verschiedenen Übergangszeiten durch, sammelt wieder die Daten und *weiß* irgendwann, was am besten für die Kinder ist.

„Aber das ist doch viel zu kompliziert!", werden jetzt viele denken. Denn es geht ja nicht um eine Krankheit, sondern um komplexe Lebenssituationen, Klassenverbände (und nicht nur Einzelpersonen) und vor allem um mehr als nur eine einzige zu messende Größe (wie lange jemand lebt). Schüler fühlen sich mit den Übergängen unterschiedlich wohl, das Ganze ist zudem unterschiedlich gerecht; und so geht es nicht nur um „objektive" Effizienz und die besten Noten, sondern vor allem um das subjektive Erleben der Kinder.

Das ist aber bei der Mammographie auch nicht anders: Der Stress durch einen falsch-positiven Befund (die Untersuchung sagt, da sei ein Krebs, die nachfolgende feingewebliche Untersuchung einer entnommenen Gewebeprobe sagt, es ist nichts) ist ganz furchtbar und daher die Untersuchung selbst viel ungünstiger als bei alleiniger Berücksichtigung der „objektiven" Daten zum Überleben. – Sagen die einen. Der chronische Stress durch die permanente Unsicherheit, wenn man die Untersuchung nicht machen lässt, ist viel schlimmer für die langfristige Gesundheit. – Sagen die anderen. Durch die Untersuchung wird nur das Leben mit der Diagnose verlängert und nicht das Leben selbst. Sie schadet also nur der Lebensfreude und Lebensqualität, sagen wieder die einen. Ich bin froh, zu wissen, was los ist, denn so kann ich mit mir und meinen Lieben ins Reine kommen und alles regeln, halten die anderen wiederum dagegen. Interessant ist dabei, dass im Bereich der Medizin niemand (außer ein paar unbelehrbaren Dummköpfen) diese subjektiven Unterschiede in der Bewertung von Daten als Argument dafür verwendet, diese Daten erst gar nicht zu erheben, um Medizin wieder wie früher als Quacksalberei zu betreiben! In der Bildung sind diese Argumente sozusagen Standard, wie ich als Quereinsteiger in sehr vielen Diskussionen erfahren musste.

Um es ganz klar und einfach zu sagen: Daten müssen immer *wissenschaftlich* interpretiert und *praktisch* auf den Einzelfall angewendet werden. *Dies ist das Wesen vernünftiger, überlegter Entscheidungen.* Hat man keine Daten, kann man nur die Münze werfen!

Im Bereich der Bildung scheint letztlich genau dies der Alltag zu sein. Und wenn die Experten sich schon nicht einig sind und sich zudem nicht einmal einigen können, auf welchem Wege man zu den Erkenntnissen kommen kann, durch die eine Frage beantwortet oder ein Problem gelöst werden kann, dann braucht man diese Experten erst gar nicht zu fragen. Aus genau diesem Grunde werden Fragen der Bildung bis heute nicht von Wissenschaftlern beantwortet, sondern von Politikern entschieden, wie oben bereits ausgeführt. Man stelle sich einmal vor, Politiker würden in analoger Weise über die Behandlung *Ihrer* Bandscheibe, *Ihres* Krebsleidens oder *Ihres* Nierenversagens entscheiden! Fänden *Sie* das ok?

Kinder haben keine Stimme – Menschenrechte

Nein, Sie fänden das nicht in Ordnung und würden diese Politik abwählen. Warum geschieht dies nicht im Hinblick auf die Bildung? – Ganz einfach: weil die Subjekte der Bildung, die zu bildenden Kinder und Jugendlichen, nicht wahlberechtigt sind. Und weil sich Ausgaben in die Bildung erst nach Jahrzehnten „rechnen" – zu spät, um für die Politik relevant zu sein, in der es um die nächste Wiederwahl geht. So haben diejenigen, die über Politik bestimmen, keinen Grund, etwas wirklich zu ändern. Präsident Bush Senior machte vor, wie man davonkommt: Man redet dauernd darüber, dass man der Bildungs-Präsident sei („the *educational* President") – und kürzt zugleich die Mittel. Da diejenigen, die das Ganze betrifft, keine Möglichkeit haben, sich zu artikulieren, bleibt alles, wie es ist oder wird noch schlimmer.

Wenn es stimmt, was neulich ein Länder-Kultusminister im kleineren Kreise von Bildungswissenschaftlern gesagt hat, bekommt man Angst: Zum achtjährigen Gymnasium (G8) gibt es überhaupt keinen Beschluss

der Kultusminister der Länder. Lediglich die Finanzminister hatten das be-
schlossen – in der irrigen Annahme, man könnte gut 11% der Kosten einsparen, wenn man von den üblichen neun Jahren Gymnasium eines
streicht. Sie *wussten nicht*, dass die Dauer der gymnasialen Schulzeit in
Stunden festgelegt ist, nicht in Jahren, so dass man nichts einsparen kann,
wenn man ein Jahr streicht: Die vorgeschriebene Stundenzahl bleibt dieselbe, wird nur auf weniger Jahre verteilt. Man musste demnach konse-
quenterweise auch gar keinen Stoff streichen, was zunächst auch niemand
getan hat. Aufgrund der höheren Zahl an Wochenstunden brauchen Schüler beim G8 jedoch *zusätzliche* Unterstützung, das Ganze kostet also *mehr*.
Der Stoff erwies sich auch als zu viel, um in acht Jahren bewältigt zu werden, und so stellte sich Unmut ein.

Noch schwerwiegender sind aus meiner Sicht die folgenden aus der
Verkürzung des Gymnasiums resultierenden Konsequenzen:

(1) Die Hauptlast der Mehrarbeit durch die zeitliche „Kompression"
fällt in die Pubertät, also in das „Alter, in dem die Schule [ohnehin schon]
am meisten versagt", wie es der Reformpädagoge Hartmut von Hentig
(2007, S. 42) so treffend formuliert hat. Menschen in dieser Lebensphase
haben alles Mögliche im Kopf, nur nicht den Schulstoff. Und man sollte
ihnen *mehr* Zeit geben, sich mit dem, was sie unmittelbar betrifft, ausein-
anderzusetzen, keinesfalls *weniger!*

(2) Ein halbes Jahr Auslandsaufenthalt (beispielsweise in England
oder Frankreich) sind für den Erwerb einer Fremdsprache nachgewiesener-
maßen besser als vier Jahre Leistungskurs (von den vielen anderen Dingen,
die man als junger Mensch im Ausland lernen kann und auch lernt, einmal
gar nicht zu reden!). Das durch G8 letztlich entfallene elfte Schuljahr war
jedoch genau dasjenige, in dem die meisten Auslandsaufenthalte erfolgten,
weil dies durchaus so am sinnvollsten war.

(3) Nachmittagsunterricht ist nicht prinzipiell schlecht. Geht er aber
auf Kosten der Teilnahme an der Musikschule oder dem Vereinssport,
dann wird das Gegenteil von dem erreicht, was man im Bildungsprozess
erreichen will: eine Bildung der gesamten Persönlichkeit (und hierzu gehört das Musische und das Physische).

(4) Kaum jemand hat sich bei der *flächendeckenden* Einführung des
G8 darüber Gedanken gemacht, was es bedeutet, dass in Zukunft einmal
plötzlich zwei Jahrgänge zugleich z.B. an die Universitäten kommen. Man

kann deren Kapazität aber nicht ganz einfach per Dekret oder durch ein paar Zuschüsse (um nicht zu sagen: Almosen) verdoppeln, auch wenn manche Politiker so zu reden scheinen. Es gibt also in naher Zukunft ein sehr dringendes, großes und dazu völlig unnötiges Problem, das letztlich in *vielen hunderttausenden Frustrationserlebnissen einzelner Menschen und deren negativen Auswirkungen auf deren Bildungsbiographien* besteht. Der gesamtgesellschaftliche Schaden, ganz gleich, ob man Geld oder Glück betrachtet, kann nur als enorm bezeichnet werden! Hat darüber wirklich keiner bei der politisch gegen viele Widerstände auf Seiten der Betroffenen (Schüler, Lehrer, Eltern) durchgepeitschten Einführung des G8 nachgedacht? – „Nein!", war die lapidare Antwort des oben erwähnten hochrangigen Bildungspolitikers auf meine entsprechende Nachfrage. Er habe sich auch gewundert, „wie wenig wirklichen Widerstand es gab; ja klar, die ewig Gestrigen vom Philologenverband – aber sonst wirklich niemand". Und so wurde das Ganze eben umgesetzt.

Die wirklichen Leidtragenden, die Schüler und späteren Studenten, können die Verantwortlichen nicht dafür politisch abstrafen. Daher wird es so weitergehen, und die nächsten zusammengestümperten Bildungsreformen werden kommen, gemacht von Leuten (wie z.B. Finanzminister), die keine Ahnung von Bildung haben. Man kann sich mit dem verstorbenen Soziologen und Bildungsfachmann Ralf Dahrendorf nur wundern, „dass es [auch im Bildungsbereich] im beträchtlichen Maße Entscheidungsprozesse gibt, ohne dass irgendjemand Entscheidungen trifft" (zit. nach Giesecke 2005, S. 381).

Das Beispiel Hamburg, wo eine Landesregierung an bildungspolitischen Fragen des Übergangs von der Grundschule auf das Gymnasium zu scheitern droht, verdeutlicht, wie komplex und zugleich festgefahren die Diskussion um Bildung hierzulande ist. Zugleich zeigt sich aber an diesem Beispiel auch, wie mit Bildungsproblemen umgegangen wird: Statt sie zu lösen, verlagert sich die Diskussion auf gegenseitige Polemik. Statt Daten und Fakten zur Kenntnis zu nehmen oder sie von der Wissenschaft einzufordern, hört die Diskussion auf, sich darum zu drehen, was für Kinder gut ist, und dreht sich nur noch um Macht, Geld und die üblichen Eitelkeiten und Personalia.

Betrachten wir zum Abschluss dieser Einleitung noch einen weiteren Besorgnis erregenden Vorgang, der viel zu wenig (und vor allem viel zu kurz) in der Öffentlichkeit diskutiert wurde: Deutschland verstößt im Bereich der Bildung gegen die von den Vereinten Nationen (*United Nations*, UN) vertretenen Menschenrechte!

Es gibt einen UN-Sonderberichterstatter, der den Auftrag hat, weltweit die Verwirklichung des Rechts auf Bildung zu beobachten und der Kommission für Menschenrechte bei den Vereinten Nationen zu berichten. Für die Jahre 2004 bis 2010 hat der Jurist, Pädagoge und Philosoph *Vernor Muñoz* dieses Ehrenamt inne und sich daher durch einen Besuch in Deutschland (vom 13. bis 21. Februar 2006) ein Bild der Bildungssituation von Kindern und Jugendlichen verschafft. Er kritisierte im Einzelnen:

- Das anhand der PISA-Daten eindeutig nachgewiesene Fehlen von Chancengleichheit: „Die relativen Ungerechtigkeiten in der Bundesrepublik Deutschland sind z.B. in sozioökonomischen und bildungspolitischen Studien hinreichend dokumentiert worden [...] Wie die PISA-Studien zeigen, spiegelt sich soziale Ungleichheit in den schulischen Erfolgschancen wider" (Muñoz 2007, S. 15).
- Die schlechteren Bildungschancen von Kindern mit Behinderungen oder Migrationshintergrund: „Junge Menschen aus Familien mit Migrationshintergrund – besonders aus Familien, die zu Hause nicht Deutsch sprechen – bleiben im Durchschnitt deutlich unterhalb des Kompetenzgrades, den 15-jährige Schüler erreichen, deren Eltern in Deutschland geboren wurden. Die Unterstützung und Förderung von Schülern mit Migrationshintergrund scheint in anderen Ländern erfolgreicher zu verlaufen als in Deutschland" (Muñoz 2007, S. 10).
- Die durch das föderale System bedingten Ungleichheiten: „Jedes [Bundes-] Land verfügt über umfassende Zuständigkeiten in Bildungsangelegenheiten, dies wird durch die Gesetzgebung festgelegt, die von den jeweiligen Parlamenten verabschiedet wird. Demzufolge verfügt Deutschland nicht über ein einheitliches Bildungssystem, da es keinen länderübergreifenden konsistenten Rahmen gibt" (Muñoz, 2007, S. 2).
- Als eine Ursache dieser Mängel identifizierte Muñoz (2007, S. 15) die in Deutschland vergleichsweise sehr früh erfolgende Aufteilung der Schüler in die weiterführenden Schultypen: „Der Sonderberichter-

statter konnte feststellen, dass der Einstufungsprozess für die Schüler
der unteren Sekundarstufe (der im Alter von zehn Jahren stattfindet)
eine persönliche Beurteilung des Schülers durch Lehrer vorsieht, die
für die Durchführung solcher Beurteilungen nicht immer ausreichend geschult sind [...] Dazu hat beispielsweise eine der IGLU-Stu-
dien festgestellt, dass 44% der Einstufungen für den weiteren
Schulweg nicht den Merkmalen der Kinder entsprechen. Diese Tatsache ist juristisch relevant, wenn man den im Übereinkommen über
die Rechte des Kindes festgelegten Grundsatz vom Wohl des Kindes
berücksichtigt."[6]

Wenn hierzulande in den Nachrichten bekannt wird, dass irgendwo auf
dem Globus die Menschenrechte mit Füßen getreten werden – in China,
dem Iran oder wo auch immer –, so regen wir (und unsere Politiker) uns
mit Recht auf. Wenn jedoch ein UN-Menschenrechtsbeauftragter sozusagen vor der eigenen Haustür einmal gründlich kehrt und Mängel findet,
ist dies für keinen der Verantwortlichen ein Anlass zum Nachdenken.
Stattdessen jedoch wurde der „Professor aus Costa Rica", der „kaum des
Deutschen mächtig" ein „dreistes Urteil" fälle und den Deutschen „die Le-
viten lesen" würde, in Kommentaren von Politikern (Meinhardt 2007), se-
riösen Tageszeitungen (Schmoll 2007) und des Präsidenten des Lehrer-
verbandes (Kraus 2007) als „Querulant" bezeichnet und der „Nörgeleien"
bezichtigt, die eine „Zumutung" seien, zumal Muñoz nach seinem „Sechs-
Tage-Trip" gar keine Ahnung haben könne. Ich habe Herrn Muñoz oben
ganz bewusst etwas ausführlicher zu Worte kommen klassen, so dass sich

---

6 Er zeigt klar auf, wie in Deutschland Föderalismus und Schulsystem einerseits mit
   sozialer Schicht und Migrationshintergrund andererseits auf ungünstige Weise inter-
   agieren und fügt mit Recht hinzu: „Das Verfahren erfolgt auf der Grundlage von
   Regelungen, die von Bundesland zu Bundesland variieren können, wodurch die
   genannten Schwierigkeiten sich weiter verstärken [...] Es ist offenkundig, dass die
   frühe Einstufung Auswirkungen für weniger begünstigte Kinder und Jugendliche
   hat, also für Schüler aus armen Verhältnissen sowie Schüler mit Migrationshintergrund oder Behinderungen. Dies wird durch die unwiderlegbare Tatsache untermauert, dass arme und Migrantenkinder in der Hauptschule überrepräsentiert und
   am Gymnasium unterrepräsentiert sind. Das System scheint folglich einen negativen Effekt zu haben, denn die Benachteiligten werden zu doppelt Benachteiligten"
   (Muñoz 2007, S. 15).

der Leser selbst ein Bild von dessen vorsichtiger und zugleich kritisch begründender Haltung machen kann. Die gegen ihn geschleuderte Polemik sucht man bei ihm selbst vergebens. Gerade wegen dieser Ausgewogenheit des Berichts sind die genannten Reaktionen aus meiner Sicht ebenso peinlich wie die mancher Kultusminister, die Tanjev Schultz (2007) in der Süddeutschen Zeitung wie folgt kommentierte: „Auf die Kritik des UN-Bildungsexperten Vernor Muñoz haben die Kultusminister mit einem Hochmut reagiert, der ähnlich beschämend ist wie die miserablen Leistungen des deutschen Schulsystems".

Eine Stellungnahme der deutschen Regierung zum Bericht des UN-Menschenrechtsbeauftragten steht bis heute aus. Die Leidtragenden sind die jungen Menschen hierzulande. Selbst der Verweis auf vertraglich festgelegte Menschenrechte durch die Vereinten Nationen konnte ihnen bislang also nicht helfen; *sie haben einfach keine Stimme.*

2 Die Krise und die Kosten

Wie im ersten Kapitel ausgeführt, steckt Bildung in Deutschland tief in der Krise. Dabei haben wir doch schon genug zu tun mit einer ganz anderen und noch wichtigeren Krise: Die Arbeitslosigkeit ist hoch, das Vertrauen in die Wirtschaftsführer gering, die Schulden des deutschen Staates sind sehr hoch und die Aussichten für die Zukunft – trotz allen gegenteiligen Geredes – eher schlecht. Die Finanz- und Wirtschaftskrise hat uns fest im Griff – ökonomisch und mental. Sie betrifft erstens die Menschen viel unmittelbarer, kostet zweitens viel mehr Geld als das bisschen an Bildungsausgaben und geht drittens nicht nur die jungen Menschen an, sondern praktisch jeden. Kurz, die Bildungskrise erscheint gegenüber der globalen ökonomischen Krise eher klein und unbedeutend. Sie ist es aber nicht, wie ich in diesem Kapitel zeigen möchte. Ganz im Gegenteil: Wenn wir eine Chance haben, aus der globalen Wirtschafts- und Finanzkrise wirklich gestärkt hervorzugehen, dann liegt diese im Bereich der Bildung. Denn für unser Land lässt sich zeigen: Langfristig stellt die Lösung der vergleichsweise „klein" erscheinenden Bildungskrise die Lösung der „großen" Wirtschaft- und Finanzkrise dar. „Unsinn" – werden Sie jetzt vielleicht denken. – Dann lesen Sie bitte weiter ...

Die Ökonomisierung der Welt

Wir haben uns daran gewöhnt, dass man alles auf der Welt aus ökonomischer Sicht betrachten kann. Ganz gleich, ob Brot, Keuschheit, Autos, ein Menschenleben oder der ganze Erdball – alles hat (s)einen Preis, den die Märkte regeln. Und bis Sommer 2008 galten alle anderen Gesichtspunkte, unter denen man die Dinge auch noch betrachten kann, als bestenfalls unwichtig oder veraltet und schlimmstenfalls als schädlich oder gefährlich. So

wundert es nicht, dass man auch im Bereich der Bildung von Bildungsan-
bietern und Bildungsabnehmern (oder gar -konsumenten) spricht und
diese Redeweise für sinnvoller hält als andere, denn schließlich hat eben alles seinen Preis, und darum geht es sowieso immer und ausschließlich.
Geld regiert die Welt (und wer das nicht begriffen hat, ist ein hoffnungs-
loser Träumer, Spinner, Idealist oder bestenfalls ein Jugendlicher, der
noch erwachsen werden muss – so die oft unausgesprochene Ergänzung).

Aus ökonomischer Sicht handelt es sich bei Bildung um prinzipiell
das Gleiche wie bei anderen Wirtschaftsgütern im Dienstleistungsbereich:
Der Gang zum Professor an der Uni ist damit letztlich nichts anderes als
der Gang zum Frisör: Beide bieten eine Dienstleistung an, die etwas kostet
(schönere Haare; bessere Bildung), und die Kunden bezahlen dafür einen
Preis. Gewiss, zum Professor entwickelt man, wenn es gut geht (an deutschen Unis geht es meistens nicht gut) ein persönliches Vertrauensverhält-
nis, das weit über das Ökonomische hinausgeht. Aber viele würden das von
ihrem Frisör auch sagen.

Ich glaube, dass eines der tieferen Probleme unseres Bildungssystems
in genau dieser Sichtweise von Bildung besteht. Bildung sei Konsumgut,
Ware; man spricht ja auch vom Marktplatz der Bildung, vom nötigen
Wettbewerb der Bildungsinstitutionen untereinander (z.B. im Rahmen
der Exzellenzinitiative), von der Profilierung des Angebotes bei den Universitäten und von der Notwendigkeit, dass dies alles auch an den Schulen
noch kommen müsse.

Aber ist Bildung wirklich ein Konsumgut? Gehe ich zum Frisör oder
kaufe ich mir ein Brot, dann erwerbe ich eine Dienstleistung bzw. eine
Ware, die vergänglich ist. Ich konsumiere das erworbene Gut, die Dienstleistung wird an mir vollbracht – in beiden Fällen verbrauche ich etwas
und bezahle für diesen Verbrauch Geld. Hinterher ist das Geld weg, das
Brot aufgegessen und die Haare sind wieder lang.

Lerne ich hingegen etwas mit Erfolg, so wird es ein Teil von mir und
ich kann es hinterher weiterverwenden. Es ist also nicht konsumiert und
damit verschwunden. Ganz im Gegenteil: Je mehr ich gelernt habe, desto
mehr verfüge ich über das Gelernte. Ich verbrauche dabei auch nichts – zumindest ist Verbrauch (von Strom für die Leselampe, von Papier und Kuli
für Mitschriebe oder gar von einem Buch zum Studieren) nicht das Wesentliche am Lernprozess: Ich könnte auch in der Sonne sitzen und wie Ar-

chimedes meine Gedanken in den Sand kritzeln, und was ich lese, könnte mir Google kostenlos zur Verfügung gestellt haben. Lernen würde ich trotzdem.

Irgendetwas an der Auffassung von Bildung als Konsumware kann also nicht ganz stimmen. Aber halt! Der Professor stellt mir doch seine Zeit und sein Können zur Verfügung wie der Frisör auch. Oder der Arzt. Und dafür muss bezahlt werden. Zeigt nicht gerade die Medizin, dass man auch die intimsten Dinge unter ökonomischen Gesichtspunkten betrachten kann und muss?

Patient, Arzt und Vertrauen

Über das Verhältnis von Arzt und Patient wurde und wird viel geschrieben, das hier nicht wiederholt sei. Es geht mir im Folgenden darum, am Beispiel des Verhältnisses von Arzt und Patient zu zeigen, dass man durchaus alle Dinge unter ökonomischem Gesichtspunkt betrachten kann, man jedoch in manchen Fällen dabei das Wesentliche gerade nicht sieht.

Wenn ich Husten habe und mir der Arzt Hustensaft verschreibt, den ich dann kaufe, ist die Sache fast wie beim Frisör. Auch eine Brustvergrößerung oder eine andere medizinische Maßnahme, die vielleicht sogar notwendig, aber prinzipiell aufschiebbar ist, lässt Medizin als reines Dienstleistungsgewerbe erscheinen. Wenn ich Zahnweh habe oder einen Furunkel an delikater Stelle, dann ist die Sache schon anders: Gewiss, man könnte sich Angebote einholen, Preisvergleiche anstellen, Testberichte vergleichen etc. – aber kaum jemand tut dies in den genannten Situationen; von einer schweren Krankheit oder einem schweren Unfall einmal gar nicht zu reden. Hier will ich, dass sich jemand um mich kümmert, ich will jemandem vertrauen; ich will nicht Angebote und Preise vergleichen; ich will, dass sich jemand meiner Not annimmt und mir hilft. Ich weiß, dass diese Person dafür Geld bekommt, aber dies ist für unsere Begegnung nicht bestimmend oder gar ausschlaggebend. Es geschieht auch, ist aber nicht *wesentlich* (so wie das Licht beim Lesen eben sein muss; woher es kommt, ist mir jedoch prinzipiell egal und es macht für das Lesen kaum einen Unterschied). Anders ausgedrückt: Was zwischen Patient und Arzt geschieht, hat zwar ökonomische Begleiterscheinungen (es fließt Geld), man trifft aber nicht wirklich den Kern der Sache, wenn man es als wechselseitigen Austausch von Dienstleistungen, Waren und Geld nach Gesichtspunkten des Marktes betrachtet.

Wer dieses Argument noch immer nicht verstanden hat, denke eine Weile über Folgendes nach: Jeder noch so schreckliche Verkehrsunfall erhöht – rein ökonomisch betrachtet – das Bruttoinlandsprodukt (BIP). Würden Sie aus dieser Einsicht einen Weg ableiten, das BIP zu steigern? – Nein? Warum nicht?

Ärzte in aller Welt nennen Hippokrates ihren Schutzpatron und geloben den hippokratischen Eid oder beziehen zumindest ihr Handeln darauf. Dies liegt nicht daran, dass dieser seit über zwei Jahrtausenden tote griechische Arzt besondere Diagnostik oder Therapie gemacht hätte. Im Gegenteil: Aus heutiger Sicht sind fast alle medizinischen Ratschläge des Hippokrates bestenfalls unschädlich, meistens eher gefährlich und nahezu ausnahmslos schlicht falsch. Warum berufen wir uns dann auf ihn? Ganz einfach: Weil er eine Einsicht hatte, die heute noch gilt. Das Verhältnis von Arzt und Patient ist etwas Besonderes. „Man schläft nicht mit der Tochter seines Patienten" – so lautet eine seiner Grundsätze für Ärzte. Oder allgemein: Man nutzt seine besondere Stellung als Arzt gegenüber einem Hilfsbedürftigen eben gerade nicht aus – weder in wirtschaftlicher noch in anderer Hinsicht. Nur dann wird der Patient sich dem Arzt ganz anvertrauen, sich ihm öffnen, sein Herz ausschütten, auch unangenehme bis peinliche Dinge berichten etc. Wer beständig denken muss, dass der andere eine eigene Schwäche zu seinem Vorteil verwendet (das ist Teil jeden Wirtschaftens), der kann sich nicht dem Arzt gegenüber als Patient verhalten. Oder nochmals anders gewendet: Wer ökonomisch (ver-)handelt, der darf sich nicht in die Karten schauen lassen (Asymmetrien des Wissens sind eine wesentliche Triebfeder ökonomischer Transaktionen); wer sich dagegen als Patient zum Arzt begibt, wäre einerseits froh, wenn dieser nur in die Karten und nicht auch noch in den Darm schauen würde, würde dem Arzt andererseits jedoch vorwerfen, wenn er dies erforderlichenfalls nicht täte.

Der Patient will dem Arzt alles sagen, er will, dass der Arzt sich alles ansieht, alles weiß, um damit das bestmögliche für die Gesundheit des Patienten tun zu können. Damit der Patient dies wollen kann, muss der Arzt einem Verhaltenskodex folgen, der einen hohen Anspruch hat und der den anderen gerade *nicht* als einen gleichwertigen Wirtschaftspartner betrachtet. Das Arzt-Patient-Verhältnis ist daher prinzipiell kein ökonomisches. Es ist asymmetrisch und setzt zugleich voraus, dass der eine kein Kapital aus dieser Asymmetrie schlägt. Nur dann lässt sich der Patient darauf ein. Und genau dieses Einlassen wiederum ermöglicht es erst dem Arzt, seiner Aufgabe nachzugehen.

In den USA wird seit Jahren mit wenig Erfolg versucht, diese uralten Einsichten dadurch zu vernebeln, dass man neue Worthülsen erfindet. Aus Patienten werden dann *„health care consumers"* (wörtlich: „Gesundheitsfürsorgekonsumenten"); der Arzt wird nicht mehr konsultiert, sondern konsumiert. Und weil man ihm nicht vertraut (Warum sollte man? Und warum sollte er überhaupt versuchen, vertrauenswürdig zu sein?), lautet im reichsten Land der Erde ein oft zitierter Rat: „If you catch a cold, call your lawyer."[1] Die Gesundheitskosten sind in diesem Land nicht zuletzt deswegen deutlich höher als in allen anderen Ländern der Erde (sowohl relativ zum Reichtum als auch in absoluten Zahlen), weil ein ganzer Berufszweig von Medizinrechtsanwälten vom fehlenden Vertrauen (und vielen Prozessen) lebt, ohne dass dadurch irgendein Leiden irgendeines Kranken gelindert würde. Dagegen wiederum müssen sich Ärzte sehr teuer versichern, was zwar im Versicherungssektor Arbeitsplätze schafft, die Gesundheitskosten jedoch nur weiter in die Höhe treibt, ohne dass irgendjemand durch all diese Aktivitäten faktisch gesünder würde. Es wird lediglich Papier hin- und hergeschoben. Kurz: Wenn man das Arzt-Patient-Verhältnis rein ökonomisch betrachtet, dann hat dies für das Gesundheitswesen handfeste *negative* ökonomische Konsequenzen.

Wie die Finanz- und Wirtschaftskrise gezeigt hat, entstehen selbst für die Ökonomie sehr negative Konsequenzen, wenn man alles „rein ökonomisch" betrachtet. Oder weniger paradox formuliert: Auch der Markt benötigt für sein Funktionieren Rahmenbedingungen, die selbst nicht bzw. nicht ausschließlich nach Marktgesichtspunkten beschrieben und verstanden werden können. Vertrauen ist vielleicht die wichtigste dieser Bedingungen, Gerechtigkeit und Freiheit sind weitere.

---

1 „Wenn Sie sich eine Erkältung geholt haben, rufen sie Ihren Rechtsanwalt an."

Vertrauen wird immer dann wichtig, wenn es um wirtschaftliche Transaktionen geht: Das Verleihen von Geld sowie das Verkaufen und Kaufen kann nur funktionieren, wenn die Beteiligten einander vertrauen, d.h. erwarten können, dass jeweils der andere auch seine Gegenleistung erbringt. Wie die Krise gezeigt hat, ist Vertrauen für das reibungslose Funktionieren der Wirtschaft ungemein wichtig. Wenn kein Vertrauen da ist, wird das Wirtschaften schwierig bis unmöglich.

Und auf jeden Fall teurer! Die Kosten von gering ausgeprägtem Vertrauen wurden oben bereits am Beispiel von Ratschlägen zu Erkältungskrankheiten in den USA angesprochen: Je weniger Vertrauen (in einer Gesellschaft oder in einem Bereich der Gesellschaft) vorhanden ist, desto teurer wird die Sache für alle Beteiligten. Ist in einer Gesellschaft das gegenseitige Vertrauen gering, muss man Institutionen schaffen (Polizei, Anwälte, Gerichte, Gefängnisse etc.), die allesamt allen Beteiligten Geld kosten. Je mehr man davon braucht, desto höher liegen die Transaktionskosten bei jeder wirtschaftlichen Handlung, deren Effektivität dadurch sinkt.

Daher ist Vertrauen in wirtschaftlicher Hinsicht so bedeutsam: Es handelt sich um eine Art gemeinschaftliches Kapital, von dessen Vorhandensein *alle* profitieren, solange wiederum *alle* sich entsprechend verhalten (und nicht einige das Kapital aller leichtfertig verspielen). Wer etwas in der Welt herumgekommen ist, der weiß, wovon ich rede. Durch Costa Rica werden viele illegale Drogen geschmuggelt, weswegen die Kriminalität hoch ist. Die Bürger genießen den Nachmittagskaffee auf ihrer Veranda daher praktisch allesamt *hinter Gittern.* Überhaupt ist alles vergittert, Fenster, Türen, Eingänge von Hof und Haus, einfach alles. Und dicke Vorhängeschlösser sichern die Gitter. Der Anblick von Menschen, die gemütlich draußen sitzen, sich entspannen und einen Kaffee genießen – aber eben hinter Gefängnisgittern – war für meine Augen sehr gewöhnungsbedürftig. So schön die Kolibris im Garten und das Klima in Mittelamerika auch sein mögen: Dafür mein Leben hinter Gittern (und seien es auch meine eigenen) verbringen möchte ich nicht.

Das gesellschaftsklimatische Gegenteil von Costa Rica ist Norwegen. Wandert man durch das Land, so kann man Läden betreten, in denen es *keinen Verkäufer* gibt: Die Waren stehen in Regalen, der Preis steht daneben; was man kauft, nimmt man mit und legt das Geld (man errechnet selbst die Gesamtsumme) in eine Kasse. Die Transaktionskosten sind gleich Null und die Preise für Wanderer daher vergleichsweise niedrig (in Norwegen sind Lebensmittel teuer; sie wären aber sonst noch teurer). Hätte ich das nicht mit eigenen Augen und eigenem Portemonnaie erlebt, würde ich es nicht glauben. Es ist aber so – und alle Norweger (und sogar die wenigen Fremden, die sich wandernd in die Einöde begeben) profitieren davon. Dieses System findet sich auch in der Schweiz auf Almen und in Deutschland vor Bauernhöfen.

Man sieht, dass Vertrauen einerseits auf die Zukunft gerichtet ist (es wird schon alles gut gehen), andererseits jedoch handfeste Auswirkungen auf die Gegenwart hat. Und die gegenwärtige Krise hat gezeigt, wie wichtig Vertrauen auf einem globalen Maßstab ist und wie leicht es durch leichtfertiges Handeln einiger weniger verspielt werden kann. Darunter zu leiden – und das ist es ja, was uns alle so wütend auf manche Finanzmanager macht – haben alle.

Vertrauen und Bildung

Vertrauen ist also kein Konsumgut. Im Gegenteil, es ist ein sehr paradoxes Gut, denn je mehr davon in Anwendung gebracht wird, desto mehr ist da. Vertrauen entsteht durch die Anwendung und den Gebrauch von Vertrauen. Man kann es nicht kaufen (und auch nicht verkaufen; nur verspielen, und dann ist es für alle weg), schon gar nicht an einem Markt. Der Markt braucht es vielmehr als Voraussetzung für sein Funktionieren. Wenn kein oder zu wenig Vertrauen da ist, kann man in vertrauensbildende Maßnahmen *investieren*. Das bedeutet, dass man ein (finanzielles) Risiko eingeht, bei dem es nur zum Teil um die hier und jetzt anstehende Transaktion geht, sondern vor allem um die Verringerung zukünftiger Transaktionskosten. Diese Investitionen lohnen sich, sofern größere Transaktionen anstehen, deren Kosten sich dann verringern. Wer glaubt, er könne sich auf diese Weise Vertrauen kaufen (und natürlich „billig", denn Geiz ist ja bekanntlich geil), der irrt. Vertrauensbildende Maßnahmen funktionieren nur dann, wenn der Betreffende auch vertrauenswürdig (d.h. verlässlich und damit in seinen Aktionen vorhersehbar) ist, wie nicht zuletzt neurobiologische Untersuchungen zur Entstehen von Vertrauen und zu den

Rahmenbedingungen seines Auftretens klar zeigen (King-Casas et al. 2005).

Mit Bildung verhält es sich nun ganz ähnlich wie mit Vertrauen. Je mehr man davon ausgibt, desto mehr hat man. Lehrer verkaufen ihre Bildung nicht, sie verbreiten sie, geben ihre Bildung an andere weiter. Dadurch verlieren sie selber ihre Bildung aber nicht, sondern gewinnen neue Erfahrungen, werden also noch gebildeter.

Wer sich als Ungebildeter in eine Bildungsinstitution begibt, der konsumiert nicht die dort angebotene Bildung. Es ist zwar der Fall, dass Erzieherinnen, Lehrer und Professorinnen ein Gehalt bekommen und dass mancher Schüler oder manche Studentin eine Gebühr bezahlen. Aber dies ist Nebensache. In der Hauptsache geht es darum, dass sich ein junger Mensch in die Obhut eines älteren, mehr erfahrenen Menschen begibt. Ähnlich wie beim Arzt-Patient-Verhältnis ist das Schüler-Lehrer-Verhältnis nicht ökonomisch fassbar, denn es ist ebenso wie jenes asymmetrisch und durch einen dem Lehrenden vom Lernenden gegebenen Vertrauensvorschuss gekennzeichnet. Der Schüler muss annehmen können und dürfen, dass der Lehrer wirklich etwas weiß, dieses Wissen bereit ist zu teilen und dabei sogar dem Schüler die Aneignung so leicht wie möglich macht. Zudem muss der Schüler annehmen können, dass der Lehrer seinen Wissensvorsprung gerade nicht zum eigenen ökonomischen Vorteil ausnutzt. Das Schüler-Lehrer-Verhältnis ist daher auf Glaubwürdigkeit und Verlässlichkeit begründet und setzt damit großes Vertrauen des Schülers in den Lehrer voraus.[2]

Bildung und Vertrauen sind damit nicht nur systematisch in mancher Hinsicht ähnlich – beide werden durch Ausgeben, durch ihren Gebrauch, vermehrt –, sie bedingen sich auch wechselseitig. Denn nur wer vertraut, kann sich bilden, und nur wer gebildet ist, durchschaut langfristige „Ver-

---

2 Die Analogie reicht nicht sehr weit, denn gegenüber Patienten sind Schüler im Nachteil: Beim Arzt habe ich meistens eine Wahl, beim Lehrer meistens nicht. Wenn mein Bekannter vor einem Arzt warnt, gehe ich dort nicht hin. In der Schule kann ich einem Lehrer selten ausweichen. Und wenn ein Arzt Fehler macht, verliert er seine Approbation bzw. wird entlassen. Bei Lehrern ist „Unfähigkeit im Beruf" jedoch kein Entlassungsgrund, wie Arbeitsgerichte festgestellt haben.

träge" und die Notwendigkeit von deren Einhaltung. Er besitzt also das intellektuelle Rüstzeug für eigene Vertrauenswürdigkeit und Vertrauensfähigkeit.

Hinzu kommt ein weiterer wichtiger Faktor: die Authentizität des Lehrers. Ich schenke jemandem dann Vertrauen, wenn ich beobachte, wie er sich verhält, wie er hinter seinen Handlungen steht, wenn sein Reden und Tun zusammenpassen. Ärzten wird allgemein vertraut, Politikern nicht. Der Leser mag selbst überlegen, warum dies so ist.

Wenn ich jemanden als Lehrer akzeptieren will, muss er für mich authentisch sein. Nicht das gekonnte Herbeten von Fakten und Theorien macht einen guten Lehrer aus, sondern seine Persönlichkeit und sein *Brennen* für sein Fach. Daran erkennt jeder Schüler, dass es dem Lehrer *ernst* ist, dass er nicht leere Phrasen drischt und mit Worthülsen klingelt, sondern wirkliches Wissen erworben hat und andere an seinen Erfahrungen teilhaben lassen möchte und dies auch beherrscht. Dieses Bedürfnis nach bzw. die Fähigkeit zur Mitteilung von Wissen ist den Menschen wahrscheinlich von der Evolution (Gergely et al. 2007) ebenso mitgegeben wie der aufrechte Gang, die universalwerkzeugartigen Hände, die Schweißdrüsen oder der Blinddarm.[3]

Wer selber *brennt*, dem bereitet es keine Mühe, ein Feuer zu entfachen. Und genau darin, und nicht im Befüllen von Behältern (und seien es Köpfe) besteht das Lehren. Und Lernen heißt, Feuer zu fangen. Diese Tatsachen passen nicht zum Gerede von Bildung als *Konsum*. Wenn man also Bildungsausgaben politisch oder verwaltungstechnisch erfassen muss, dann sollte man Bildung so behandeln wie Vertrauen: als *Investition*. Ent-

---

3 Der aufrechte Gang befreit nicht nur die Hände vom Laufen und macht sie frei für andere Aufgaben; zusammen mit den Schweißdrüsen ermöglicht er auch das Zurücklegen langer Wegstrecken durch die Savanne in relativ kurzer Zeit (wenig Angriffsfläche für die Sonne und zugleich große Kühlkapazität) zur Nahrungssuche (Bramble & Lieberman 2004; Hecht 2004). Was der Mensch dann fand, gereichte ihm nicht immer zur genüsslichen Ernährung, sondern produzierte auch jede Menge Durchfall. Daher war es günstig, immer ein kleines Säckchen mit Darmbakterien zum erneuten Aufbau der richtigen Flora dabei zu haben, den Blinddarm (Smith et al. 2009). Und weil man das alles nie alleine tun konnte, lebte man in Gemeinschaften von bis zu 150 Menschen, und wenn diese sich austauschten, d.h. lehrten und lernten, waren sie anderen Gemeinschaften immer (mehr als) eine Nasenlänge voraus!

sprechend gehören Bildungsausgaben im Bundeshaushalt nicht unter dem
laufenden Verbrauch verbucht (wie etwa Ausgaben für Soziales oder Ver-
teidigung), sondern unter Investitionen. Denn Bildung erzeugt Bildung;
und Bildung macht uns fähig für die Bewältigung der Probleme der Zukunft.

Investition in die Zukunft ...

Ich habe bislang dafür argumentiert, Bildung nicht unter rein ökonomischen Gesichtspunkten zu betrachten. Das Verhältnis von Schüler und
Lehrer ist – genau wie das von Patient und Arzt – nur sehr unzureichend,
oberflächlich, verkürzt und verzerrt beschrieben, wenn man es als Verhältnis von Anbieter und Käufer am Markt betrachtet. Gedanken wie diese bil-
deten sicherlich auch den Hintergrund dafür, dass im Jahr 2004 eine
unabhängige Jury aus Sprachwissenschaftlern und Vertretern der öffentlichen Sprachpraxis das Wort *Humankapital* als größten sprachlichen Miss-
griff („Unwort des Jahres 2004") erklärt hat. Dies wiederum hat
Ökonomen zur Gegenkritik veranlasst, dass das Wort Humankapital im
denkbar positivsten Sinne gemeint ist und eben gerade eine Abkehr von
nichts sagenden Floskeln („bei uns steht der Mensch im Mittelpunkt")
und eine Hinwendung zur Betrachtung von Mitarbeitern als Erfolgsfakto-
ren des Unternehmens (und nicht nur als Kostenverursacher) darstellt
(Scholz 2005).

Aus meiner Sicht schließt das hier dargestellte klare Bekenntnis zu einem „reicheren" bzw. „tieferen" Bildungsverständnis keineswegs aus, dass
man Bildung auch ökonomisch und damit unter Kostengesichtspunkten
betrachten kann. Dies möchte ich im Folgenden tun, mich dabei jedoch
nicht wiederholen und die eingangs erwähnten Bildungsausgaben hier
nochmals erwähnen oder weiter aufschlüsseln. Nein, es geht im Folgenden
darum, welche *Kosten* durch *unzureichende* Bildung – also durch den ge-
genwärtigen Funktionszustand unseres Bildungssystems – für uns alle als
Gesamtgesellschaft entstehen. Eine vom Münchner ifo-Institut für Wirtschaftsforschung im Auftrag der Bertelsmann-Stiftung durchgeführte Studie hatte sich genau dies zum Ziel gesetzt: die Kosten für mangelnde
Bildung in Deutschland zu berechnen (Wößmann & Piopiunik 2009).

Wie macht man das? Man verwendet Daten aus verschiedenen Bereichen und setzt sie zueinander in Beziehung; mehr als zu rechnen braucht man also nicht zu tun. Womit aber wird gerechnet und wie?

Der Anteil der Risikoschüler (das sind diejenigen Schüler, die sich im Alter von 15 Jahren in den Fächern Lesen, Mathematik und Naturwissenschaften auf dem Niveau von zehnjährigen Grundschülern oder darunter befinden) beträgt in Nordrhein-Westfalen 28,2%, in Bayern hingegen 16,2% (PISA-Konsortium Deutschland 2008). Diese Schüler werden mit hoher Wahrscheinlichkeit keine Berufsausbildung absolvieren oder nicht einmal einen Schulabschluss erwerben. Nun ist bekannt, dass die Arbeitslosenquote von Menschen ohne Berufsausbildung derzeit bei etwa 20% liegt, bei Menschen ohne Schulabschluss bei 30%. Zum Vergleich: Bei Akademikern beträgt die Arbeitslosenquote knapp 5% (OECD 2009b; Daten des Jahres 2006). Hinzu kommt, dass selbst unter denjenigen aus dieser Gruppe, die Arbeit finden, das Einkommen vergleichsweise deutlich niedriger liegt. Und in Zukunft wird man noch weniger Menschen mit geringer Qualifizierung brauchen als heute, so dass sich die Lage dieser Menschen am Arbeitsmarkt verschlechtert und ihr Beitrag zur Volkswirtschaft ebenfalls.

Unzureichende Bildung hat also berechenbare Folgen für das Volkseinkommen: Wenn unser Erfindergeist (das deutsche Innovationspotential) leidet, ist das schlecht für die Wirtschaft, insbesondere für das langfristige Wirtschaftswachstum. Dies wiederum führt zu Problemen bei den sozialen Sicherungssystemen, die mehr Transferleistungen (Arbeitslosengeld) aufbringen müssen und zugleich weniger Beiträge erhalten. Und nicht zuletzt sinken die Steuereinnahmen des Staates, der seinen Aufgaben immer weniger nachkommen kann. Auch im Bildungssystem selbst entstehen durch späte, weitgehend ineffektive Reparaturmaßnahmen an Bildungsbiographien enorme Kosten (oft zweifelhafte Weiterqualifizierungsmaßnahmen), von den Mehrkosten für Sozialarbeiter, Polizisten und Bewährungshelfern einmal gar nicht zu reden.

Es ist eine Sache, den Zusammenhang zwischen Bildung und Wirtschaft theoretisch herzuleiten bzw. einzusehen und eine ganz andere, ihn nachzuweisen. Hanushek und Wößmann (2008) machten sich die Tatsache zu Nutze, dass es seit Mitte der sechziger Jahre internationale Vergleichstests von Schülerleistungen in Mathematik und Naturwissenschaften gibt.[4] Diese Daten wurden von den Autoren für 50 Länder gesammelt, vergleichbar gemacht (rekalibriert) und dann mit den ebenfalls für diese Länder vorliegenden Daten zum Wirtschaftswachstum in Beziehung gesetzt. Hierbei zeigte sich eine sehr deutliche Beziehung zwischen beiden Größen: Je höher die Leistungen in den Tests, desto größer ist das zwischen 1960 und 2000 festgestellte Wachstum des Bruttoinlandsprodukts pro Kopf (vgl. Abb. 2.1).[5] Umgerechnet auf PISA-Punkte heißt dies ganz praktisch (wie man an der Grafik ablesen kann), dass 100 Punkte mehr etwa 1,2% mehr Wachstum des Bruttoinlandsprodukts bedeuten (1 PISA-Punkt entspricht also 0,012% mehr Wachstum des BIP).

Es könnte natürlich auch sein, dass wirtschaftlich aufstrebende Länder mehr Wert auf Bildung legen, die Kausalität also umgekehrt von der Wirtschaft auf die Bildung geht. Oder es könnte sein, dass irgendeine andere Messgröße beides, die Bildung und die Wirtschaft, beeinflusst und es daher so scheint, dass diese zusammenhängen, obwohl dies nicht der Fall ist.[6] Um hier mehr Klarheit zu bekommen, begingen die Autoren mehrere Wege. Sie untersuchten Einwanderer aus verschiedenen Ländern auf demselben US-Arbeitsmarkt, wobei sich zeigte, dass Immigranten, die ihre Bil-

---

4 Wie in Kapitel 1 am Beispiel der PISA-Studien gezeigt, sind diese Daten nicht unproblematisch. Dennoch ist es ein großes Verdienst der Autoren, den Versuch unternommen zu haben, diese Daten so ernst wie möglich zu nehmen und sie nicht nur (wie vielfach geschehen) „aus dem Bauch heraus" zu interpretieren, sondern sie mit den Methoden der wissenschaftlichen Analyse und des Vergleichs unter die Lupe genommen zu haben.

5 Interessanterweise sind die Daten aus Tests aussagekräftiger als Daten zur Anzahl der mit (Aus-)Bildung verbrachten Jahre: Ohne Berücksichtigung der tatsächlichen Leistung kann die Anzahl der Bildungsjahre nur wenig (ca. 25%) vom Wirtschaftswachstum erklären, nimmt man hingegen die tatsächlichen Leistungen, können 75% des Wirtschaftswachstums erklärt werden. „Es reicht nicht, nur die Schul- oder Universitätsbank zu drücken; auf das Gelernte kommt es an", kommentiert Wößmann (2009, S. 23) lapidar.

6 Solche Scheinkorrelationen sind tückisch. Ein Beispiel: Das Einkommen korreliert mit der Schuhgröße. Das liegt aber nicht daran, dass derjenige, der auf großem Fuß lebt, mehr verdient, oder ein höherer Verdienst zu größeren Füßen führt. Es ist vielmehr bedingt dadurch, dass Frauen kleinere Füße haben und weniger verdienen. Nimmt man dann die Frauen und die Männer zusammen und lässt das Geschlecht außer Acht, so *scheint* es, als gäbe es eine Korrelation, wo es in Wahrheit keine gibt, sondern ein dritte Variable, das Geschlecht, alles erklärt.

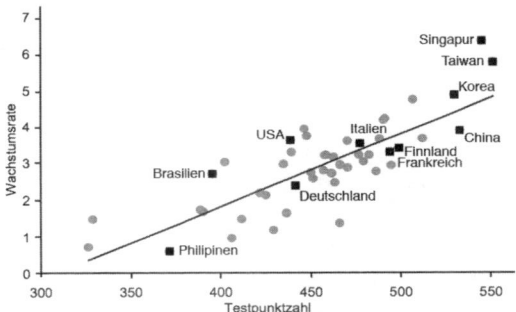

2.1 Zusammenhang zwischen Schulleistungstests und Wirtschaftswachstum (nach Wößmann 2009, S. 23 sowie Wößmann & Piopiunik 2009, S. 19). Der Übersichtlichkeit wegen wurden nur einige Länder (schwarze Quadrate) benannt. Die Schulleistungstests wurden auf PISA-Punkte umgerechnet, beinhalten jedoch wesentlich mehr und unterschiedliche Verfahren.

dung im Heimatland erhalten hatten, in den USA signifikant mehr verdienten, wenn das betreffende Heimatland ein durch höhere Testleistungen belegtes besseres Schulsystem hat.

Schließlich kann man noch die absoluten Testwerte völlig außer Acht lassen und nur deren Veränderungen über die Zeit betrachten: Wurden die Schüler eines Landes besser oder schlechter über die Zeit, oder blieben sie gleich? Und mit diesem Messwert, der mehrere Messungen über die Zeit voraussetzt (was nur bei zwölf OECD-Ländern der Fall war), kann man dann die Veränderung der Testleistung mit der Veränderung der Wachstumsrate in Beziehung setzen. Wie Abbildung 2.2 zeigt, ist dies sehr deutlich der Fall: In Ländern, die ihre Bildungsleistungen verbessern, kommt es zu einer Erhöhung der Wirtschaftswachstumsraten.

Es spricht also vieles dafür, dass mehr Bildung wirklich mehr Geld bringt und nicht umgekehrt mehr Geld mehr Bildung verursacht (wie oben bereits angemerkt, wird dies zwar gerne behauptet, zeigt sich jedoch in entsprechenden wissenschaftlichen Studien eher nicht).

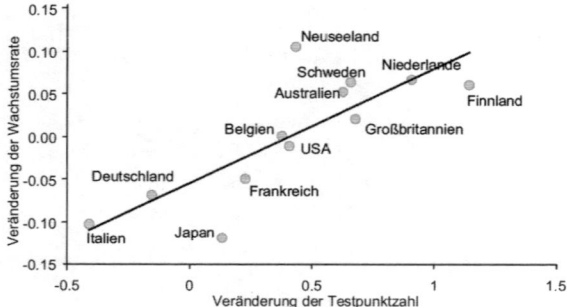

2.2 Zusammenhang zwischen der durchschnittlichen jährlichen Veränderung in den Schulleistungstests und der durchschnittlichen jährlichen Veränderung des Wirtschaftswachstums (nach Wößmann 2009, S. 24 sowie Wößmann & Piopiunik 2009, S. 19).

Die Münchner Wirtschaftswissenschaftler haben nun ausgerechnet, wie sich die deutsche Wirtschaft weiterentwickelt, wenn alles bildungsmäßig so bleibt, wie es ist, oder wenn wir es schaffen, den derzeit bei 23,7% liegenden Anteil der Risikoschüler in den Fächern Mathematik und Naturwissenschaften in den nächsten zehn Jahren um 90% (also auf 2,37%) zu verringern. Sie berechneten also die Folgen einer hypothetischen *„modellierten Bildungsreform"* (Wößmann & Piopiunik 2009, S. 14). Eine solche Reform hört sich zunächst sehr unrealistisch an, sie ist es aber keineswegs: Der Mittelwert der PISA-Ergebnisse würde durch die Reform um gerade einmal 14 Punkte (von 496 auf 510) steigen und läge damit dann dort, wo Frankreich ohnehin schon liegt und noch immer deutlich unter den Mittelwerten von den Niederlanden (531) oder Finnland (542).[7]

Da aber selbst in Finnland der Anteil der Risikoschüler (auf gleiche Art berechnet) bei 8% liegt, könnte man auch eine entsprechende alternative Reform modellieren, d.h. eine Reduktion des Anteils der Risikoschü-

---

7 Alle Zahlen beziehen sich hier auf die beiden Gebiete Mathematik und Naturwissenschaften und die entsprechenden Testergebnisse aus den Jahren 2000 und 2003.

ler statt auf knapp 2,4% nur auf 8%. Diese Reform hätte dann einen gut 20% geringeren Effekt. Nimmt man hingegen eine Bildungsreform an, die alle deutschen Schüler betrifft, und sie ganz einfach auf das Niveau von Bayern bringt (warum sollte das nicht gehen?), dann sind die Effekte dieser Reform um gut 85% größer als die der hier hypothetisch angenommenen Reform. Anders ausgedrückt: Wir betrachten im Folgenden einmal die wirtschaftlichen Auswirkungen einer gesamtdeutschen Bildungsreform, die es fertig brächte, den Mittelwert der Bildung aller Deutschen um ca. 60% in Richtung des Mittelwerts zu erhöhen, den die Bayern heute schon haben.

... mit langem Atem, wie beim Klima

Wenn man die Bildung der in Deutschland lebenden Menschen nachhaltig und deutlich verbessert, passiert in wirtschaftlicher Hinsicht zunächst einmal – *nichts!* Dies ist wie bereits erwähnt der wahrscheinlichste Grund dafür, dass die Bildung für alle nicht verbessert wird, denn kein Entscheidungsträger liebt Entscheidungen, die frühestens seinem „Enkel" im Amt zugute kommen. Dabei ist die Sache doch eigentlich klar: „Zunächst muss die Reform im Bildungssystem voll umgesetzt werden, dann müssen die Kinder und Jugendlichen das verbesserte Schulsystem durchlaufen, anschließend müssen die besser gebildeten Jugendlichen in den Arbeitsmarkt eintreten – und bis die unzureichende Bildung in der gesamten arbeitenden Bevölkerung verschwunden ist, vergeht rund ein halbes Jahrhundert", bemerken Wößmann und Piopiunik (2009, S. 15) zu Recht.

Bildungspolitik darf nicht zeitlich kurzsichtig erfolgen, mit kurzfristigen Ideen und Zielen, mit Reformen, die einander jagen. Bildungspolitik ist keine Konjunkturpolitik. Selbst die Subjekte der Bildung, die Schüler und die Eltern, haben oft einen zu kurzen Blick, sehen – was nur zu verständlich ist – ihren eigenen Vorteil und nicht die gesamtgesellschaftliche Entwicklung.

Es gibt jedoch Bereiche, in denen die Politik längst die Notwendigkeit einer langfristigen Sichtweise erkannt hat, wenn es auch an der Umsetzung des langfristigen politischen Willens in entsprechende langfristige politische Handlungen noch hapert, wie die Konferenz von Kopenhagen jüngst sehr deutlich gezeigt hat: In der Klimapolitik ist eine Perspektive über Jahrzehnte notwendig und glücklicherweise mittlerweile von allen als selbstverständlich akzeptiert. Nicht anders ist es mit der Bildung: Die tatsächlichen Auswirkungen einer wirklichen und vor allem nachhaltigen Bildungsreform zeigen sich nicht innerhalb einer Legislaturperiode, sondern im Laufe des gesamten Lebens der nächsten Generation.

Wer heute geboren wird, hat nach den Statistiken der Versicherungen eine Lebenserwartung von 80 Jahren (Frauen zweieinhalb Jahre mehr, Männer zweieinhalb Jahre weniger). Daher ist der zeitliche Horizont einer Studie, die jetzt die Auswirkungen einer Bildungsreform analysiert, das *Jahr 2090*. Ein solch langer Atem ist auch aus anderen Überlegungen heraus die einzig sinnvolle Perspektive: Die Reform selbst dauert zehn Jahre (so die dem Modell zugrunde liegende Annahme). Und das Erwerbsleben in Deutschland dauert im Durchschnitt 40 Jahre. Daher können die Auswirkungen einer heute beginnenden Bildungsreform erst in 50 Jahren voll zum Tragen kommen.

Das Bruttoinlandsprodukt ist zwar nicht der einzige Indikator für die Wirtschaftskraft eines Landes, und es schließt auch weder Haus- noch Schwarzarbeit mit ein, vom allgemeinen Wohlbefinden oder gar Glück gar nicht zu reden. Aber es ist dennoch im Hinblick auf Berechenbarkeit und Handhabbarkeit das beste Maß für gesamtwirtschaftlichen Wohlstand, das wir haben. Alles, was man daher jetzt noch tun muss, ist das Ausrechnen der Entwicklung des Bruttoinlandsprodukts mit der aus der Vergangenheit realistischen[8] Steigerungsrate von 1,5% sowie mit der höheren Steigerungsrate, die sich aus dem langsam zunehmenden Greifen der hypothetischen Bildungsreform ergibt. Kommt diese in 50 Jahren voll zum Tragen, dann steigt das BIP nach den oben dargestellten Berechnungen jährlich um $14 \times 0,012 \approx 0,17\%$ stärker als ohne die Reform. Die Rechnung wird allerdings noch dadurch kompliziert, dass sie auch die Bevölkerungsentwicklung mit einbezieht sowie eine sogenannte Diskontierung zukünftiger Gewinne: Uns sind zehn Euro heute mehr wert als zehn Euro in einem Jahr. Will man also künftige Euro in heutigen Euro ausdrü-

---

8 Nach dem Jahresgutachten 2008/2009 des Sachverständigenrats zur Begutachtung der gesamtwirtschaftlichen Entwicklung betrug das durchschnittliche jährliche Wachstum des BIP in den Jahren 1993 bis 2008 1,51% (Wößmann & Piopiunik 2009, S. 33).

cken, muss man sie pro Jahr um einen bestimmten Betrag entwerten (je nach Inflationsrate und Zinsniveau kann man hier verschiedene Werte einsetzen. In der vorliegenden Studie waren dies 3%).

Unter den genannten Voraussetzung wäre das jährliche Wachstum des Bruttoinlandsprodukts dann im Jahr 2035 um 1% größer als ohne Reform; im Jahr 2070 läge dieser Wert bei 6,5%. Das hört sich nach wenig an, ist es aber nicht, denn die Effekte kumulieren über die Zeit und betreffen ja die *gesamte* Wirtschaftsleistung Deutschlands. In absoluten Zahlen (Euro) umgerechnet lässt sich zu bestimmten Zeitpunkten die Rendite der Reform berechnen. Danach wären durch die Reform bis 2030 die gesamten heutigen öffentlichen Bildungsausgaben im Elementar- und allgemeinbildenden Schulbereich erreicht. Bis zum Jahr 2043 hätte die Reform den Renditeertrag in der Höhe des gesamten heutigen Bundeshaushalts und bis zum Jahr 2074 der *gesamten heutigen Staatsschulden* (Abb. 2.3)! Bis zum Jahr 2090 würde sich der Effekt dieser Reform auf über 2.800 Milliarden Euro belaufen (Wößmann & Piopiunik 2009, S. 10).

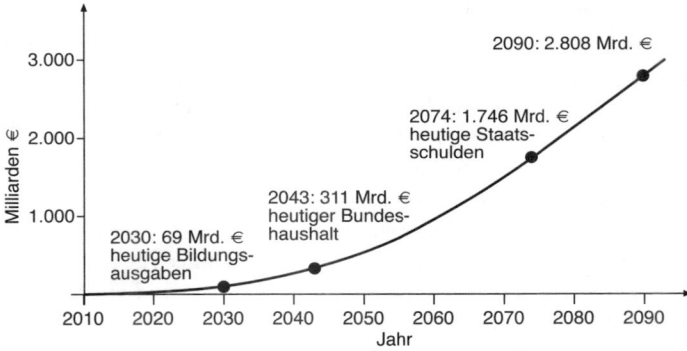

2.3 Einnahmen durch die hypothetische Bildungsreform als Summe des bis zum jeweiligen Jahr durch die Reform zusätzlich erwirtschafteten Bruttoinlandsprodukts (in Milliarden Euro), „abdiskontiert auf den heutigen Zeitpunkt" (Wößmann & Piopiunik 2009, S. 10).

Berechnet man, wie viel ein heute geborenes Kind bzw. auch jeder anderen zum jeweiligen Zeitpunkt lebende Deutsche aufgrund der Reform im entsprechenden Jahr durchschnittlich mehr an Geld zur Verfügung hat, ergibt sich Folgendes: In 18 Jahren hat jeder 179 Euro mehr (BIP pro Kopf), in 30 Jahren schon 720 Euro. Lassen wir abschließend die Autoren selbst zu Wort kommen, wenn es um die langfristigen Auswirkungen der Bildungsreform geht:

„Besonders stark profitiert das heute geborene Kind von der Reform aber erst später [...] Im Alter von 45 Jahren ist das BIP pro Kopf um 2.237 Euro höher. Wenn das heute geborene Kind dann als 67-Jähriger in Rente geht, hat es aufgrund der Bildungsreform 6.471 Euro mehr zur Verfügung. Und im Alter von 80 Jahren [...] ist das BIP pro Kopf durch die Bildungsreform um 10.346 Euro höher als wenn es keine erfolgreiche Bildungsreform gegeben hätte" (Wößmann & Piopiunik 2009, S. 39).

Neben dieser jährlichen Betrachtung wurde auch der Gesamteffekt der Bildungsreform durch Abdiskontieren der in Zukunft anfallenden Erträge und deren Aufsummieren berechnet, wodurch sich ein Wert von 34.255 Euro an zusätzlichem BIP pro Kopf der heutigen Bevölkerung ergibt. „Anders ausgedrückt entgeht jedem heute geborenen Kind im Verlaufe seines Lebens aufgrund der unzureichenden Bildung [also ohne die hier diskutierte hypothetische Bildungsreform; Anm. des Verfassers] ein Wert von 34.255 Euro, wobei die Berechnungen schon berücksichtigen, dass das BIP in Zukunft gemäß der sinkenden Bevölkerungszahl niedriger ausfallen wird (Wößmann & Piopiunik 2009, S. 39).

Sind das alles nur bedeutungslose Zahlenspiele? Noch dazu basierend auf Daten, die man ohnehin nicht glauben braucht? – Ich glaube nicht! Die PISA-Testergebnisse sind zwar methodisch anfechtbar, da man aber über zwei Fächer und zwei Jahrgänge gemittelt hat, sind mindestens Zufallsschwankungen und wahrscheinlich sogar manche methodische Mängel geringer als bei der Betrachtung von Einzelwerten. Da sich die weiteren Berechnungen nur auf Deutschland bezogen und wir Deutschen, wie oben angemerkt, bei den Tests wahrscheinlich sehr gründlich vorgegangen sind (zu gründlich, um so gut zu sein wie die anderen!), sehe ich die hier erfolgende Verwendung der deutschen PISA-Daten weniger problematisch als in Kapitel 1 dargestellt. Zudem geht es hier gar nicht um einen Ländervergleich, sondern um den Vergleich von Deutschland mit sich selbst. Und die Daten zu den Beziehungen von Testleistungen und BIP gründen sich nicht (allein) auf die PISA-Daten, sondern auf einer großen Zahl von Leistungsmessungen.

Im Grunde haben wir also gar keine Wahl, wenn unsere Gesellschaft in diesem Jahrhundert bestehen soll, als unsere Bildungsanstrengungen deutlich zu steigern – qualitativ. Aber geht das überhaupt? – Ja natürlich geht es, denn in Bayern geht ja heute schon mehr! Also ab nach Bayern in die dortigen Schulen? – Nein, denn das geht erstens nicht und wäre zweitens auch nicht sinnvoll. Dass es aber Maßnahmen und Möglichkeiten gibt, den Bildungsgrad der Bevölkerung nachhaltig zu verbessern, also die Effektivität unserer Bildungseinrichtungen wesentlich zu steigern, sollen die folgenden Kapitel zeigen.

Zum Abschluss des Kapitels möchte ich dem Missverständnis vorbeugen, es ginge mir bei der Forderung nach mehr Bildung um rein wirtschaftliche Gesichtspunkte. Dem ist keineswegs so, wie dem aufmerksamen Leser nicht entgangen sein wird. Auch die nächsten Kapitel werden zeigen, dass Bildung weit mehr ist als ein Aspekt von Humankapital.

3 Spuren im Gehirn

Diesem Buch liegt die Überzeugung zugrunde, dass es noch sehr viel Raum für Verbesserung an den deutschen Institutionen des Lernens und Lehrens gibt, und dass die Medizin in mehrfacher Hinsicht eine wichtige Richtschnur bei den Überlegungen und Maßnahmen zur Verbesserung der Bildung in Deutschland sein kann. Warum?

- Die Medizin, so zeigten die Kapitel 1 und 2, kann als Modell dienen. Modelle erleichtern das Nachdenken, bringen Ordnung und Klarheit – überall in der Wissenschaft. Warum also nicht in der Bildung?
- Die Medizin bleibt nicht an der Oberfläche. Sie geht in die Tiefe, wenn es sein muss, mit dem Messer. Sie besteht längst nicht mehr (wie noch vor 150 Jahren) aus einer losen Ansammlung von Ratschlägen und Rezepten sowie einigen modischen, ständig wechselnden Trends (wie man dies bis heute der Pädagogik nachsagt), sondern baut auf einem tiefer gehenden Verständnis der Dinge auf, das in den Grundlagenwissenschaften erarbeitet wurde und wird. Und so wie es bei eitrigen Wunden um Bakterien geht, bei Stoffwechselkrankheiten um Biochemie und bei Erkrankungen der Knochen und Gelenke um Biomechanik, so geht es beim Lernen um Neurobiologie. Erkenntnisse aus der Grundlagenforschung zum Lernen, die von der Gehirnforschung gerade der letzten zwei Jahrzehnte zutage gefördert wurden und die ich für besonders wichtig halte, sind Gegenstand dieses Kapitels.
- Die Medizin ist als Ganzes auch Modell für das Verhältnis von Wissenschaft und Anwendung: Der Arzt wendet immer Erkenntnisse *im Einzelfall* an. Daher ist Medizin keine „reine" Wissenschaft, sondern immer auch eine *Kunst*. Etwa so wie Architektur: Man kann kein Haus ohne die Physik, an der Physik vorbei oder gar gegen die Physik bauen. Aber die Gesetze der Physik sagen uns nicht, wie wir *dieses*

Haus an diesem Flecken der Welt zu einer bestimmten Zeit zu bauen haben. Nicht anders ist es mit der Gehirnforschung und dem Klassenzimmer: Wer ohne Gehirn, an den Gehirnen vorbei oder gar gegen die Gehirne unterrichtet, kann keinen Erfolg haben. Wie man jedoch in *dieser* Schule mit *diesen* Schülern die Erkenntnisse der Gehirnforschung anwenden kann, soll oder muss, ist damit keineswegs schon klar. Überlegungen hierzu (Kapitel 13–15) schließen meinen Argumentationsgang ab.

Gehirngerechtes Lernen? – Neuroplastizität!

Das menschliche Gehirn wiegt ca. 2% des Körpergewichts, verbraucht jedoch mehr als 20% der Energie, die wir mit der Nahrung aufnehmen. Menschen „leisten sich" diesen Luxus, denn wie die Flügel des Albatros und die Flossen des Wals für das Fliegen und das Schwimmen optimiert wurden, wurde auch das Gehirn durch die Evolution optimiert: für das Lernen. Dies ist aber *nicht* gleichbedeutend damit, dass die Evolution uns Menschen für die Schule optimiert hat. Und wie jeder schon leidvoll erfahren musste, hat sie uns *ganz gewiss nicht* zum *Auswendig*lernen optimiert. Genau dies versteht jedoch der Laie unter Lernen: sich am Schreibtisch sitzend mit in ein Buch gesteckter Nase die Seiten entlang quälen. Wenn die Gehirnforschung der vergangenen zwei Jahrzehnte jedoch eines gezeigt hat, dann, dass aus neurobiologischer Sicht dieses Verständnis von Lernen vollkommen falsch ist. Man könnte sogar sagen, diese Form des Lernens sei nicht gehirngerecht, wie man auch sagen kann, dass die hohen Absätze mancher vor allem von Frauen getragener Schuhe nicht beingerecht sind.

Wie aber funktioniert Lernen? – Die wichtigste Erkenntnis der neurowissenschaftlichen Grundlagenforschung aus den letzten zwei Jahrzehnten hat den Namen *Neuroplastizität*. Glaubte man noch bis etwa 1990, dass im Gehirn relativ wenig Veränderung geschieht, wissen wir heute das genaue Gegenteil: Nervenzellen (*Neuronen*; Abb. 3.1) und vor allem die Verbindungen zwischen ihnen, die *Synapsen*, ändern sich fortwährend durch ihre eigene Tätigkeit. Oder anders gewendet: Das Gehirn ändert sich laufend mit seinem Gebrauch.

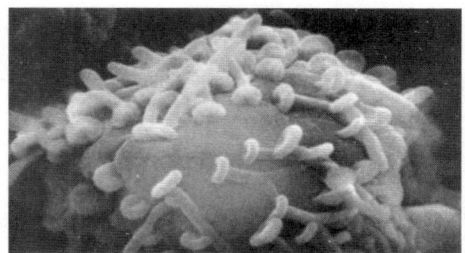

3.1 Elektronenmikroskopische Aufnahme eines Neurons: Man erkennt einlaufende Fasern, die in kleinen Auftreibungen (genannt „Endknopf") enden und dort Synapsen mit dem Neuron bilden, d.h. Verbindungsstellen, an denen die einlaufenden elektrischen Impulse chemisch übertragen werden (aus Spitzer 2002a). Ein Wort zu diesen Impulsen, Aktionspotentiale genannt: Sie sind alle gleich, riechen nicht, schmecken nicht, haben keine Farbe, und es gibt sie nicht einmal in verschiedenen Größen. Die einzige Eigenschaft, die ein Aktionspotential hat, ist die, da zu sein oder nicht (und in manchen Fällen ist auch noch wichtig, wann genau es da ist).

Die meisten Synapsen (es sind je Neuron bis zu 10.000) befinden sich nicht direkt am Zellkörper, sondern an baumartigen Verzweigungen des Neurons, den so genannten Dendriten (gr. *dendron*: Baum; vgl. Abb. 3.2).

Lernen ist in neurobiologischer Hinsicht die Veränderung der Stärke von Verbindungen zwischen Nervenzellen. Diese Veränderungen der Stärke neuronaler Verknüpfungen lassen sich mittlerweile fotografieren (Abb. 3.3) und sogar filmen (Engert & Bonhoeffer 1999).

Aufgrund der Veränderung der Stärke neuronaler Verbindungen durch deren Benutzung entstehen im Gehirn neuronale *Repräsentationen*, d.h. Neuronen, die immer dann aktiv werden („feuern", wie Neurobiologen zu sagen pflegen), wenn ein bestimmtes Muster an Impulsen zum Neuron gelangt.

Betrachten wir zur Verdeutlichung ein Beispiel: Ein Kleinkind hat keine Ahnung von der Welt – aber ein frisches Gehirn mit veränderbaren Synapsen. Keine Ahnung zu haben, bedeutet in diesem Fall, dass die Synapsen in den Bereichen des Gehirns, die für die Speicherung von Wissen zuständig sind, in ihrer Stärke zufällig variieren und insgesamt eher

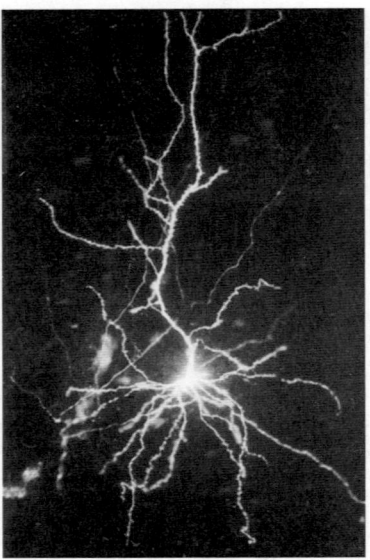

3.2 Lichtmikroskopische Aufnahme eines Neurons, das durch Injektion eines Farbstoffs sichtbar gemacht wurde. Was man nicht sieht: andere Neuronen in enger Nachbarschaft sowie die vielen Fasern, die an den jeweiligen kleinen Auftreibungen („Dornen"), an den dendritischen Verzweigungen enden. Dies ist methodisch bedingt, denn nur das eine Neuron wurde mit Floureszenzfarbstoff (wie man ihn von Textmarkern her kennt) sichtbar gemacht.

schwach sind. Die wachsame Mutter befindet sich oft in der Nähe des Kindes und weiß, was gut für es ist. Eines Morgens sieht das Kind Brombeeren und greift danach. Die Mutter tut das Gleiche, es gibt also Beeren zum Frühstück. Was geschieht dabei im Gehirn des Kindes? – Die Verbindung von „Beeren sehen" zu „zugreifen und pflücken" wird geknüpft, mit jeder gepflückten Beere stärker. Wenn das Kind einige solcher Mahlzeiten hinter sich hat, wird es beim Anblick von Brombeeren irgendwann von selbst beginnen, zu pflücken. Es hat etwas gelernt.

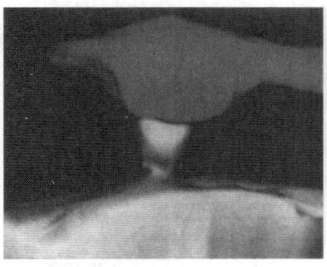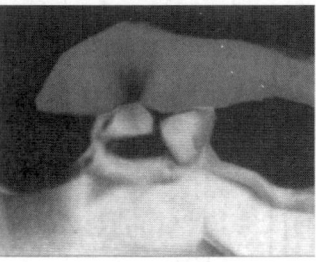

3.3 Elektronenmikroskopische Vergrößerung des synaptischen Kontakts durch das Wachstum des (präsynaptischen) Endknopfs (oben) und der gegenüberliegenden (postsynaptischen) Auftreibung (unten). Diese wird dendritischer Dorn genannt. Rechts ist durch Wachstum eines zusätzlichen Dorns die Kontaktfläche größer und damit der Kontakt funktionell entsprechend besser (nach Toni et al. 1999).

Und so geht es nicht nur mit Brombeeren. Alles Mögliche wird auf diese Weise gelernt. Laufen zum Beispiel. Wer wissen will, was Frustrationstoleranz ist, der beobachte einmal ein etwa zehn Monate altes Baby beim Laufenlernen. Es zieht sich am Stuhlbein, am Tischbein, am Sofa oder der Kommode hoch, balanciert und plumpst zurück auf seinen weichen Po. Immer wieder. Wochenlang. Und siehe da, erst ganz schwankend und nur ein paar Schritte und dann immer sicherer beherrscht die kleine Zwergin oder der kleine Zwerg das Laufen auf zwei Beinen. Ohne Unterricht, niemand erklärt etwas. Und doch hat das Baby die Gravitationskonstante abgeschätzt, die Hebelgesetze neu erfunden und einige Dutzend Muskeln zu programmieren gelernt – mit Differentialgleichungen, deren Komplexität man gut daran ermessen kann, wie die meisten Roboter bis heute laufen: staksig und unsicher. Wer hat die Gleichungen programmiert? – Das Gehirn des Babys! Wie? – Anhand einzelner Plumpser, die gerade NICHT *als einzelne* im Gehirn abgespeichert wurden. Es geht nicht darum, dass sich das Baby merkt „beim blauen Sofa bin ich auf die linke Pobacke gefallen, beim grünen Tisch auf die rechte und beim braunen Stuhl auf beide", sondern darum, dass das Baby aus den vielen Plumpsern, bei jedem ein kleines bisschen, immer besser die Steuerung seiner Muskeln, die den Körper gegen die Schwerkraft aufrechthalten, erlernt. Ein

Baby lernt also das Laufen nicht durch Instruktion, sondern *von Fall zu Fall.* Weil sich Synapsen durch Gebrauch ändern und dadurch Spuren im Gehirn entstehen. Aus *flüchtigen einzelnen* Erlebnissen wird auf diese Weise *feste allgemeine* Struktur (Abb. 3.4).

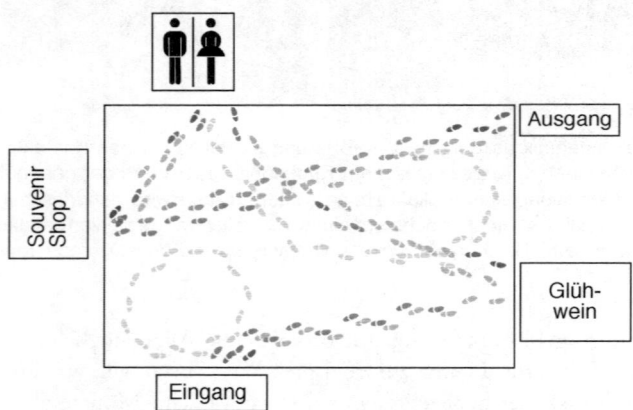

3.4 Stellen Sie sich einen frisch verschneiten Park vor. Die Leute laufen in 30 cm Pulverschnee herum und ein wechselnder Wind sorgt dafür, dass ihre Spuren wieder verwehen. Stellen Sie sich weiter vor, dass es an einer Ecke im Park eine Glühweinbude gibt und an einer anderen Ecke eine Toilette. Mancher Mensch hat Durst und mancher hat danach ein Bedürfnis. Stellen Sie sich jetzt noch vor, dass Sie am späten Nachmittag des Tages auf einer Anhöhe am Rande des Parks stehen. Was fällt Ihnen auf? – Sie werden einen Trampelpfad von der Bude zur Toilette sehen, eine *gebrauchsabhängig entstandene Spur.* Solche gebrauchsabhängigen Spuren gibt es nicht nur in verschneiten Parks, sondern auch im Gehirn. Dort laufen nicht Leute durch den Schnee, sondern elektrische Impulse über Verbindungen zwischen Nervenzellen, die so genannten Synapsen. Je mehr Impulse über eine Synapse laufen, desto besser funktioniert sie. Dies führt langfristig dazu, dass im Gehirn gebrauchsabhängig Spuren entstehen, über die diese Impulse besser laufen (aus Spitzer 2004).

Gedächtnisspuren

Seit über 100 Jahren spricht man in der wissenschaftlichen Psychologie von *Gedächtnisspuren*, aber erst seit wenigen Jahren ist klar, wie genial dieser Ausdruck gewählt ist: Unser Gedächtnis ist nichts anderes als die Summe der Spuren vergangener Erlebnisse, durch die Synapsen in ihrer Stärke verändert wurden. Wiederholung ist gut für das Lernen, weil dann Impulse immer wieder über die entsprechenden Synapsen laufen und sich diese durch den wiederholten Gebrauch eben auch nachhaltig ändern.

Die Idee, dass Lernen etwas mit „Spurenlegen" zu tun hat, ist übrigens noch viel älter als nur gut 100 Jahre: Das Wort „Lernen" geht auf die indogermanische Wurzel *lais* zurück, und dieses alte Wort hat die Bedeutung „Spur". Im Gotischen hieß *lais* „ich weiß", verweist also auf das Ergebnis von Lernen. Im Deutschen erkennt man die Bedeutung der Wurzel *lais* am Wort „Gleis" noch gut.

Die Konsequenzen dieses recht einfachen Funktionierens sind angesichts der ungeheuren Zahl von Synapsen im menschlichen Gehirn – etwa eine Million Milliarden (10^{15}) – kaum überzubewerten: Wann immer das Gehirn gebraucht wird, ändert es sich, jeweils nur ein ganz klein wenig, aber eben doch. Es entstehen Spuren dieses Gebrauchs, so wie Spuren im Schnee oder auf einer Wiese entstehen, wenn die Leute immer wieder den gleichen Weg nehmen.

Das Bild der Spuren im Schnee (Abb. 3.4) trägt noch weiter: Stellen Sie sich vor, dass am einen Ende der Wiese ein Getränkekiosk und am anderen Ende eine Toilette gelegen ist. Dann laufen die Leute vom Kiosk, obwohl sie niemand zwingt, mehr oder weniger gerade zur Toilette und es entsteht eine Spur. Wenn am nächsten Tag der Pächter des Kiosks keine Lust hat, jedoch sein Nachbar, der ebenfalls Getränke verkauft, dies tut, dann werden die Leute den schon vorhandenen Trampelpfad nutzen, denn trotz des kleinen Umwegs ist es viel leichter, in ausgetretenen Spuren den tiefen Schnee zu überqueren, als eine neue Spur zu treten. Eine Spur wird also benutzt, einfach nur deshalb, weil sie da ist.

Nicht anders geht es im Gehirn zu, wie wir seit einigen Jahren wissen (Chang & Merzenich 2003). Einmal angelegte Spuren werden weiter benutzt, selbst dann, wenn sie nicht mehr optimal zum Erlebnis passen. Sie sind nun einmal schon da, und die Impulse treten sich (wie die Menschen) nicht so schnell einen ganz neuen Pfad.

Vom Einzelnen zum Allgemeinen

Halten wir fest: Mit jeder Erfahrung, jedem Wahrnehmungs-, Denk- und Gefühlsakt gehen flüchtige, wenige Millisekunden dauernde Aktivierungsmuster im Gehirn einher. Die Verarbeitung dieser einzelnen Aktivierungsmuster (der einzelnen Erlebnisse) verändert das Gehirn, nicht viel, aber ein ganz kleines Stück. Was von den unzähligen einzelnen Erfahrungen (Musterverarbeitungsprozessen) bleibt, ist daher, wie bereits oben erwähnt, nicht deren Einzigartigkeit, sondern das, was sie mit anderen Erfahrungen gemeinsam haben, das, was gleichsam hinter den einzelnen Erfahrungen an Gemeinsamkeit steckt.

Das gilt nicht nur für das Laufenlernen, sondern auch für den Bereich des Wissens und der Bildung. Betrachten wir als Beispiel Tomaten. Jedem von Ihnen sind wahrscheinlich schon jede Menge Tomaten begegnet. Dennoch können Sie sich nicht an jede einzelne erinnern. Und das ist auch gut so, denn Sie hätten ja sonst den Kopf voller Tomaten! Nicht die Einzelheiten sind wichtig, sondern die *allgemeine Tomate*, die in Ihrem Gehirn aus den vielen Erfahrungen mit einzelnen Tomaten entstanden ist.

Das Erlernen allgemeiner Bedeutungen, Prinzipien, Regeln, Zusammenhänge, Fertigkeiten, Fähigkeiten, Einstellungen und Haltungen geschieht nicht durch das „Auswendiglernen" der entsprechenden allgemeinen Inhalte. Vielmehr wird das Allgemeine anhand von Beispielen gelernt, es wird gewissermaßen induziert. Dies lässt sich am Vorgang des Erwerbs der Muttersprache sehr eindrücklich demonstrieren, nicht nur bei den Wörtern, sondern auch bei den Regeln von deren Gebrauch: Das Kleinkind „paukt" weder Vokabeln noch die Grammatik. Dennoch wissen Kinder bereits im Vorschulalter, dass Verben, die auf „*-ieren*" enden, das Partizip Perfekt ohne „*ge-*"bilden. Sie erzählen, dass sie gestern „*ge-laufen*" sind, aber nicht durch den Wald „ge-spaziert" (sondern nur „spaziert"), und was sie vorgestern nur „verloren" (und nicht „ge-verloren") haben, das haben sie stolz gestern wieder „ge-funden".

Man könnte nun einwenden, dass Kinder die richtigen Partizipien auswendig gelernt, also einzeln abgespeichert haben. Dem ist jedoch nicht so, wie sich experimentell nachweisen lässt. Kinder sind bereits im Vorschulalter in der Lage, nicht existierende Verben korrekt zu beugen, also grammatisch korrekt gemäß den Regeln zu behandeln. (Erzählt man ihnen die Geschichte von den Zwergen, die am Abend *quangen*, und sich am nächsten Morgen daran erinnern, dann sagt der Zwerg, man habe gestern wieder einmal so richtig schön „ge-quangt". Und wenn die Zwerge am Abend patieren, dann sagt er später, man habe „patiert" – ohne „ge-"). Daraus folgt zwingend, dass Kinder tatsächlich eine Regel gelernt haben und nicht lediglich viele Beispiele. Diese Regel jedoch hat ihnen niemand beigebracht. Sie wurde von den Kindern selbst generiert. Gehirne besitzen diese Fähigkeit zum spontanen Generieren von Regeln aufgrund von Beispielen. Alles, was es hierzu braucht, sind die richtigen Beispiele, und viele davon.

Auf die gleiche Weise lernen Kinder sehr vieles: den Umgang miteinander, sich in Gemeinschaft zu bewegen und zu verhalten, aber beispielsweise auch den Umgang mit der Welt oder das Laufen. Beim Laufenlernen – dies ist nicht minder erstaunlich als der Spracherwerb – schätzen sie die Gravitationskonstante ab, erfinden die Hebelgesetze und erarbeiten sich Dutzende von Differentialgleichungen zum Ansteuern der Muskulatur. Niemand „programmiert" das Laufen explizit in die Kindergehirne ein. Dies geschieht vielmehr dadurch, dass Kinder wochenlang sich aufrichten und wieder hinfallen, und dabei immer besser lernen, der Schwerkraft entgegenzuwirken. Im Lauf dieses Prozesses werden vom Gehirn zwar einzelne Erlebnisse (beim linken Tischbein fiel ich auf die rechte Gesäßseite) *erfahren*, jedoch *nicht als einzelne abgespeichert* („gestern bin ich beim linken Tischbein auf die rechte Pobacke gefallen"). Dies wäre völlig nutzlos im Hinblick auf das Erlernen der *allgemeinen* Fähigkeit, auf zwei Beinen zu laufen. Das Laufenlernen ist damit wie das Sprechenlernen ein Beispiel dafür, wie anhand von einzelnen Erlebnissen gerade *nicht* diese einzelnen Erlebnisse gelernt werden, sondern das *Allgemeine* dahinter: Laufen lernt man von Fall zu Fall. Aber die Fälle werden nicht einzeln gelernt.

Unser Gehirn ist – von Ausnahmen abgesehen (siehe unten) – nicht an Einzelheiten, Zufällen und anderem Kleinkram interessiert. Die Zufälle von Gestern nutzen dem Organismus nichts, um sich morgen in der Welt zurechtzufinden. Im Gehirn entstehen vielmehr aus vielen einzelnen Erfahrungen gebrauchsabhängige Spuren und damit *allgemeine* Erkenntnisse. *Diese* kann man auch morgen gut gebrauchen.

Wer also meint, Wiederholungen seien nur beim Lernen von Vokabeln wichtig, der irrt. Im Gegenteil ist es vielmehr so, dass wir vor allem auch dasjenige, was wir lernen, ohne es zu merken – das Laufen, Sprechen und sich Verhalten, das Bewerten und Handeln – auf diese Weise durch Wiederholung einzelner Erlebnisse lernen. „Rituale bilden das Fundament des Aufwachsens", sagt Bernhard Bueb (2006, S. 96) mit Recht und erläutert dies am Beispiel der Malzeiten: „Das Frühstück, das Mittagessen und das Abendessen sollten möglichst immer zur gleichen Zeit und auf die gleiche Weise stattfinden ..." (S. 97). Wer glaubt, Kinder und Jugendliche müssten dies von selbst hervorbringen, der irrt. Man würde ja auch nicht das Sprechen mit einem Kind vermeiden, um ihm zu ermöglichen, seine eigene Sprache zu entwickeln. Wir wissen aus Erfahrungen mit den so genannten Wolfskindern, dass dies nicht funktioniert: Sprache muss von einer bereits existierenden Gemeinschaft übernommen werden, sonst entwickelt sie sich gar nicht. Beim Sprechen sieht also jeder ein, dass es des klaren und strukturierten Inputs bedarf, damit gelernt wird. Bei Haltungen und Werten ist dies nicht anders: Wir wachsen in einer Wertegemeinschaft auf, genauso wie wir in einer Sprachgemeinschaft aufwachsen, und Rituale dienen der Aneignung von Haltungen und Werten, die unser Handeln leiten. „Wir überfordern sie [die Jugendlichen] fortwährend, wenn wir ihnen nicht die ritualisierten Stützen bieten", kommentiert Bueb (S. 45). An der Tatsache, dass das Buch von Bueb so kontrovers diskutiert wurde (vgl. Brumlik 2007) und dass viele Menschen noch immer glauben, sie tun ihren Kindern etwas Gutes, wenn sie ihnen keine Struktur bieten (also beispielsweise auch einmal Verbote aussprechen), wird sehr deutlich, dass sich die genannten Einsichten aus der Grundlagenforschung noch nicht herumgesprochen haben. Auch der ungezügelte Medienkonsum ist hier als wichtiges Beispiel dafür zu nennen, dass Erkenntnisse aus der neurowissenschaftlichen Grundlagenforschung ganz praktische Konsequenzen haben können und (aus meiner Sicht) haben sollten. Man hört und liest sehr oft, dass die Kinder von sich aus lernen sollten, damit umzuge-hen, was sie jedoch ohne Anleitung und Struktur nicht können (siehe Kapitel 12).

Auch wenn in der Schule etwas gelernt wird, was später im Leben wirklich angewandt wird, dann ist es meist von allgemeiner Struktur. Ein-zelne Fakten – der höchste Berg von Grönland, das Bruttosozialprodukt von Nigeria, das Geburtsdatum von Mozart oder der Zitronensäurezyklus – sind dagegen für das Leben weitgehend bedeutungslos. Dieser Gedanke liegt letztlich dem gegenwärtig viel geäußerten Bestreben zugrunde, nicht Fakten zu lehren, sondern „Kulturtechniken", „Problemlösestrategien" bzw. „Kompetenzen". Es darf hierbei jedoch nicht übersehen werden, dass das Allgemeine *an Beispielen* gelernt wird und gerade *nicht* durch das Aus-wendiglernen von Regeln oder Techniken. Das *Üben* an vielen Beispielen ist ein notwendiger Bestandteil jeden Lernens. Umgekehrt folgt: Fakten, die nicht als Beispiele für einen allgemeinen Zusammenhang stehen kön-nen, sind dem Lernen für das Leben wenig förderlich.

Module im Gehirn

Das Kind lernt: Laufen und Sprechen, Rücksichtnahme und Fairness, „Bitte" und „Danke", Teilhabe an seiner Gruppe und Selbstbestimmung, Singen im Chor und ein Solo; Lesen, Schreiben, Rechnen, Latein und die binomischen Formeln; Flora und Fauna, die chemischen Elemente, das Archimedische Prinzip, die gewalttätige Geschichte und die Gewaltentei-lung.

Im Gehirn geschieht dabei letztlich immer wieder das Gleiche: An-hand einzelner Erlebnisse werden *nicht* Einzelheiten gespeichert, sondern allgemeine Regeln und Zusammenhänge, Fertigkeiten, Fähigkeiten, Ein-stellungen und Haltungen. Im Vorschulalter wird viel gespielt, und sehr vieles (nicht nur Laufen und Sprechen) wird im Spiel allgemein gelernt. Auch in der Schule ist das Lernen nicht grundsätzlich anders: Das Gehirn lernt nach wie vor *immer*, tut nichts besser und lieber und kann sowieso gar nicht anders. Es unterscheidet nicht zwischen Schulzeit und Freizeit, sondern baut in sich allgemeine Regeln anhand einzelner Erlebnisse auf. Die Gehirnforschung lehrt uns, dass das Allgemeine an Beispielen gelernt wird und gerade nicht durch das Auswendiglernen von Regeln.

Wenn die Rahmenbedingungen gut organisiert sind, greifen hierbei Schulzeit und Freizeit ineinander: Beim Fußball- oder Geigenspiel lernt ein Kind, dass Übung seine Fähigkeit verbessert, und bei einem Geigenvorspiel oder einem Turnier lernt es, eine Situation zu bestehen, in der es „darauf ankommt". Wer beides gelernt hat – das Lernen und das Bestehen – wird Anforderungssituationen erfolgreicher meistern, völlig unabhängig davon, ob es um Latein oder Mathematik, eine Bewerbung oder eine Bewertung (etwa im Rahmen eines Handlungsdilemmas) geht.

Im Gehirn liegen die Spuren nicht überall und schon gar nicht wahllos herum. Die Großhirnrinde ist vielmehr modular und vernetzt aufgebaut. Das bedeutet, dass nicht alles überall verarbeitet wird, sondern dass es spezialisierte *Module*, beispielsweise für den Wortklang, das Farbensehen, die Gesichtererkennung oder den Tastsinn gibt (vgl. Abb. 3.5).

Wie wir alle zuweilen leidvoll erfahren, können modular gespeicherte Informationen zuweilen nicht für uns verfügbar sein, weil der Zugriff nicht möglich ist. Wenn uns beispielsweise ein Wort auf der Zunge liegt oder der Name einer Person, die wir uns lebhaft vorstellen, einfach nicht einfallen will, dann haben wir die Informationen zwar „im Kopf", kommen aber gerade nicht „ran". Dies liegt nicht zuletzt daran, dass die Module zwar vernetzt sind, aber eben nicht alles mit allem beliebig eng verbunden sein kann. Denn Verbindungsleitungen zwischen Nervenzellen brauchen, wie die Nervenzellen selbst, Platz, und dieser ist in unserem Kopf knapp. Es kann nicht beliebig viele Verbindungen geben, und daher kommen wir nicht beliebig schnell an alle gespeicherten Inhalte heran.

Hinzu kommt, dass unser Gehirn sehr viel Wissen implizit gespeichert hat: Wir *wissen, wie* man läuft, spricht, Fahrrad fährt oder schwimmt, mit Messer und Gabel isst oder sich den Schuh bindet, sich bei einer Beerdigung oder im Kölner Karneval benimmt. Dies bedeutet keineswegs, dass wir immer angeben könnten, wie wir dies alles tun. Wir können es eben. Man bezeichnet solches *Können* bzw. das *Wissen-wie* als implizites Wissen. Es ist alles gelernt, aber wir wissen weder, dass und wie wir es gelernt haben, noch wissen wir genau, was wir alles implizit wissen. In unseren Sprachzentren sind beispielsweise zehntausende Wörter sowie

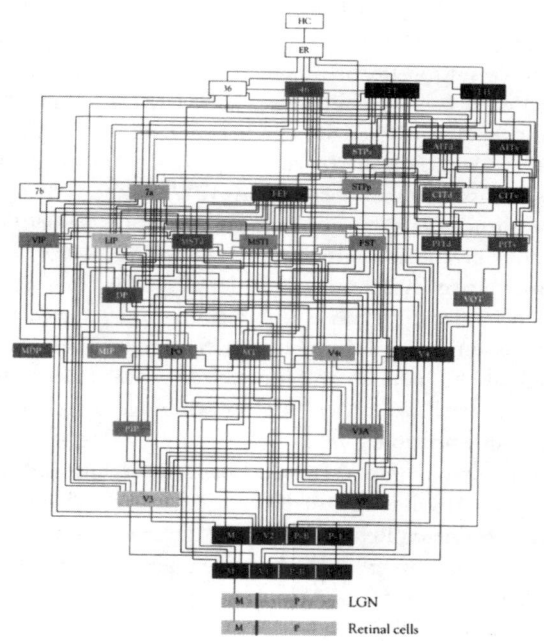

3.5 Vernetzte Module des visuellen Systems des Affen, das dem menschlichen visuellen System sehr ähnelt (Felleman & Van Essen 1991). Jedes Rechteck bezeichnet ein spezialisiertes Modul, jeder Strich eine bekannte neuronale Verbindung. Die Information fließt in beide Richtungen, also nicht nur von unten nach oben (von einfachen visuellen Zentren zu höheren Zentren), sondern auch zurück! Die etwa in der unteren Hälfte des Bildes gelegenen Module lassen sich mittlerweile beim einzelnen Menschen genau lokalisieren und in Quadratmillimetern vermessen.

die gesamte Grammatik der Muttersprache gespeichert, obwohl kaum jemand dies alles *explizit* aufschreiben kann. Unsere Zentren für Bewegung müssen die Hebelgesetze, die Gravitationskonstante der Erde sowie sehr viele komplizierte Differentialgleichungen zur Ansteuerung von Muskeln gespeichert haben, sonst könnten wir beispielsweise nicht laufen. Dennoch können wir diese Informationen nicht direkt auslesen.

Aus der expliziten Unzugänglichkeit vieler implizit gespeicherter Informationen folgt allerdings keineswegs, dass diese Informationen nicht permanent abgerufen und verwendet werden. Ganz im Gegenteil: Die kortikalen Module sind vielmehr in einem hohen Grad (so gut es bei dem Platzmangel eben geht) miteinander vernetzt. Zum einen ist aus vielen Untersuchungen des visuellen Systems bekannt, dass der Informationsfluss keineswegs nur von einfacheren zu komplexeren Arealen geht (Bottom-up), sondern dass vielmehr ebenso massive Verbindungen in die andere Richtung vorliegen, dass also ein Top-down-Einfluss gespeicherter Informationen auf einfachere Verarbeitungsareale vorliegt.

Diese intensive Zusammenarbeit der Module durch deren Vernetzung ermöglicht die sehr schnelle Einbeziehung von gespeichertem Wissen in die Verarbeitung neuer Informationen. So ist das Wahrnehmen keineswegs einfach als Aufnahme von Sinnesreizen zu verstehen, sondern vielmehr als aktiver Prozess der Wechselwirkung aufgenommener mit gespeicherter Information.

Makroskopisch kommt es auf der Ebene der Gehirnrinde durch Neuroplastizität zur Ausbildung von Karten, d.h. von nach Häufigkeit und Ähnlichkeit geordneten Repräsentationen, die erfahrungsabhängig entstehen und zeitlebens – wenn auch mit zunehmendem Alter in geringerem Maße – veränderbar sind (vgl. Abb. 3.6).

Halten wir fest: Die Tatsache der Neuroplastizität hat eine bedeutende Konsequenz: Das Gehirn lernt nicht nur in der Schule oder wenn es gelegentlich einmal sein muss. Vielmehr ist das Gehirn ein Organ, dessen Funktion es ist, permanent zu lernen. Es kann eines nicht: nicht lernen! Was dies bedeutet, lässt sich am Beispiel von Säuglingen sehr einfach demonstrieren, die innerhalb weniger Monate laufen und innerhalb weniger Jahre sprechen lernen. Zweijährige versuchen aktiv ihre Umgebung zu begreifen, führen kleine Tests durch und prüfen – ganz ähnlich wie Wissenschaftler – Hypothesen (Gopnik et al. 1999). Dreijährige lernen alle 90 Minuten ein neues Wort, und mit fünf Jahren beherrschen Kinder nicht nur tausende von Wörtern, sondern vor allem auch deren Gebrauch, d.h. die komplizierte Grammatik der Muttersprache. Mit dem Spracherwerb wird die Welt gelernt sowie die Stellung in ihr – durch den Umgang mit Dingen und mit anderen Menschen.

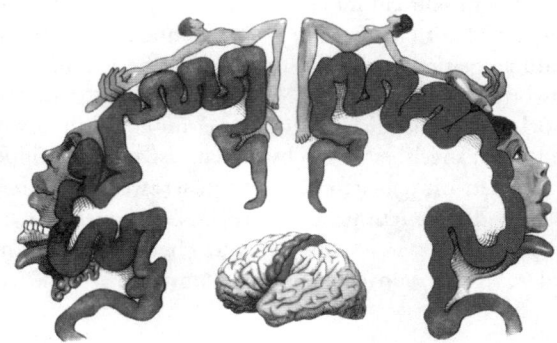

3.6 Die weltweit wohl bekannteste kortikale Karte. Die Zeichnung gibt an, wo im Gehirn die Sensibilität für welche Stelle der Körperoberfläche sitzt (aus Spitzer 2002a).

An dieser Stelle sei vor allzu einfachen Floskeln, die wie so oft aus Amerika kommen, gewarnt: *Brain-based learning* (gehirngerechtes Lernen) ist ein etwa so sinnvoller Ausdruck wie *leg-based running* (beingerechtes Laufen). Natürlich lernt das Gehirn! Aber daraus folgt – für sich genommen – noch gar nichts. Die Frage ist vielmehr: Welche Erkenntnisse hat die Gehirnforschung und was bedeuten diese für unsere Institutionen des Lernens? Diese Frage ist bislang nicht beantwortet, weswegen aus meiner Sicht auch Wörter wie „Neuropädagogik" oder gar „Neurodidaktik" nichts sagen, sondern das Problem eher verschleiern. Wir brauchen diese Wörter ebenso wenig wie das Wort „Neurofußball" – obwohl auch beim beliebtesten Ballspiel der Deutschen das Gehirn ganz sicher immer mitspielt!

Der Hippocampus – ein Modul für Einzelnes

Zuweilen lernen wir auch Einzelheiten, z.B. Begebenheiten oder Orte. Der für Einzelheiten wichtigste Teil des Gehirns ist der Hippocampus, eine relativ kleine Struktur tief im Gehirn. Nervenzellen im Hippocampus lernen wichtige und neue Einzelheiten sehr schnell. Der 11. September 2001 ist den meisten von uns sehr gut im Gedächtnis: Wo genau waren Sie, als Sie davon das erste Mal hörten? Wer war noch bei Ihnen? Mit wem haben Sie als Erstes darüber gesprochen? – Wahrscheinlich können Sie diese Fragen leicht beantworten, wohingegen der Nachmittag des 11. Septembers 2008 – obwohl noch nicht so lange her – für immer im Nebel Ihrer nicht mehr erinnerbaren Vergangenheit verschwunden ist. Der Hippocampus (Abb. 3.7) speichert Einzelheiten dann, wenn sie zwei Qualitäten *aufweisen*: Neuigkeit und Bedeutsamkeit. Wichtige Neuigkeiten hören wir einmal, und schon haben wir sie uns gemerkt. Hierbei spielen Emotionen eine besondere Rolle, von denen weiter unten die Rede sein wird (Kapitel 8).

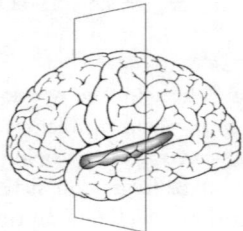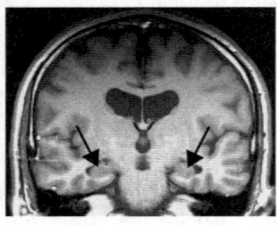

3.7 Lage des Hippocampus im Gehirn. Links: schematisch; rechts: Schnittbild mit Angabe (Pfeile) zur Lage des Hippocampus (aus Spitzer 2002a).

Einzelne Erlebnisse sind deswegen so wichtig, weil man sie gleichsam als „Material" braucht, um allgemeine Verknüpfungen herstellen zu können. Das Herstellen solcher Verknüpfungen nennt man auch *Denken*. Wie soll ich denken, wenn ich nichts habe, *über das* ich denken kann? Denken braucht Inhalte, erschöpft sich aber nicht mit deren Nennung, sondern arbeitet mit diesen.

Betrachten wir ein einfaches Beispiel aus dem Geschichtsunterricht: Wenn es um die Krönung Karls des Großen geht, so muss ich irgendwie schon wissen, was eine Krone ist und wie es vor über 1.000 Jahren hierzulande so etwa zuging. Wenn ich *gar nichts* weiß, dann ist „die Krönung

Karls des Großen" nichts weiter als ein Name (für ein Ereignis), den ich wie viele andere Namen auch sehr rasch wieder vergessen werde. Das Ganze hat nur eine Chance, hängenzubleiben, wenn es entweder mit etwas, das schon bekannt ist, verknüpft wird, oder wenn es mich emotional so aufwühlt, dass es sich mir einprägt. Ein guter Lehrer weiß das und wählt daher eine der folgenden Vorgehensweisen aus:

(a) Man spielt die Kaiserkrönung als Theaterstück: So etwas ist emotional aufregend, man beschäftigt sich heftig mit allem und erste Erlebnisse bleiben hängen. Daran lässt sich dann sehr vieles anknüpfen, also denken.

(b) Man beginnt bei den letzten Wahlen (ganz gleich auf welcher Ebene), wenn es denn gerade welche gab, und überlegt sich, wie denn früher Menschen zu Staatsoberhäuptern wurden. Ohne Plakate, ohne Reden, ohne Fernsehwerbung etc. Man knüpft also beim Alltag an. Das funktioniert nur, wenn sichergestellt ist, dass jeder Schüler tatsächlich entsprechende Erfahrungen hat!

(c) Man besucht eine Ausstellung. Museen sind für den Hippocampus da![1] Man erlebt dort spannende Einzelheiten, die hängen bleiben und später gedanklich „ausgebaut" werden können.

(d) Man besucht ein Theater. Hierfür gilt sinngemäß das Gleiche wie für das Museum: Theater sind für den Hippocampus da, funktionieren aber nur, wenn es nicht beim bloßen Theaterbesuch bleibt!

(e) Wenn keine Möglichkeit zu Life-Erlebnissen besteht, können Medien helfen: ein Film, ungewöhnliche Fotos, das Internet. Wenn also beispielsweise Zivilcourage Thema ist, kann der Film *Ghandi* durchaus ein paar Pflöcke in den Hippocampus rammen, an denen sich ein junger Mensch dann denkend abarbeiten kann.

---

1 Das sollten Museumsdirektoren und vor allem Ausstellungsplaner wissen! Es kommt nicht darauf an, das Wissen enzyklopädisch abzuarbeiten — dafür gibt es Lexika oder das Internet. Es geht vielmehr um die spannende, eindrückliche, auf Neugier aufbauende Präsentation von Inhalten, so dass diese zu Erlebnissen werden können und die Erlebenden mit Material für neue Gedanken versorgt sind! Dazu ist es natürlich erforderlich und sinnvoll, dass Museumspädagogik und Lehrpläne aufeinander abgestimmt sind: Ein Museumsbesuch „verpufft", wenn die Inhalte nicht später reflektiert und in einen allgemeinen Zusammenhang eingebaut werden. Mit Kant könnte man sagen: Museen ohne Schule sind blind, Schulen ohne Museen leer.

Halten wir fest: In Schulen wird viel geredet. Das ist auch gut so, denn durch das Benennen erfassen wir die Dinge, und durch Sätze bringen wir sie in Beziehung zueinander. Denken heißt letztlich: die Dinge zueinander in eine (neue) Beziehung bringen. Um über die Dinge zu denken, muss man sie jedoch zunächst einmal *haben*, d.h. sie müssen dem Denken verfügbar sein. Hier genügt das bloße Reden nicht. Was sauer ist, weiß man, wenn man in eine Zitrone gebissen hat. Was ein Schraubenzieher ist, weiß man, wenn man einen verwendet hat. Die Schnürsenkel seiner Schuhe binden kann man lange bevor man beschreiben könnte, wie es geht. Und wie man eine Geige zum Klingen bringt und wie sich das anhört, lernt man nur durch das Spielen. Dies alles gehört zur Bildung, ganz allgemein, und es lohnt sich durchaus, noch etwas gründlicher über sie nachzudenken.

4 Welche Bildung?

Die Angelsachsen sprechen von *education*, unterscheiden also nicht zwischen *Erziehung* einerseits und *Bildung* andererseits. Unser Gehirn auch nicht. Es lernt immer, ganz egal, ob gerade Lehrpläne oder Ballerspiele abgearbeitet werden.

Wenn man *mehr* Bildung fordert, muss man dennoch die Frage beantworten, was man damit meint. Und genau hier scheinen die Probleme spätestens anzufangen, denn man kann sich trefflich darüber streiten, was junge Menschen lernen sollen. Im Gegensatz zur Ausbildung geht es dabei zumindest nicht unmittelbar um ökonomische Zwecke, sondern um Einstellungen, Fertigkeiten, Normen, Regeln, das Denkvermögen ganz allgemein sowie bestimmte allgemeine Wissensinhalte. Mit seinem Buch *Bildung – Alles, was man wissen muss* über eine zu fordernde humanistische Bildung hat Dietrich Schwanitz (1999) die Diskussion bereits zur Jahrhundertwende wieder neu entfacht und prompt antwortete ihm Ernst Fischer (2001) mit einem Buch über *Die andere Bildung*, das eine naturwissenschaftliche Grundbildung in den Vordergrund stellte. Die Kontroverse ist mindestens so alt wie unsere Gymnasien, bei denen man seit Generationen die Wahl zwischen altsprachlichen oder humanistischen einerseits und mathematisch-naturwissenschaftlichen andererseits hat.

Wissen – Kompetenz – Intelligenz

Von allen an diesen Kontroversen Beteiligten wird suggeriert, dass Bildung sehr viel mit Wissen zu tun hat oder identisch mit Wissen ist. Wer eine naturwissenschaftliche Bildung hat, der *weiß* viel in diesem Bereich, und wer über eine humanistische Bildung verfügt, der kennt sich in anderen Bereichen aus (und hat gelesen, „was man lesen muss"; vgl. Zschirnt 2002). Ein

Blick in die Geschichte des Bildungsbegriffs macht jedoch deutlich, dass Bildung weitaus mehr meint als nur Wissen in einem bestimmten Bereich – und sei er noch so weit definiert.

Um Wissen allein geht es also nicht, wenn es um Bildung geht. Man spricht derzeit daher oft von *Kompetenz* oder mehreren Kompetenzen, ohne dass hierdurch klarer würde, worum es eigentlich geht (vgl. Drieschner 2008). So wird der Begriff zwar im Bereich der empirischen Bildungsforschung für entsprechende Messungen breit verwendet (vgl. z.B. die fünf Kompetenzstufen im Rahmen der PISA-Studien). Dieser psychologische Kompetenzbegriff meint jedoch etwas anderes als der pädagogische Kompetenzbegriff, der „die bei Individuen verfügbaren oder durch sie erlernten kognitiven Fähigkeiten und Fertigkeiten, um bestimmte Probleme zu lösen, sowie die damit verbundenen motivationalen, volitionalen und sozialen Bereitschaften und Fähigkeiten, um die Problemlösungen in variablen Situationen erfolgreich und verantwortungsvoll nutzen zu können" (Weinert 2001, S. 27f) umfasst. Neben dieser Definition als eierlegende Wollmilchsau trägt zur Klarheit weiterhin nicht gerade bei, dass der Begriff einerseits allgemeine Fähigkeiten und Fertigkeiten bezeichnen soll, die jedoch andererseits kontextspezifisch sein sollen (sonst könnte man auch gleich von Intelligenz sprechen). Dieser Spezifität (für einen bestimmten Kontext) widersprechen wiederum Ausdrücke wie „Schlüsselkompetenz" oder gar „metakognitive Kernkompetenz", die darauf hindeuten, dass es hier um etwas ganz Allgemeines geht.

Daher könnte man tatsächlich auch gleich von *Intelligenz* sprechen, denn diese ist gemäß ihrer Definition nichts anderes als die allgemeine Fähigkeit, Probleme zu lösen. Dem scheint zu widersprechen, dass man Intelligenz nicht üben könne, zumal sie nach gängiger Auffassung weitgehend angeboren ist. Erschwerend kommt hinzu, dass seit einigen Jahren häufig von *multiplen Intelligenzen* die Rede ist, was viel Verwirrung gestiftet hat und die Sache unnötig kompliziert machte. Gänzlich ungeeignet für eine Diskussion über Bildung scheint der Begriff der Intelligenz aus einem weiteren Grunde zu sein: Er ist politisch im höchsten Grad vermint: Eher konservative Menschen mit eher höherem sozioökonomischem Status halten die Intelligenz (und damit auch die eigene und die ihrer Kinder) eher für vererbt, was ihren Status eher rechtfertigt und für wenig Motivation für Veränderung sorgt. Eher links orientierte Menschen mit eher geringerem sozioökonomischem Status halten die Intelligenz eher für ein Resultat der Umwelt (und damit für veränderbar) und schöpfen daraus die Motivation für Veränderungen (nicht zuletzt ihrer eigenen eher ungünstigen sozioökonomischen Situation und der ihrer Kinder). Wird über Intelligenz diskutiert, geht es also oft nur vordergründig um die Erkenntnisse aus der Wissenschaft und eigentlich darum, ob man an der Teilhabe am Eigentum (sprich: der Verteilung des Reichtums) längerfristig etwas ändern kann/soll oder nicht.

Diese politische Vermintheit des Geländes um die Intelligenz sieht man – leider – nicht zuletzt in der Wissenschaft selber: Da wurden von einem geadelten britischen Wissenschaftler Zwillinge in Studien frei erfunden, um Daten zu publizieren, die für die Vererbung der Intelligenz sprechen.[1] Oder es wurde ein (bereits gedrucktes) Buch kurz nach Publikation wieder vom Markt genommen, weil der Verlag die Aussagen des Autors für politisch unkorrekt hielt (was offenbar zunächst niemandem aufgefallen war).[2]

Wenn im Folgenden dennoch von Intelligenz die Rede ist, dann gerade deswegen, um klar zu sagen, „was man weiß, wie man es weiß, und was man nicht weiß", wie Karl Jaspers (1957, S. 13) einmal schön gesagt hat.

Was ist Intelligenz?

Die vielleicht bekannteste und zugleich dümmste Antwort auf die Frage, was Intelligenz sei, lautet: Intelligenz ist das, was ein Intelligenztest misst. Diese Antwort auf die Frage nach der Intelligenz zeigt lediglich, dass sich Experten über lange Zeit (und manchmal hat man den Eindruck: bis heute) nicht darüber einigen konnten, was Intelligenz ist. Temperatur ist auch

---

1 Die Sir Cyril Burt-Affäre schlug hohe Wellen und ist bis heute nicht endgültig aufgelöst. Allein dies zeigt, wie sehr die Diskussion ideologisch aufgeladen ist. Ginge es um nichts, würde sich keiner aufregen oder gar ein Buch über diese Geschichte schreiben. Gerade weil es um etwas geht, wird der Fall immer wieder neu diskutiert.

2 Es geht hier um das im März 1996 von Wiley publizierte Buch *The g Factor: General Intelligence and Its Implications* des britischen Psychologen Christopher Brand (Anon 1996).

nicht definiert als das, was ein Thermometer misst. Vielmehr ist es umgekehrt: Ich weiß schon, was Temperatur ist, wenn ich ein Thermometer konstruieren will. Weiß man also, was Intelligenz ist? Und wenn man es weiß, kann man damit im Hinblick auf die Bildungsdebatte etwas anfangen? – Auch wenn es zunächst nicht den Anschein hat, glaube ich dennoch, dass man beide Fragen mit „Ja" beantworten kann.

Der erste Test zur Intelligenz wurde vor gut 100 Jahren in Frankreich von Alfred Binet (1857–1911) und Théodore Simon entwickelt: Man wollte wissen, welche Kinder die Grundschule schaffen und welche nicht. Man konstruierte hierzu eine ganze Reihe von Aufgaben und gab sie sehr vielen Kindern in unterschiedlichem Alter. Leichte Aufgaben konnten dann manche Fünfjährigen schon lösen, schwierigere vielleicht erst die Achtjährigen. Stellen Sie sich nun vor, dass ein fünfjähriges Mädchen schon viele Aufgaben lösen konnte, die ansonsten Kinder im Alter von sechs Jahren erst lösen konnten. „Im Kopf" war dieses fünfjährige Kind also schon sechs Jahre alt. Auf diese Überlegung geht der Intelligenz-Quotient (abgekürzt: IQ) zurück: Man teilt das „Intelligenzalter" (wie alt ist jemand „im Kopf", festgestellt anhand seiner Leistung in vielen Aufgaben) durch das Lebensalter (wie alt ist jemand wirklich) – und schon hat man dessen IQ. Der IQ des Mädchens beträgt also 6/5 oder 1,2. Weil man damals Kommazahlen nicht mochte, multiplizierte man den Quotienten noch mit Hundert, so dass das Mädchen einen IQ von 120 hat. Ein Junge, der mit fünf Jahren nur die Aufgaben lösen kann, die normalerweise ein Vierjähriger schon lösen kann, hat also einen IQ von 4/5 x 100 = 80.

Man sieht sofort, dass diese Art der Einteilung bei Kindern durchaus sinnvoll ist. Bei einem Alter über 16 Jahren funktioniert die Sache jedoch nicht mehr. Für Erwachsene hat man daher später eine andere Methode der Intelligenzmessung erdacht, den so genannten Abweichungs-IQ, der gar kein Q(uotient) mehr ist, sondern nur noch so heißt. Diese auf den amerikanischen Psychologen David Wechsler (1896–1981) zurückgehende Methode ist wiederum ganz einfach: Man stellt sehr vielen erwachsenen Menschen sehr viele Aufgaben (unterschiedlichen Typs und Schwierigkeitsgrades) und schaut einfach nach, wer wie viele Aufgaben löst. Man erhält einen Mittelwert und eine Streuung um diesen herum. Nun hat man dem Mittelwert den Wert 100 und der Streuung (Standardabweichung) den Wert 15 zugeordnet, weil diese Werte bei den Kindern so lagen: Der

Mittelwert war so definiert (ein Sechsjähriger leistet so viele Aufgaben wie ein Sechsjähriger), und die Standardabweichung wurde empirisch bei den Kindern mit etwa 15 ermittelt.

Umfragen zufolge halten 90% der Menschen sich selbst für überdurchschnittlich gute Autofahrer. – Ganz offensichtlich unterliegen sie einem Irrtum, denn aus der Definition des Durchschnitts folgt, dass 50% der Autofahrer besser und die anderen 50% schlechter als der Durchschnitt fahren.[3] Und auch wenn ab morgen alle doppelt so gut Auto führen, würde sich hieran nichts ändern. In gleicher Weise sind 50% der Bevölkerung unterdurchschnittlich groß. Da kann man nichts machen, selbst in einem Land wie Japan, dessen Einwohner dank besserer Ernährung in den vergangenen Jahrzehnten im Mittel 12 cm größer geworden sind. Werden alle größer, steigt natürlich der Durchschnitt (und immer liegt die Hälfte darunter und die andere Hälfte darüber).

Nicht anders steht es um die geistige Leistungsfähigkeit von Menschen, die heute ganz allgemein Intelligenz genannt wird: 50% aller Kinder sind unterdurchschnittlich intelligent. Das folgt wieder aus der Definition des Durchschnitts und der Intelligenz, die auf einen Mittelwert von 100 und auf eine Standardabweichung von 15 normiert ist (vgl. Abb. 4.1).

Da also genau genommen der IQ durch Normierung an einer Stichprobe so festgelegt ist, dass er im Mittel bei 100 liegt, kann er streng genommen nicht steigen. Dennoch wird davon gesprochen, dass von den fünfziger bis in die achtziger Jahre des letzten Jahrhunderts hinein die Menschen in vielen westlichen Gesellschaften intelligenter geworden sind. Dies ist dann der Fall, wenn man nachschaut, wie viele Menschen bestimmte Aufgaben lösen können, ohne gleich wieder alles auf einen (neuen) Nenner zu bringen. Dass dies sinnvoll ist, zeigt ein Vergleich mit der Körpergröße: Da diese absolut gemessen wird (und nicht als Abweichung von einem statistischen Mittelwert vieler vermessener Menschen), kann der Mittelwert problemlos steigen.

---

3 Genau genommen stimmt dies nur näherungsweise bzw. zwingend nur bei normalverteilten Größen. Da es im Folgenden um die Intelligenz geht und diese (wiederum in erster Näherung) normalverteilt ist, gehe ich auf die Mathematik von Maßen der Mitte (arithmetisches und geometrisches Mittel, Median, Modalwert) nicht näher ein.

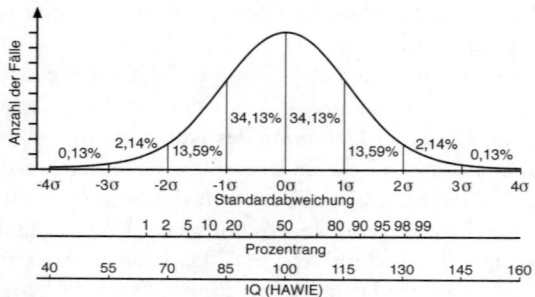

4.1 Trägt man die Intelligenz nach rechts und die Anzahl der Menschen mit entsprechender Intelligenz nach oben auf, ergibt sich die bekannte Glockenkurve, deren Eigenschaften der Mathematiker Carl-Friedrich Gauss erstmalig beschrieben hat, und die daher auch Gauss-Kurve heißt. Messgrößen, die eine solche Verteilung aufweisen, bezeichnet man auch als normalverteilt oder Gauss-verteilt. Weil das bessere oder schlechtere Lösen von ganz unterschiedlichen Aufgaben durch ganz unterschiedliche Menschen einigermaßen normalverteilt ist, und weil es zu den Eigenschaften der Glockenkurve gehört, dass im Bereich von einer Standardabweichung um den Mittelwert herum 68,27% aller Werte liegen, haben 68,27% der Menschen einen Intelligenzquotienten zwischen 85 und 115.

Lässt man Menschen immer die gleichen Aufgaben im Intelligenztest lösen, zeigt sich das Gleiche: Sie werden immer intelligenter (Abb. 4.2). Wird also der Mittelwert der Intelligenz nicht angepasst, dann kann man durchaus darüber reden, dass alle Menschen intelligenter werden – und genau dies ist der Fall: Das Phänomen wird nach seinem ersten Beschreiber, dem neuseeländischen Wissenschaftler James Flynn, als *Flynn-Effekt* bezeichnet und wurde zunächst in den USA (Flynn 1984) sowie kurze Zeit später für 14 Länder (einschließlich Deutschland) gefunden (Flynn 1987). Der Effekt ist nicht überall gleich groß, machte jedoch im Durchschnitt 3 – 5 IQ-Punkte pro Jahrzehnt aus.

Seit den neunziger Jahren ist diese Zunahme der Intelligenz jedoch zum Stillstand gekommen. Es gibt sogar Hinweise darauf, dass die Intelligenz hierzulande wieder abnimmt, wie nicht nur die in Abbildung 4.2 dargestellten Messungen aus Norwegen nahelegen. Auch Daten aus Dänemark der beiden Psychologen Thomas Teasdale und David Owen, die in

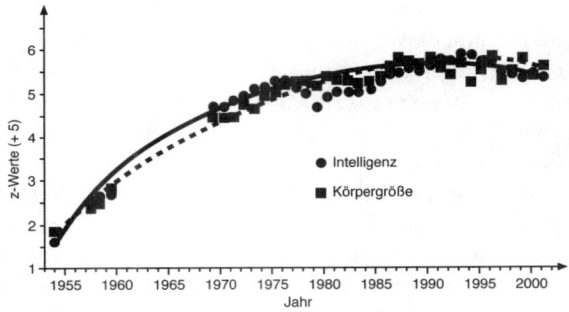

4.2 Entwicklung von Körpergröße und Intelligenz am Beispiel von Norwegen in den Jahren 1954 bis 2002 (nach Sundet et al. 2004, S. 357). Über die Gründe hierfür lassen sich Vermutungen anstellen, die von einer besseren Ernährung (erklärt beide Kurven) bis zu einer besseren Ausbildung (erklärt die Kurve der Intelligenz) reichen.

der Arbeit *Der Flynn-Effekt im Rückwärtsgang* im Jahr 2005 publiziert wurden, beschreiben den gleichen Sachverhalt. In einer Stellungnahme wird Teasdale mit den Worten zitiert (Donner 2005): „Mit Beginn der neunziger Jahre hörte die Steigerung der IQ-Werte auf. Seit 1999 beobachten wir einen Rückgang."

Intelligenz = Problemlösekompetenz

Ich möchte im Folgenden die Frage nach den Gründen für mögliche Veränderungen der Intelligenz über größere Zeiträume hinweg zurückstellen. Mir geht es zunächst vielmehr darum, zu zeigen, was Intelligenz ist und was nicht: Es ist zunächst einmal nichts anderes als die Fähigkeit, Probleme zu lösen, welche auch immer das sein mögen. Dies folgt direkt aus dem Forschungsansatz, in dem die Intelligenz – ihrer Idee nach – seinen Ursprung hat: Man lässt viele ganz unterschiedliche Aufgaben durch viele Menschen lösen und findet eine Reihe von Gesetzmäßigkeiten:

(1) Das erste, was auffällt, ist Folgendes: Wenn jemand irgendeine der Aufgaben gelöst hat, dann ist die Wahrscheinlichkeit nicht gering, dass er auch irgendeine andere Aufgabe gelöst hat. Man kann diesen Gedanken nun statistisch verallgemeinern und (durch das Verfahren der Faktorenanalyse) fragen, wie gut man das Abschneiden eines Menschen bei allen unterschiedlichen Aufgabentypen durch *eine einzige Variable* (nennen wir sie Intelligenz!) erklären kann. Die Antwort lautet: *Erstaunlich gut!*

(2) Diese Variable ist das Resultat statistischer Berechnungen. „Die Intelligenz" gibt es also etwa in dem Sinne, wie es Konfektionsgrößen gibt. Man kann bei vielen Menschen ja auch die Körpergröße, die Länge von Oberarmen, Unterarmen und Beinen sowie den Umfang von Hals, Brust, Bauch und Hüfte messen. Das muss man eigentlich tun, wenn man für jemanden die passende Kleidung nähen will. Nun zeigt sich aber, dass all diese Größen eng miteinander zusammenhängen (statistisch hoch korreliert sind), so dass man sie auf eine einzige Größe, eben die Konfektionsgröße, reduzieren kann.

Die meisten Menschen haben eine mittlere Konfektionsgröße, also bei Männern hierzulande 48 bis 52. Ich zum Beispiel habe die Allerweltsgröße 50, und meistens passen die Sachen so halbwegs. Manchmal kneift die Hose, ist aber zu lang, oder die Ärmel sind zu lang, aber der Kragen zu eng. Jeder, der keine maßgeschneiderte Kleidung trägt, kennt das. Manche Menschen sind ganz groß oder ganz klein, liegen also ganz am Rande der Verteilung der Konfektionsgröße. Aber auch hier passt noch meistens alles halbwegs. Bei wieder anderen Menschen sind aus irgendeinem Grund die Beine unterschiedlich lang oder die Arme viel zu kurz: Hier braucht es den Maßschneider.

Die meisten Menschen haben eine Intelligenz im durchschnittlichen Bereich, zwischen 85 und 115. Die entsprechenden Schulen *passen* dann einigermaßen und die Berufe auch: Mit einem IQ von 90 besucht man die Hauptschule, mit einem von 105 die Realschule und mit einem von 115 das Gymnasium. Probleme gibt es, wenn jemand Sonderbegabungen oder das Gegenteil (stark ausgeprägte Schwächen in einem bestimmten Bereich) hat. Dann „passt" nichts mehr so richtig.

(3) Mein Vater trug, wie ich auch, Größe 50. Ist die Konfektionsgröße also vererbt? Gibt es ein Gen für „Größe 50"? Aber ist meine Konfektionsgröße nicht auch Produkt meiner Lebensführung (sportlich oder eher

auf der Couch)? Und ist es überhaupt sinnvoll, nach einem Gen für die Konfektionsgröße zu fragen, denn diese ist doch etwas Künstliches, geschaffen von Menschen zum Zwecke der Vereinfachung des Maßnehmens beim Einkaufen? – Im Hinblick auf die Körpermaße und die Kleidung stellt diese Fragen niemand, und noch weniger sind sie Gegenstand heftiger emotionsgeladener politischer Debatten. Bei der Intelligenz ist das anders.

Intelligenz und Vererbung

Dass man nur dann musikalisch ist, wenn man einerseits eine entsprechende Veranlagung mitbringt und andererseits vom frühen Kindesalter an mit Musik zu tun hatte, liegt irgendwie auf der Hand. Bei der Intelligenz schein das alles komplizierter zu sein. In den fünfziger Jahren glaubte man, ganz im Sinne des Behaviorismus, dass alles auf die richtige Förderung ankomme und die Gene nur eine geringe Rolle spielen. Dann schlug das Pendel um, und Zwillingsstudien sowie Adoptionsstudien schienen, eine nach der anderen, zu belegen, dass Intelligenz vor allem vererbt sei. So zeigte beispielsweise eine bekannte Studie zum Zusammenhang der Intelligenz von Eltern und deren Kindern, dass dieser bei leiblichen Eltern nachweisbar und recht konstant ist. Die Korrelation der Intelligenz zwischen Adoptiveltern und deren Kindern war zunächst (im Kleinkindalter) durchaus auch nachweisbar, je älter die Kinder jedoch wurden, desto geringer wurde der Zusammenhang ihrer Intelligenz mit der Intelligenz ihrer Adoptiveltern (Abb. 4.3). Als die Kinder erwachsen waren, betrug die Korrelation praktisch Null. Hieraus scheint klar zu folgen, dass Elternhaus, Erziehung und Familie keinen Einfluss auf die Intelligenz haben. Hinzu kamen in den achtziger Jahren die Ergebnisse einer großen US-amerikanischen Zwillingsstudie (*Minnesota Twin-Study;* Bouchard 2004; Bouchard et al. 1990; Iacono 2002), so dass bis vor wenigen Jahren gerade von psychologischer Seite kaum mehr jemand Zweifel daran hatte, dass die Umgebung nur wenig und die Gene sehr viel zu den Unterschieden der Intelligenz bei den Menschen beitragen.

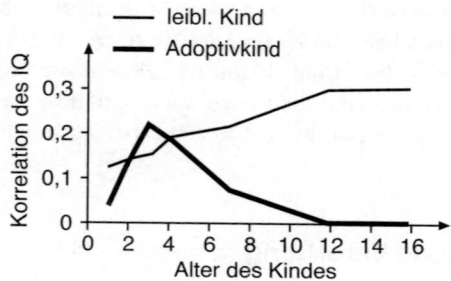

4.3 Entwicklung der Korrelation des IQ der Eltern mit dem IQ leiblicher Kinder und dem IQ der Adoptivkinder (gemessen zu unterschiedlichen Entwicklungszeitpunkten der Kinder mit entsprechenden Tests) über die Zeit (nach Plomin et al. 1997, S. 444).

Noch einmal: Ich beschreibe diese Dinge hier recht ausführlich, weil sie in jeder Bildungsdiskussion unterschwellig Thema sind. Tief im Herzen hat jeder eine Meinung zur Frage, was Intelligenz ist, wie hohe Intelligenz zustande kommt und ob Intelligenz vor allem vererbt ist; aber selten genug werden diese Meinungen offen thematisiert, von einem (selbst-) kritischen Hinterfragen der vertretenen Standpunkte einmal gar nicht zu reden.

Neueste Studien sorgen dafür, dass das Anlage-Umwelt-Pendel wieder zurück in Richtung einer größeren Bedeutung der Umwelt für die Ausbildung der Intelligenz schwingt. Wie kann das sein? Und vor allem: Wie kommt es dann zu den gerade geschilderten Ergebnissen? Und vor allem: Was kann man angesichts dieser verwirrenden Fülle von Daten zum gegenwärtigen Zeitpunkt wirklich mit guten Gründen annehmen?

Anlage und Umwelt

„Ganz die Mama!" – „Nein, die Augen, ganz der Papa!" Wir sind daran gewöhnt, beim Betrachten eines Säuglings etwa Überlegungen anzustellen, welche Merkmale von wem geerbt wurden. Ganz ähnlich scheint es sich mit der Frage zu verhalten, ob denn bestimmte Eigenschaften von Menschen überhaupt angeboren (und damit meinen wir: vererbt) sind oder Produkt von Umwelteinflüssen. Damit wiederum wird dann viel Politik gemacht: Wenn die einfachen Leute sozial unterer Schichten aufgrund ihrer Gene in intellektueller Hinsicht so sind, wie sie sind, dann braucht man sich auch schulisch nicht um die Kinder aus diesen Schichten zu bemühen. Wenn aber die intellektuelle Entwicklung ganz wesentlich von der Umwelt abhängt, dann *muss* man etwas tun. Wie ist es denn nun also: Wie groß sind die Anteile der Gene und der Umwelt an der Intelligenz eines Menschen?

Zunächst einmal gilt Folgendes: Wer glaubt, dass sich diese Frage ganz einfach mit einer Angabe von Prozenten beantworten lässt (80 zu 20, 70 zu 30 oder 50 zu 50), der irrt. Um dies zu zeigen, sei ein einfaches Beispiel betrachtet: Stellen Sie sich vor, Sie haben einen Sack voller Samenkörner für Weizen. Alle Samen seien genetisch identisch und nun sähen Sie diesen Samen auf verschiedenen Ackerböden aus. Mancher Weizen wird nun größer und mancher kleiner. Warum? – Es kann nur am Boden und am Wetter liegen, also an der Umwelt, denn die Gene waren ja bei allen Samenkörnern gleich. Die Größe ist also zu 100% umweltbedingt. Nun betrachten wir einen zweiten Versuch mit genetisch ganz unterschiedlichen Samenkörnern und einem einzigen Acker, der überall genau gleichen Boden hat. Wenn es jetzt Unterschiede in der Größe der Pflanzen gibt (wir nehmen an, auch das Wetter bzw. die Bewässerung waren auf dem Acker überall völlig gleich), dann kann das nur (zu 100%) an den Genen gelegen haben. Die Antwort auf die Frage, wovon hängt die Größe einer Weizenpflanze ab, von der Umwelt oder von den Genen, lautet also: *Das hängt davon ab!* Nämlich von den jeweiligen *Unterschieden* bei Genen bzw. Umwelt in der jeweiligen Studie. Unterschiede gibt es aber nur, wenn es um Samenkörner (Plural!), aus denen Pflanzen (Plural!) werden, geht.[4] In der Statistik verwendet man zur Messung von Unterschieden ein bestimmtes Maß, das Varianz heißt. Auch dieses Maß der Streuung von

---

4 Ein Betrunkener geht zum Fotografen und möchte ein Gruppenfoto von sich machen lassen. „Dann stellen Sie sich doch bitte mal im Halbkreis auf", meint der Fotograf. – Dieser Witz lebt von der Spannung zwischen Einzahl und Mehrzahl, davon, dass man von *einem* Menschen kein Gruppenfoto machen kann und sich *einer* auch nicht als Gruppe (wie auch immer) aufstellen kann. Nicht anders ist es mit Unterschieden: Bei *einem* kann man davon nicht sinnvoll sprechen.

Werten setzt eine Pluralität von Einzelwerten voraus, damit es überhaupt angewendet werden kann. Aus diesem Grunde kann man die Frage: „Wie ist das nun mit dieser einen Pflanze hier: Ist ihre Größe vor allem durch die Umwelt oder durch die Gene bedingt?" prinzipiell nicht beantworten. Hätte man viele Pflanzen und die Verteilung von deren Größe sowie Informationen zur genetischen und umweltbezogenen Varianz, dann wäre das anders. Solange diese Informationen aber nicht vorliegen, ist die Frage nicht zu beantworten. Und bei einer einzelnen Pflanze kann die Frage nach den Anteilen von Anlagen und Umwelt an irgendeiner ihrer Eigenschaften (also auch der Größe) überhaupt nicht sinnvoll gestellt werden. – Prinzipiell nicht!

Mit diesem Vorwissen nun können wir einen dritten Fall betrachten, den eigentlich interessanten: Sie haben einen Sack voller genetisch unterschiedlicher Samenkörner und sähen diese auf ganz verschiedenen Äckern aus. Dann werden die Unterschiede in der Größe der Pflanzen *irgendwie* sowohl durch die Gene als auch durch die Umwelt bedingt sein. Was aber können Sie noch genauer sagen? – Zunächst einmal nichts! *Aber Sie könnten Experimente machen.* Zum Beispiel könnten Sie die Hälfte des Samens auf einem guten Acker aussähen, die andere Hälfte auf einem schlechten. Dann würden Sie auf jedem der Äcker, einzeln betrachtet, unterschiedlich große Pflanzen finden und könnten daraus schließen, dass diese Unterschiede nur durch die Gene bedingt sei. Oder Sie könnten die Durchschnittsgröße auf beiden Äckern bestimmen und würden daraus schließen, dass die unterschiedlichen Mittelwerte nur durch die Umwelt bedingt sein können. So würden Sie sich langsam zu einem differenzierten Verständnis der Einflüsse von Genen und Umwelt vorarbeiten.

Aber es gibt dennoch Tücken und Fallstricke: Nehmen wir an, die beiden Äcker, auf die Sie Ihre genetisch unterschiedlichen Samenkörner aussähen, sind sich sehr ähnlich: Dann werden die Pflanzen auf den beiden Äckern im Durchschnitt auch kaum unterschiedlich groß sein. Wenn Sie nun nicht wissen (oder das Wissen nicht beachten), dass die Umwelt der Samen kaum unterschiedlich war, dann würden sie aus ihren Ergebnissen schließen, dass die Größe der Pflanzen vor allem auf die Gene zurückzuführen ist. Wären die Äcker jedoch sehr verschieden (sagen wir: Wüste versus sehr fruchtbarer Boden), dann würden Sie schließen, dass die Gene kaum eine Rolle spielen, sondern es vielmehr nur darauf ankommt, dass die Pflanze eine richtige Umwelt (Wasser muss da sein) braucht, um zu wachsen.

Warum erzähle ich Ihnen das alles? – Weil man nur so versteht, wie schwer sich die Wissenschaft mit der Frage nach der Bedeutung von Anlage und Umwelt für die intellektuelle Entwicklung in den vergangenen Jahrzehnten getan hat. Nehmen Sie nun noch die ideologischen Brillen eines jeden an der Diskussion Beteiligten hinzu, dann verstehen Sie das beträchtliche Chaos in der Diskussion um Veranlagung und Umwelt. Wenn Sie sich zudem noch in das Amerika der fünfziger oder sechziger Jahre zurückversetzen, mit einer vorwiegend aus Afrika abstammenden („schwarzen") Unterschicht und einer nahezu ausschließlich aus Europa stammenden („weißen") Oberschicht, mit Rassentrennung in Bussen und Schulen und klarer Sichtbarkeit der genetischen Abstammung der Menschen in den unterschiedlichen sozialen Schichten, dann wird Ihnen deutlich, wie viel Sprengstoff in Studien zur Intelligenzvererbung stecken kann.[5] Gerade deswegen ist es wichtig, die Hintergründe und Methoden zu kennen, die bei Datenerhebungen und Datenauswertungen eine Rolle spielen.

Adoptions- und Zwillingsstudien

Das Beispiel mit den Samen und Äckern macht deutlich, warum viele Studien den Anteil der Vererbung an der Intelligenz überschätzen und den der Umwelt unterschätzen: Den unterschiedlichen Saatkörnern auf gleichem Boden entsprechen Adoptivkinder und ihre Stiefgeschwister oder Adoptiveltern; und den gleichen Saatkörnern auf unterschiedlichem Boden entsprechen eineiige Zwillinge, die in unterschiedlichen Familien aufgewachsen sind.

---

5 Manche haben diesen Sprengstoff ganz bewusst gezündet und für heftige Kontroversen gesorgt, insbesondere Hans-Jürgen Eysenck, Arthur R. Jensen sowie Richard Herrnstein und Charles Murray, deren Buch *The Bell Curve* zum Thema Intelligenz und Vererbung über eine halbe Million mal verkauft wurde und vielleicht die heftigste Kontroverse in der Psychologie überhaupt verursacht hat.

Zur Adoption freigegebene Kinder werden keineswegs zufällig über alle Familien aus einer Gesamtbevölkerung verteilt. Vielmehr müssen sich Adoptiveltern *bewerben*, müssen Auswahlgespräche *bestehen* und Auswahlkriterien *erfüllen*. Kurz: Adoptiveltern kommen eher nicht aus der Unterschicht und sind in aller Regel sehr um ihre Kinder bemüht. Im Hinblick auf Zwillinge gilt Folgendes: Dass eineiige Zwillinge in verschiedenen Familien aufwachsen, kommt selten vor. Noch viel seltener ist es, dass die beiden Familien sich stark unterscheiden, etwa in dem Sinne, dass der eine Zwilling in eine Hartz-IV-Familie und der andere in eine Millionärsfamilie kommt.

Aus diesen beiden Tatsachen folgt, dass es sich mit der Intelligenz von getrennt aufgewachsenen Zwillingen sowie von Adoptivkindern so ähnlich verhalten muss wie mit den Samen, die alle auf einem guten Acker ausgesät wurden: Fast nur noch die Gene bestimmen über die Ausprägung des infrage stehenden Merkmals.[6] Genau dies ist das Ergebnis vieler Studien. Die Daten aus der großen, bereits oben erwähnten Minnesota-Zwillingsstudie, in deren Rahmen seit 1979 mehr als 100 eineiige Zwillingspaare, die getrennt aufgewachsen sind, für jeweils etwa eine Woche sehr gründlich untersucht wurden, legen nahe, dass 60% der Unterschiede (Varianz) der getesteten Intelligenz auf das Konto der Gene und nur 40% auf das Konto der Umwelt geht. Ähnliche Werte wurden auch in anderen Studien gefunden (vgl. Plomin et al. 1997), gelten jedoch *jeweils nur für diese Studien* (siehe oben). Man kann jedoch davon ausgehen, dass auch in diesen weiteren Studien die Zuteilung der Zwillinge nicht zufällig erfolgte und dass sogar darauf geachtet wurde, dass die beiden ja bekanntermaßen genetisch *gleichen* Menschen nicht in völlig *verschiedene* Umgebungen kommen. Daraus folgt, dass die Abschätzung 60% Gene, 40% Umwelt nicht richtig sein kann und die Bedeutung der Umwelt unterschätzt wird.

Von besonderer Bedeutung sind daher Studien, bei denen (im Rahmen eines sogenannten 2-mal-2-Designs) Kinder von reichen[7] und armen biologischen Eltern in arme und reiche Verhältnisse adoptiert werden.

---

6 Aus dem gleichen Grunde bestimmen übrigens in vielen Sportarten heute bei internationalen Wettkämpfen (wie beispielsweise den Olympischen Spielen) fast nur noch die Gene über Sieg und Niederlage. Das Training (die „Umwelt") der Athleten ist für alle praktisch maximal, so dass zur Produktion von Unterschieden gar nichts mehr anderes übrig bleibt als genetische Unterschiede.

Nun kann man den Anteil von Anlagen und Umwelt schon besser abschätzen. Einer solchen Studie zufolge (Capron & Duyme 1989) hatten die Kinder reicher (biologischer) Eltern im Durchschnitt einen um 15,5 Punkte höheren Intelligenzquotienten als die Kinder armer Eltern, ganz gleich ob sie in armen oder reichen Verhältnissen aufgewachsen waren. Dies spricht durchaus für einen gehörigen Anteil der Gene am IQ. Es zeigte sich jedoch auch, dass die in reiche Verhältnisse hinein adoptierten Kinder einen um 11,6 Punkte höheren IQ aufwiesen als die Kinder, die von armen Eltern adoptiert wurden, unabhängig von den biologischen Eltern (Tabelle 4.1):

Tabelle 4.1 Vierfeldertafel zu den Mittelwerten des IQ (Anzahl der Kinder jeweils in Klammern dahinter) in der Untersuchung von Capron und Duyme (1989, S. 553). Die Effekte der Adoptiveltern und der biologischen Eltern waren mit p = 0,01 bzw. p < 0,001 statistisch signifikant.

		Adoptiveltern		
		reich (n)	arm (n)	
biologische Eltern	arm	119,6 (10)	107,5 (8)	113,55
	reich	103,6 (10)	92,4 (10)	98,0
		111,6	99,95	

Auch der Schulerfolg der in reichen Verhältnissen aufwachsenden Kinder war deutlich besser als das schulische Ergebnis der arm aufwachsenden Kinder. Bevor man aus dieser Studie schließt, dass die Gene mehr ausmachen als die Umwelt, sei gesagt, dass die ersten neun Monate der Umwelt (im Mutterleib) in dieser Studie – wie in allen anderen auch – nicht als „Umwelt", sondern als „Genetik" zählen, dass also der Anteil der Genetik am IQ kleiner ist, womöglich um bis zu 20% (vgl. Devlin et al. 1997). Damit kann man aus den genannten Daten (also aus den Ergebnis-

---

7 Ich verzichte im Folgenden auf in der wissenschaftlichen Literatur übliche, vermeintlich „neutrale" Umschreibungen wie „niedriger sozioökonomischer Status" und „hoher sozioökonomischer Status" und verwende stattdessen die Wörter „arm" und „reich". Das spart nicht nur Platz (und es müssen ein paar Bäume weniger gefällt werden), sondern nennt die Dinge ganz einfach beim Namen.

sen *dieser* Studie) folgern, dass Umwelt und Anlagen etwa den gleichen Anteil am IQ einer Person haben. Diese Tatsache (gleiche Umwelt während der Schwangerschaft) wird auch bei Vergleichsstudien von eineiigen mit zweieiigen Zwillingen außer Acht gelassen. Wird sie berücksichtigt, ergeben sich Werte für den Anteil der Genetik am IQ von einem Drittel bis etwa 50% (Devlin et al. 1997; Nisbett 2009).

Hinzu kommen weitere methodische Feinheiten, die zu einer Überschätzung des Anteils der Gene führen, von denen hier nur einer genannt sei: So wird die Varianz des Messfehlers eines Merkmals in vielen Studien der genetisch bedingten Varianz gleichsam automatisch zugeschlagen, was dazu führt, dass die „Erblichkeit" von Merkmalen über viele Studien hinweg umso größer ist, je schlechter die Messungen sind (Schönemann 1997).

Betrachten wir zwei weitere Studien: Französische Wissenschaftler verglichen den IQ von 32 Kindern aus armen Verhältnissen („Kinder aus der Arbeiterklasse", wie die Autoren auf S. 1503 schreiben), die in wohlhabendere Familien („aus der oberen Mittelklasse") adoptiert worden waren, mit dem IQ ihrer in den ärmlichen Verhältnissen verbliebenen Geschwister (Schiff et al. 1978). Es wurden zwei unterschiedliche Testverfahren verwendet, in denen die adoptieren Kinder einen IQ von 111 bzw. 107 aufwiesen, ihre nicht adoptierten, in ärmlichen Verhältnissen verbliebenen Geschwister hingegen hatten in beiden Tests einen Durchschnittswert von 95. Der Unterschied von zwölf bzw. 16 IQ-Punkten erwies sich dabei als vergleichbar mit den Ergebnissen eines Intelligenztests, der an 12.000 Schulkindern durchgeführt worden war und für die Kinder hochqualifizierter Eltern (der oberen 5% der Bevölkerung) einen mittleren IQ von 111,5 ergab, wohingegen die Kinder ungelernter Arbeiter nur einen IQ von 94,8 aufwiesen.

„Wir denken, dass die einfachste Erklärung unserer Befunde die ist, dass es keine bedeutsamen genetischen Unterschiede zwischen den sozialen Gruppen gibt, die für das Versagen in der Schule relevant wären", kommentieren die Autoren abschließend ihre Ergebnisse (Schiff et al. 1978, S. 1504), die sich auch auf die Schullaufbahn bezogen: 13% der adoptierten Kinder wurden nach den vorliegenden Daten aus den Schulen als Schulversager eingestuft, im Gegensatz zu 56% der nicht adoptierten, in ärmlichen Verhältnissen verbliebenen Kinder.

5 Bildung durch Umwelt

Das Kapitel 3 hat dargestellt, dass unser Gehirn sich ständig auf Signale aus der Umwelt hin ändert und dass diese Signale seine Strukturierung verursachen. Diese Strukturen, Spuren der Erfahrung, ermöglichen weitere Erfahrungen und ein besseres Zurechtfinden in der Welt. In Kapitel 4 wurde dargestellt, dass man die allgemeine Fähigkeit zur Analyse, zum Verstehen und zum Handeln in einer Welt voller Probleme als Intelligenz bezeichnen kann und dass die Meinung, diese Fähigkeit sei vor allem vererbt und durch die Umgebung (und damit durch die Familie, den Kindergarten und die Schule, von der Universität einmal gar nicht zu reden) kaum zu beeinflussen, falsch ist. In diesem Kapitel soll es daher um Studien gehen, die klar zeigen, wie groß die Bedeutung der richtigen Umgebung für die geistige Entwicklung eines Menschen ist.

Dass diese Diskussion in höchstem Maße praktische Konsequenzen hat, zeigt hierzulande nicht nur die Kontroverse um die Betreuung der Ein- bis Dreijährigen in Kindertagesstätten und das Elterngeld. Und wie immer in Bildungsdingen hat jeder eine Meinung, das Wissen ist jedoch spärlich. Dies liegt in der Natur der Sache: Jeder Mensch ist anders, und um die Auswirkungen einer bestimmten Umgebung (Heim oder Familie) zu untersuchen, müsste man sehr viele Kinder untersuchen und sie vor allem per Zufall (engl. *random*) dem Heim oder der Familie zuordnen (man nennt dieses Verfahren *Randomisierung*). Nur so kann vermieden werden, dass beispielsweise die gesünderen und geistig regeren Kinder adoptiert werden und die körperlich-geistig weniger fitten Kinder im Heim verbleiben und *aus diesem Grund* – also aufgrund der Selektion und nicht der anderen Umgebung – sich später Unterschiede bei den Kindern zeigen. Die Situation ist wie in der Medizin: Um wirklich sagen zu können, welche von zwei Therapien besser ist, braucht man mehr als die Beobachtungen und Geschichten Einzelner: Man braucht eine große, randomisierte, kontrollierte Studie.

Angenommen, wir hätten Zugang zu sehr vielen Heimkindern in sehr schlechten Heimen (in denen die Kinder einigermaßen „satt und sauber" sind, jedoch nur sehr wenig psychologische Stimulation erhalten). Einem Teil dieser Kinder könnte man helfen. Man könnte diesen Teil per Zufall auswählen und in Pflegefamilien verbringen. Dann wüsste man hinterher mehr. Aber darf man das? – Man darf, wenn man die Probleme der Forschung an einwilligungsunfähigen, extrem verletzbaren und von ihren Angehörigen verlassenen Heimkindern berücksichtigt (vgl. hierzu Millum & Emanuel 2007).

Die ersten zwei Jahre

Im Dezember 2007 wurde im Fachjournal *Science* eine Studie an rumänischen Heimkindern von US-amerikanischen Wissenschaftlern publiziert (Nelson et al. 2007), die auf die oben aufgeworfenen Fragen erste Antworten zu geben vermag. Die Untersuchung schloss insgesamt 187 Kinder ein, die alle jünger als 31 Monate waren und sich in einem von sechs Heimen für Waisenkinder in Bukarest befanden. Die Kinder wurden zunächst ärztlich untersucht, und es wurden 51 Kinder aus medizinischen Gründen ausgeschlossen. Die verbleibenden 136 Kinder wurden nach dem Zufallsprinzip (randomisiert) in zwei Gruppen zu jeweils 68 Kindern geteilt: Die einen (Gruppe H) blieben im Heim, die anderen (Gruppe PF) wurden in Pflegefamilien gegeben. Zudem wurde eine weitere Kontrollgruppe von 72 in normalen Familien lebenden Kindern zum Vergleich herangezogen.

Zu Beginn der Studie waren Körpergewicht, Körpergröße und Kopfumfang bei den 136 Heimkindern geringer als bei den 72 Kindern aus normalen Familien. Weil nicht genügend Pflegefamilien zur Verfügung standen, wurde ein eigenes Pflegefamilienprogramm mit 56 Familien im Rahmen der Studie aufgelegt. Das mittlere Alter der Kinder der Gruppe PF beim Umzug in die Familien war 21 Monate. Die intellektuelle Entwicklung der Kinder wurde vor der Randomisierung sowie im Alter von

30, 42 und 54 Monaten mittels standardisierter Verfahren gemessen. Hierbei zeigte sich, dass die in Familien verbrachten Kinder kognitiv besser abschnitten als die im Heim verbliebenen (Abb. 5.1).

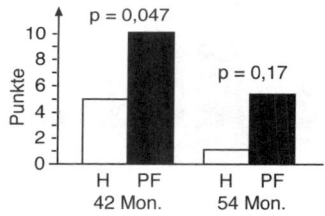

5.1 Verbesserung der kognitiven Fähigkeiten im Vergleich zum Ausgangswert der Heimkinder (Gruppe H, weiße Säulen) sowie der in Pflegefamilien verbrachten Kinder (Gruppe PF, schwarze Säulen) im Alter von 42 Monaten und im Alter von 54 Monaten (nach Daten aus Nelson et al. 2007).

Teilte man die Kinder nach dem Alter ein, in dem sie in eine Pflegefamilie gebracht wurden, so zeigte sich ein signifikanter Unterschied zwischen den Kindern, die vor Vollendung des zweiten Lebensjahres das Heim verlassen konnten, im Vergleich zu denen, die bei Verlassen des Heims und Aufnahme in die Pflegefamilie das zweite Lebensjahr bereits vollendet hatten (Abb. 5.2).

Mit anderen Worten: Der positive Effekt der Pflegefamilie auf die kognitive Entwicklung der Kinder ist größer, wenn die Kinder früher (bevor sie zwei Jahre alt werden) in die Familie kommen. Da die Kinder aus der zweiten Kontrollgruppe (leben in normalen Familien) Werte in den Tests aufwiesen, die mit den Werten altersentsprechender Kinder aus anderen entwickelten Ländern vergleichbar waren, kann man den Daten glauben. Diese zeigen damit klar, dass eine Unterbringung in einer wenig stimulierenden Umgebung ungünstige Auswirkungen auf die kognitive Entwicklung von Kindern hat, dass der Wechsel in eine Familie (d.h. eine stimulierendere Umgebung) diese ungünstigen Effekte mindern kann und dass dieser Wechsel am besten früh (vor Vollendung des zweiten Lebensjahres) erfolgen sollte.

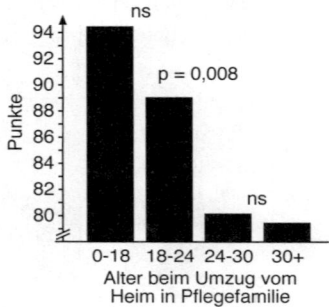

5.2 Testergebnis zur kognitiven Entwicklung im Alter von 42 Monaten in Abhängigkeit davon, wann die Kinder aus dem Heim in die Pflegefamilien verbracht wurden. Der Unterschied zwischen den beim Umzug jüngeren Kindern (0 bis 18 und 18 bis 24 Monate; beide Gruppen unterschieden sich nicht signifikant) und den beim Umzug älteren Kindern (24 bis 30 Monate sowie über 30 Monate alt; wieder unterscheiden sich auch diese beiden Gruppen nicht sehr voneinander) ist signifikant (nach Daten aus Nelson et al. 2007).

Die Ergebnisse fügen sich in die bereits vorhandene Literatur zu den Auswirkungen von Vernachlässigung und mangelnder Fürsorge auf die kindliche Entwicklung ein. Aus Tierversuchen ist seit den 1950er-Jahren bekannt, wie wichtig emotionale Wärme, das Kuscheln, für beispielsweise junge Äffchen ist (vgl. Harlow & Suomi 1971). Angemerkt sei hier noch, dass die Ergebnisse der vorliegenden Studie nicht zur Argumentation gegen Krippenplätze hierzulande verwendbar sind, da die Verhältnisse in deutschen Krippen nicht mit denen in rumänischen Heimen vergleichbar sind. Vernachlässigung gibt es zudem auch innerhalb von Familien, was gerade in der jüngsten deutschen Vergangenheit durch einige schreckliche Beispiele deutlich vor Augen geführt wurde. Die Studie von Nelson und Mitarbeitern zeigt vielmehr ganz allgemein, wie wichtig eine gute Umgebung für das kleine Kind ist, das eben nicht einfach nur wächst, sondern vor allem eines tut: Lernen!

Kindergarten

Ist also nach den ersten beiden Jahren die Intelligenz festgelegt? Kann man dann nichts mehr machen? Eine französische Studie mit dem bezeichnenden Titel *How can we boost the IQs of „dull children"?: A late adoption study*[1] ging speziell dieser Frage nach: Kann auch eine Adoption nach der frühen Kindheit noch deutliche Auswirkungen auf den IQ der Kinder haben?

Die Autoren (Duyme et al. 1999) suchten aus über 5.000 Adoptivkindern anhand der Akten 65 Fälle von Kindern heraus, die in der frühen Kindheit vernachlässigt bzw. misshandelt worden waren, einen IQ von 61 bis 85 aufwiesen (also von leichtgradiger geistiger Behinderung bis ganz normale Dummheit) und zwischen dem vierten und sechsten Lebensjahr (also relativ spät) adoptiert worden waren. Diese Kinder wurden im Alter von 13,5 Jahren erneut getestet. Zudem wurde der sozioökonomische Status der Adoptivfamilie anhand des Berufs des Adoptivvaters (von einem Psychologen, der den IQ des Kindes nicht kannte) eingeschätzt und drei Gruppen gebildet: Adoptivfamilien mit hohem (Manager etc.), mittlerem (Handwerk, Handel) und niedrigem (ungelernter Arbeiter) sozioökonomischem Status. Der IQ der Kinder zum ersten Testzeitpunkt war in allen drei Gruppen (mit Werten von 77,8, 76,5 und 78,5) etwa gleich.

Neun Jahre später, zum zweiten Testzeitpunkt, zeigte sich eine deutliche Wirkung der Adoption auf die geistige Leistungsfähigkeit der Kinder: Sie wiesen einen IQ auf, der im Durchschnitt um 13,9 Punkte höher war als beim ersten Test. Zudem zeigte sich ein klarer Effekt des sozioökonomischen Status der Adoptivfamilie: Je höher dieser war, desto größer der Zuwachs des IQ (vgl. Abb. 5.3). Der Unterschied im Zuwachs der Intelligenz der Adoptivkinder, die in armen Familien aufwuchsen (7,7 IQ-Punkte) und denen, die in reichen Familien aufwuchsen (19,5 IQ-Punkte) war mit knapp zwölf Punkten nicht nur statistisch signifikant, sondern lebenspraktisch von enormer Bedeutung, denn ein Unterschied dieser Größe macht gut einen Schultyp aus (also z.B. Hauptschule versus Realschule).

---

1 Wie können wir den IQ von „dummen Kindern" verstärken? – Eine Studie zur späten Adoption.

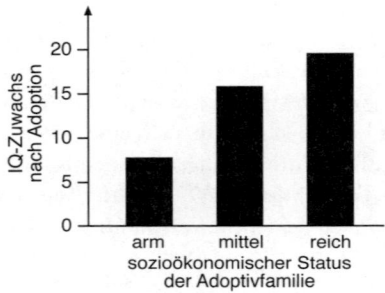

5.3 Ergebnisse der Studie von Duyme und Mitarbeitern (1999, S. 8792). Dargestellt ist der Zuwachs des Intelligenzquotienten durch die bessere Umwelt nach der Adoption von vernachlässigten bzw. misshandelten Kindern in Abhängigkeit vom sozioökonomischen Status der Adoptionsfamilie. Der Unterschied ist mit $p < 0,02$ signifikant.

Der mittlere Zuwachs des IQ war über die Kinder mit unterschiedlicher Ausgangsintelligenz etwa gleich verteilt, betraf also nicht nur die Grenzbegabten (IQ-Anstieg: 12,1) oder nur die geistig Behinderten (IQ-Anstieg 14,5). Die Kinder waren dennoch insgesamt durch ihre Herkunft (Genetik und frühe Kindheit) belastet und wiesen einen IQ auf, der geringer war als der IQ von Kindern aus armen und reichen Familien in großen Vergleichsstichproben: Die Kinder reicher Familien haben hier einen durchschnittlichen IQ von 112 und nicht wie in dieser Studie von 98 (die Werte für die armen Familien: Durchschnitt: 96,5; Studie: 85,5).

Interessant ist unter dem Aspekt der Entwicklung geistiger Leistungen innerhalb bestimmter Zeitfenster noch die Tatsache, dass beim Vergleich zu früh adoptierten Kindern aus einer anderen Studie sich in dieser Studie der Verbal-IQ als niedriger zeigte. Man kann daraus ableiten, dass die Adoption (d.h. das Verbringen des Kindes in eine stimulierendere Umwelt) nach der Phase der „Sprachexplosion" (wie das Alter von 1,5 bis vier Jahren gelegentlich genannt wird) vor allem die Sprachentwicklung nachhaltig negativ beeinträchtigt. Die Sprachentwicklung von Kindern ist nicht zuletzt entscheidend für die Entwicklung der vielleicht wichtigsten Kulturtechnik, des Lesens. Wer nicht gut lesen kann, bleibt eher sitzen, bricht die Schule eher ab, oder wird mit höherer Wahrscheinlichkeit kriminell – mit allen damit für die Gesellschaft verbundenen Kosten (Reynolds et al. 2002).

Die gerade diskutierte Studie zeigt eindrücklich, wie wichtig eine gute, stimulierende Umwelt für die Entwicklung der geistigen Fähigkeiten eines Kindes ist und steht keineswegs allein. Auch durch Training der leiblichen Eltern lässt sich die intellektuelle Entwicklung von Kindern aus armen Verhältnissen nachhaltig und in der gleichen Größenordnung positiv beeinflussen, wie eine Reihe von Studien aus unterschiedlichen Ländern der Erde zeigt (vgl. Tabelle 5.1).

Tabelle 5.1 Studien zum Effekt der Unterstützung der Eltern auf die Entwicklung von Kindern aus armen, zumeist ländlichen Verhältnissen.

Autor (Jahr)	Land	Intervention (Gruppengröße)	Ergebnis
McKay et al. (1978)	Kolumbien	6 Stunden Kindergarten täglich (301 Kinder, ca. 3 Jahre)	je länger im Kindergarten, desto höher die geistige Leistung bei Schuleintritt
Hamadani et al. (2006)	Bangladesch	Hausbesuche, Gruppentreffen (214 Kinder, 0,5 bis 2 Jahre)	geistige Entwicklung, Kontaktverhalten, emotionale Entwicklung deutlich besser
Watanabe et al. (2005)	Vietnam	Trainings für Eltern und Erzieher; lokale Bibliothek, Spielecke zuhause (313 Kinder, 6,5 bis 8,5 Jahre)	deutlich bessere kognitive Entwicklung im Intelligenztest (Raven's Matrices)

Das Milwaukee-Projekt: rauf und wieder runter

Was geschieht jedoch, wenn die Umwelt sich erst günstig verändert, danach aber wieder deutlich verschlechtert? Bleiben die Zuwächse im IQ bestehen oder gehen sie wieder zurück? „So etwas kann man nicht wissenschaftlich untersuchen!", werden Sie jetzt mit Recht einwenden. Dennoch hat man es untersucht, denn es kommt vor, dass man Gutes tut, einem dann aber irgendwann das Geld ausgeht. So geschah es beim so genannten *Milwaukee-Projekt*, einem Programm, das in der gleichnamigen Stadt in den sechziger Jahren gestartet wurde und bei dem es um die Verbesserung der geistigen Leistungsfähigkeit benachteiligter Kinder ging (Garbner 1988).

Das Projekt nahm seinen Ausgangspunkt bei der Beobachtung, dass in einem Stadtbezirk, in dem eine besonders hohe Arbeitslosigkeit herrschte und Alkohol- sowie Drogenkonsum verbreitet waren, einerseits nur 3% der Einwohner, jedoch andererseits 33% aller geistig behinderten Kinder der Stadt lebten. Im Rahmen einer kontrollierten Studie wurden aus diesem Bezirk 40 Neugeborene Kinder rekrutiert, deren Mütter einen geringen IQ (unter 80) aufwiesen, und in eine Kontrollgruppe sowie eine Interventionsgruppe aufgeteilt.[2] Jedes Kind der Interventionsgruppe hatte einen persönlichen Betreuer (promovierter Akademiker, Pädagoge oder Psychologe), dessen Aufgabe es war, mit dem Kind zu reden, zu spielen und ihm vorzulesen. Der Effekt dieser Intervention war beachtlich: Der IQ der geförderten Kinder im sechsten Lebensjahr war überdurchschnittlich und betrug im Mittel 120, der IQ der Kinder der Kontrollgruppe lag dagegen unter dem Durchschnitt bei 87. Danach endete jedoch das Projekt, die Kinder wurden nicht weiter gefördert und langweilten sich an den ungenügenden öffentlichen Schulen ihres Viertels. Ihr IQ sank (wie eine Nachuntersuchung im Alter von 14 Jahren zeigte) wieder auf einen Durchschnittswert (101), lag jedoch immer noch über dem Wert der Kontrollgruppe (91).

Zur Überraschung der beteiligten Wissenschaftler (Schleicher, persönliche Mitteilung) zeigten auch die PISA-Ergebnisse, dass jedes Jahr, das ein Kind im Kindergarten verbringt, einen positiven Effekt auf die Schulleistung im Alter von 15 Jahren hat. Die frühe Ausbildung geistiger Leistungsfähigkeit hat also zweifellos einen nachhaltigen Effekt. Zudem leuchtet jedem ein, dass die Vorschulerziehung gerade bei Kindern aus bil-

---

2 Im Gegensatz zur oben beschriebenen US-amerikanischen Adoptionsstudie in Rumänien aus den vergangenen Jahren war diese Studie noch mit wesentlich weniger ethischen Bedenken durchgeführt worden, die sich dem heutigen Leser aufdrängen.

dungsfernen sozialen Gruppen positive Auswirkungen auf den Bildungserfolg und die soziale Anpassung hat (Karoly et al. 2005). Nicht zuletzt
zeigen bildungsökonomische Studien, dass Investitionen im Bildungsbereich sich umso mehr lohnen, je früher sie getätigt werden (Anger et al.
2007). Warum werden sie dann nicht getätigt? – Betrachten wir zunächst
weitere Studien.

Kinderstube, Kindergarten und Grundschule

Die bis hierher angeführten Studien zeigen, dass die geistige Leistungsfähigkeit eines Menschen, gemessen mittels IQ, keineswegs bei der Geburt
oder mit zwei Jahren oder mit sechs Jahren festliegt. *Der IQ ist nicht in
Stein gemeißelt, schon gar nicht bereits bei der Geburt.* Die Intelligenz eines
Menschen kann vielmehr durch eine günstige Umwelt positiv beeinflusst
werden. Umgekehrt gilt (leider) auch: Ungünstige Umweltbedingungen
haben einen deutlichen negativen Effekt, der sogar anfängliche Gewinne
durch gute Umgebung wieder (teilweise) zunichte machen kann.

Welche konkreten Auswirkungen das Elternhaus, die Kindertagesstätte und die Grundschule auf die Entwicklung der geistigen Leistungsfähigkeit von Kindern haben, wurde anhand ihrer Leistungen in einem
„klassischen" Schulfach, der Mathematik, in einer britischen Studie an
2.558 Kindern genau untersucht. Im Alter von drei bis vier Jahren wurden
die Kinder in die Studie eingeschlossen und dann sieben Jahre später, also
mit zehn Jahren bzw. am Ende der vierten Klasse, nochmals im Hinblick
auf ihre mathematischen Fähigkeiten untersucht.[3] Mit sehr aufwendigen
Methoden wurde die Güte der 141 beteiligten Kindergärten, die Güte der
Grundschulen und auch die Güte der „häuslichen Lernumgebung" (*home
learning environment*) untersucht, um deren Auswirkungen bzw. deren
Beitrag zur geistigen Leistungsfähigkeit der Kinder zu erfassen.

In dieser Studie zeigten sich deutliche Auswirkungen von „Kinderstube", Kindergarten und Grundschule (Abb. 5.4). Diese betrafen nicht nur
die Kinder aus sozial schwächeren Schichten, sondern *alle* Kinder, wie entsprechende Analysen zeigen konnten. Es zeigte sich vor allem, dass die

---

3 Die Leistungen in Mathematik korrelieren mit der allgemeinen Intelligenz und können zumindest als Indikator für sie herangezogen werden.

Qualität des Kindergartens und die *Qualität* der Grundschule einen hohen
Einfluss hatten, so dass entsprechende Maßnahmen zu deren Verbesserung (vgl. Diamond 2007) klar zu begründen sind.

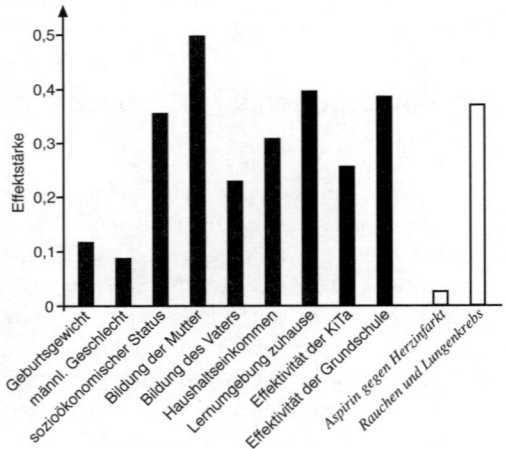

5.4 Zusammenhang (Effektstärke) zwischen verschiedenen Messgrößen und
den Leistungen in Mathematik im Alter von zehn Jahren (nach Daten aus Melhuish et al. 2008). Die stärkste Auswirkung hat der Bildungsgrad der Mutter, was
nicht weiter verwundert, da auch im England vor zehn Jahren die Mutter eher
zuhause war und sich um die Kinder gekümmert hat. Die Lernumgebung
zuhause, der Kindergarten und die Grundschule haben deutliche Auswirkungen
auf die Leistungen im Fach Mathematik – Jahre später. Die rechten beiden hel-
len Säulen zeigen Daten (aus Spitzer 2005, S. 182) aus dem medizinischen
Bereich zum Vergleich.

Um Missverständnissen vorzubeugen: Es geht hier *nicht* darum, dass
man mit Vierjährigen zuhause oder im Kindergarten bereits Mathematik
büffeln sollte. Es geht vielmehr darum, dass eine positive Einstellung zu
sich selbst und eine neugierige Einstellung zur Welt früh ausgebildet werden und dass hierzu die gesamte Umwelt des Kindes einen Beitrag leistet.
Es geht nicht darum, Kindergarten und Elternhaus gegeneinander auszu-
spielen oder Kindergarten und Grundschule. Die gesamte Umwelt des

Kindes hat einen Einfluss auf dessen Entwicklung, und keiner kann die Verantwortung, die daraus folgt, an einen anderen abgeben. Gerade Kinderstube und Kindergarten haben nicht dadurch große Auswirkungen auf die mathematischen Fähigkeiten, weil dort das Rechnen (der Zahlenraum von 1-20 oder ähnliches) gepaukt wird. Vielmehr wird dort sehr früh eine Haltung gegenüber dem Lernen selbst erworben, die sich langfristig stark auswirkt. Denn die in Abbildung 5.4 dargestellten Auswirkungen von guter Kinderstube, gutem Kindergarten und guter Grundschule sind keineswegs gering, wie ein Vergleich mit Effekten aus dem Bereich der Medizin zeigt: Wegen der Stärke der Auswirkungen des Rauchens auf die Wahrscheinlichkeit des Auftretens von Lungenkrebs von ca. 38% wurden Gesetze geändert und teure Kampagnen durchgeführt. Der Zusammenhang liegt im gleichen Größenbereich wie die bildungsrelevanten Effekte von Elternhaus, Kindergarten und Grundschule. Noch bedeutsamer ist vielleicht die Tatsache, dass wir im medizinischen Bereich selbst dann Milliarden ausgeben, wenn die Maßnahmen wesentlich kleinere Effekte haben: Viele der heute verordneten teuren Medikamente (wie Blutdruck- und Lipidsenker oder orale Antidiabetika) haben Effekte in der Größenordnung von wenigen Prozent (wie beispielsweise Aspirin die Auftretenswahrscheinlichkeit eines Herzinfarktes um etwa 3% verringert), werden aber dennoch in großem Stil verordnet. Dies ist einer der Hauptgründe, weswegen unser Gesundheitssystem an seine finanziellen Grenzen stößt. Niemand käme jedoch auf die Idee, diese Medikamente aufgrund ihrer geringen Effekte nicht zu geben. Maßnahmen der frühkindlichen Bildung haben deutlich größere Effekte. Aber ihre Implementierung ist uns zu teuer (und wir schaffen mancherorts sogar die Lehrmittelfreiheit ab!). Man kann sich, wie am Ende von Kapitel 1 bereits formuliert, des Eindrucks nicht erwehren, dass Kinder – allen Beteuerungen der Verantwortlichen zum Trotz – nicht zählen.

Armut

Bereits im letzten Kapitel und insbesondere in diesem Kapitel wurde ein Grundproblem deutlich, das hier noch einmal eigens benannt und genauer betrachtet werden soll: Armut. Ein geringer sozioökonomischer Status, Ar-

mut also, erwies sich in sehr vielen Studien als Hauptrisikofaktor für ungenügende Bildung. In dieser Hinsicht zeigen Medizin und Bildung
bedeutsame Parallelen: Auch das Risiko zu erkranken und zu sterben ist
abhängig vom sozioökonomischen Status. Daher geht es beim Problem
der sozialen Gerechtigkeit (bzw. bei sozialen Umverteilungsprozessen) nie
nur um die gerechtere („gleichere") Verteilung von Geld, sondern auch
von Lebenserwartung und Bildung. Man muss sich hierbei klar machen,
dass weder die Medizin noch die Bildung (bzw. die entsprechenden „Systeme") für sich genommen für einen Ausgleich sorgen können, der durch
ungerechte Verteilung von Geld bedingt ist. Es ist einfach zu viel verlangt,
wenn man der Medizin oder der Bildung allein das Problem sozialer Ungerechtigkeit aufsattelt, ohne es zugleich auch dort anzupacken, wo es entsteht. Anders gewendet: Armutsbekämpfung gehört zu den wirksamsten
Maßnahmen für die Gesundheit und für die Bildung.

Die Daten aus der PISA-Studie (PISA 2000) waren für viele – mich
selbst eingeschlossen – vor allem deswegen ein Schock, weil die Bildungschancen in Deutschland am stärksten von der sozialen Schicht der
Eltern abhängen – stärker sogar als in Ländern wie den USA, Großbritannien oder der Schweiz, in denen bekanntermaßen „die Reichen" auf bessere Schulen gehen. Ich glaube, dass dies zur Zeit meiner Kindheit und
Jugend (also in den sechziger und siebziger Jahren) anders war und dass das
Auseinanderdriften gesellschaftlicher Schichten sowie die Verkleinerung
der Mittelschicht in den vergangenen beiden Jahrzehnten zu den wesentlichen Ursachen der allseits wahrgenommenen Bildungsmisere hierzulande gehören.

Eine Studie aus Großbritannien, die langfristig angelegt war und eine
große Zahl von Kindern einschloss (insgesamt über 17.000) sei hier erwähnt, weil sie sehr deutlich vor Augen führt, welche Auswirkungen Armut auf die Bildungsbiographie von Menschen hat (Feinstein 2003). Mich
persönlich stört es zwar etwas, dass der Autor, ein Ökonom an der London
School of Economics, von der „Produktion von Humankapital" spricht,
Bildung also rein ökonomisch betrachtet, aber die Ergebnisse sprechen für
sich allein, unabhängig von ihrer Interpretation.

Insgesamt 1.292 Kinder wurden im Alter von 22 und 42 Monaten sowie fünf und zehn Jahren jeweils aufgesucht und umfangreichen Tests,
auch im Hinblick auf ihre kognitive Leistungsfähigkeit, unterzogen, um

die Entwicklung der Kinder über die Zeit hinweg zu untersuchen. Es handelt sich also um eine große Längsschnittstudie, deren Ergebnisse zudem aufgrund weiterer Rahmenbedingungen bzw. Faktoren als repräsentativ eingestuft werden können (Marmot 2010).

Es ist gar nicht so einfach, die geistige Leistung von Kindern über eine solch lange Spanne zu verfolgen. Nicht nur verliert man Kinder aufgrund vielfältiger Wechselfälle des Lebens. Nein, es liegt auch in der Natur der Tests, dass ein Vergleich über den hier beobachteten langen Zeitraum nicht unproblematisch ist: Einen Lesetest kann man mit knapp Zweijährigen nicht durchführen, und ein Test, bei dem es um die Fähigkeit geht, Holzklötze zu stapeln, ist bei Schulkindern nicht mehr sinnvoll. Man kann jedoch eine Vielzahl von Tests verwenden und die Kinder nach ihrem Abschneiden einfach rangordnen (Bester, Zweitbester etc.). Dann stellt sich heraus, dass diese Rangordnungen über die Zeit erstaunlich stabil sind – letztlich ein Ergebnis, das auch in der Intelligenzforschung immer wieder zutage kam. Betrachtet man nun den Verlauf von Kindern im Hinblick auf ihren durchschnittlichen Rangplatz in einer ganzen Reihe von Tests, dann hat man ein Maß für die Entwicklung von deren geistiger Leistungsfähigkeit.

Hierbei zeigte sich zunächst, dass bereits die Testergebnisse im Alter von 22 Monaten das erreichte berufliche Niveau im Alter von 26 Jahren (dem letzten Beobachtungszeitpunkt) recht gut vorhersagen konnte. Man bildete hierzu anhand objektiver Messgrößen drei Gruppen des beruflichen Bildungsniveaus – ungelernt (14,4%), mittlere berufliche Bildung (46%) und höhere (A-Level) Bildung (39,4%) – und bestimmte den Anteil der Personen mit der jeweils erreichten Ausbildung (im Alter von 26 Jahren) innerhalb von vier Gruppen, die man aufgrund der Testergebnisse im Alter von 22 Monaten (durch Viertelung der Gesamtgruppe nach den Testergebnissen) bilden konnte. In Abbildung 5.5 sind diese Zahlen für das unterste und oberste Viertel (Quartil) dargestellt, man sieht also beispielsweise, wie viel Prozent der Kinder, die mit 22 Monaten in ihrer geistigen Entwicklung im unteren Viertel lagen, keine Ausbildung bzw. eine hohe berufliche Qualifikation erreichten (schwarze Säulen). Man sieht, dass Anlagen (soweit sie im Alter von knapp zwei Jahren schon sichtbar werden) durchaus weitreichende Folgen haben können: Wer als Kleinkind vergleichsweise pfiffig ist, hat nur mit etwa halber Wahrscheinlichkeit keine Berufsausbildung mit Mitte 20 (vgl. die beiden linken Säulen) und eine 25% größere Chance, gut qualifiziert zu sein (die beiden Säulen rechts; jeweils im Vergleich zum unteren Viertel).

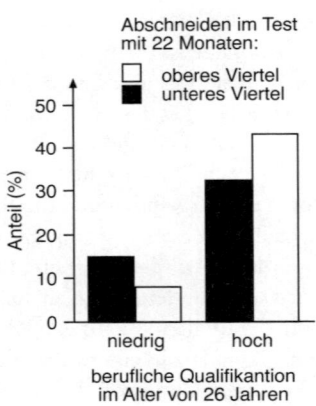

5.5 Abhängigkeit der beruflichen Qualifikation im Alter von 26 Jahren von Testergebnissen, die im Alter von 22 Monaten erhoben wurden (nach Daten aus Feinstein 2003, S. 81).

Die Daten zeigen jedoch auch, dass frühe Begabung kein Schicksal sein muss. Gruppiert man die Kinder nach ihrem Rangplatz im Alter von 22 Monaten, betrachtet wieder nur das obere und untere Viertel, teilt sie nach dem sozioökonomischen Status der Eltern zur Hälfte in arm und reich ein, und trägt dann ihren Rangplatz über den weiteren Verlauf der Zeit auf, so findet sich ein starker Einfluss des sozioökonomischen Status der Eltern auf den langfristigen Verlauf der geistigen Entwicklung der Kinder (Abb. 5.6).

Existenzbeweise aus der Medizin

Wie groß der Einfluss von guter medizinischer Versorgung und pädagogischer Förderung auf die Biographie eines Menschen sein kann, lässt sich

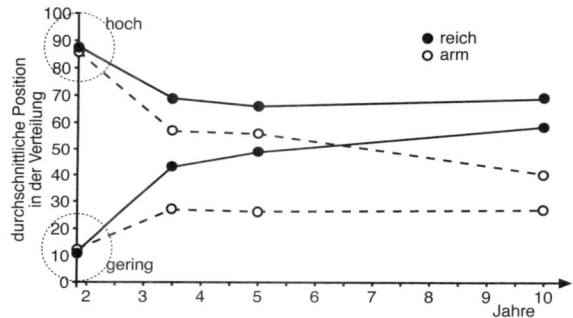

5.6 Verlauf der geistigen Entwicklung von Kindern, die im Alter von 22 Monaten im oberen Viertel bzw. im unteren Viertel der geistigen Leistungsfähigkeit lagen in Abhängigkeit vom sozioökonomischen Status der Familie, in der sie aufwuchsen (nach Feinstein 2003, S. 85).

nicht zuletzt am Beispiel von Menschen mit einer genetisch bedingten geistigen Behinderung, der *Trisomie 21*, zeigen. Diese Krankheit wird nach ihrem Erstbeschreiber, dem britischen Arzt John Langdon-Down auch *Down-Syndrom* genannt. Er selbst hatte wegen der rundlichen Kopfform und den mandelförmigen Augen der Patienten von „Mongolismus" gesprochen, wogegen die Mongolei 1965 bei der Weltgesundheitsorganisation erfolgreich Einspruch erhoben hatte. In Russland und China kommen Menschen mit Down-Syndrom noch heute in Heime, wo sie weder laufen noch sprechen lernen und noch im Kindesalter sterben. Auch hierzulande lag die durchschnittliche Lebenserwartung dieser Menschen vor einem Jahrhundert bei weniger als zehn Jahren, in den siebziger Jahren bei 25 Jahren; heute beträgt sie 60 Jahre, was vor allem auf bessere medizinische Versorgung zurückgeht (Spiewak 2009).

Ähnlich gute Fortschritte machte jedoch auch die Pädagogik: Die meisten Kinder mit Down-Syndrom lernen heutzutage mit den nötigen Hilfen lesen, schreiben und Grundkenntnisse im Rechnen; manche erwerben Regelschulabschlüsse und ergreifen Berufe in der freien Wirtschaft. Weltweit gibt es sogar Einzelfälle von Menschen mit Down-Syndrom, die mit Abschluss eine Universität besuchten. Der 34-jährige Spanier Pablo

Pineda ist nach einem erfolgreich in Malaga absolvierten Studium in Europa der erste Lehrer mit Down-Syndrom (Wandler 2009). Die 35-jährige Japanerin Aya Iwamoto mit Down-Syndrom machte bereits 1998 ihren Abschluss in englischer Literatur an der Kagoshima Universität (jetzt Shigakugan Universität) und arbeitet als Übersetzerin, wie man auf ihrer privaten Homepage nachlesen kann (Iwamoto 2010).

An Fällen wie diesen lässt sich zeigen, was Medizin und Bildung heute leisten können, *wenn man nur will.* Es handelt sich also um Existenzbeweise für die Bedeutung der Umwelt für die Ausbildung geistiger Leistungsfähigkeit. Einen weiteren solchen Existenzbeweis habe ich bereits 2002 in meinem Buch *Lernen* herausgehoben: Ein Mädchen bekam mit drei Jahren das halbe Gehirn amputiert und war im Alter von sieben Jahren geistig praktisch normal entwickelt und sprach unter anderem „ohne Sprachzentren" zwei Sprachen fließend (Spitzer 2002a, S. 16). Immer wieder wurden seither solche Fälle in der medizinischen Literatur beschrieben, wobei auch einmal praktisch die gesamte vordere Hälfte des Gehirns oder ein großer Anteil von allem ganz einfach fehlte (Abb. 5.7), ohne dass dies groß aufgefallen wäre.

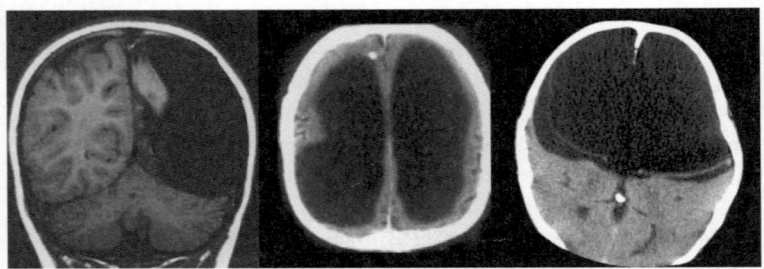

5.7 Wie wenig Hardware genügt? Beispiele für die Gehirne von Menschen, die klinisch normal (unauffällig) sind, jedoch bei Untersuchungen des Gehirns schwerste Substanzdefizite aufwiesen (Feuillet et al. 2007).

Diese Beispiele lehren vor allem eines: Man sollte die Flinte nie ins Korn werfen, wenn es um die Bildung eines bestimmten, konkreten Menschen geht! Auch bei den denkbar schlechtesten Voraussetzungen lässt sich

mit etwas Anstrengung noch unglaublich viel erreichen: Normalität mit
halbem Gehirn, ein Hochschulstudium mit einer vererbten geistigen Behinderung. Diese Beispiele zeigen also, was Bildungsanstrengungen zu leisten vermögen.

Kinderbetreuung: Qualität entscheidet

Angesichts des zunehmenden Anteils von Frauen mit Kindern an der
werktätigen Bevölkerung in nahezu allen westlichen Ländern über die vergangenen Jahrzehnte hinweg stellt sich in diesen Staaten die Frage nach der
adäquaten Betreuung von Kindern. Mittlerweile existieren hierzu eine
ganze Reihe von Untersuchungen, deren Ergebnisse letztlich die aus der
Gehirnforschung abgeleitete Bedeutung der frühen Jahre für die intellektuelle Entwicklung des Menschen unterstreichen.

Nicht nur Daten aus den PISA-Studien, sondern auch weitere internationale Untersuchungen aus dem Bereich der empirischen Bildungsforschung zeigen, dass der Kindergarten insgesamt einen positiven Einfluss
auf die intellektuelle Entwicklung von Kindern hat: Die PISA-Studie zeigte beispielsweise einen Zusammenhang zwischen der im Kindergarten verbrachten Zeit in Jahren und der schulischen Leistung im Alter von 15
Jahren: Je mehr Jahre ein Kind im Kindergarten verbracht hat, desto besser
ist es in der Schule mit 15 Jahren. Ähnliche Daten liegen auch aus den
USA vor, die zeigen, dass die Teilnahme an einem Vorschulprogramm die
Leistungen in der Schule verbessern (Magnuson et al. 2004).

Unabhängig von diesen quantitativen Daten muss jedoch festgestellt
werden, dass die Qualität der Vorschule eine entscheidende Rolle für deren Effektivität in der Bildung spielt. Dies lässt sich besonders eindrucksvoll an einer kanadischen Studie ablesen (Baker et al. 2005), die im
Folgenden kurz dargestellt wird: Wie in den USA auch war in Kanada die
vorschulische Kinderbetreuung im wesentlichen Privatsache. In der kanadischen Provinz Quebec wurden jedoch, beginnend mit dem Jahr 1997,
familienpolitische Weichen neu gestellt: Alle Fünfjährigen erhielten ab
diesem Zeitpunkt einen ganztägigen Platz im Kindergarten und für vier-
jährige Kinder wurden fünf Dollar pro Tag zur Kinderbetreuung zur Verfügung gestellt. Im Jahr 1998 wurde diese Fünf-Dollar-pro-Tag-Politik

auf alle Dreijährigen ausgedehnt, ein Jahr später (1999) auf alle Zweijährigen und ein weiteres Jahr später auch auf alle Kinder unter zwei Jahren.
Aufgrund dieser politischen Maßnahme kam es zu einem Anstieg der in
Betreuung befindlichen Kinder im Alter von null bis vier Jahren um etwa
ein Drittel und zu einer Zunahme der Arbeit von Frauen um etwa ein
knappes Sechstel (14,5%). Der Unterschied ist darauf zurückzuführen,
dass vorbestehende informelle Kinderbetreuungsarrangements nun in for-
melle umgewandelt wurden. Dies hatte unter anderem zur Folge, dass sich
das Programm nicht rechnete: Die Steigerung des prozentualen Anteils ar-
beitender verheirateter Frauen generierte nicht genügend zusätzliche Steuereinnahmen, mit denen das Programm der durch öffentliche Mittel
finanzierten Kindergarten refinanziert werden konnte.

Die Tatsache, dass in Kanada zur gleichen Zeit bereits eine groß angelegte Longitudinalstudie zur Entwicklung von Kindern lief, erlaubte es,
die Auswirkungen der familienpolitischen Reform auf die Kinder zu untersuchen. Die Abschätzung der Effekte der bildungspolitischen Reform
ist keineswegs trivial, denn die Effekte beziehen sich auf alle Kinder, d.h.
auch auf diejenigen, deren Kindergartenbesuch sich durch die Bildungsreform nicht geändert hatte. Man kann jedoch Ober- und Untergrenzen für
den Anteil der durch die Reform betroffenen Kinder festlegen und zudem
die Effekte der Reform mit den Auswirkungen anderer unabhängiger Variablen (Bildungsstand der Mutter, Geschlecht des Kindes) auf die gemessenen abhängigen Variablen vergleichen.

Insgesamt ergab sich ein negatives Bild der Reform: Die Hyperaktivi-
tät der von der Reform betroffenen Kinder stieg, je nach Berechnungs-
grundlage, um 17,6 bis 44,7% (zum Vergleich: Der Bildungsstand der
Mutter, gemessen als Schulabbrecher versus Schulabschluss, hatte nur einen negativen Einfluss von knapp 10% und das männliche Geschlecht des
Kindes nur einen Einfluss von 12,7%. Die Fünf-Dollar-Kindergartenre-
form hatte weiterhin einen negativen Effekt auf die motorischen und sozialen Fähigkeiten der Kinder, der im Bereich von 8,4 bis 21,2% lag. Die
Angst der betroffenen Kinder nahm um 62,6 bis 158,5% zu, man kann
also mit gutem Recht von einer doppelt so hohen gemessenen Angst bei
denjenigen Kindern sprechen, deren Mütter durch eine „progressive Fami-
lienpolitik" vom heimischen Herd zum Arbeitsplatz wechselten. Am dra-

matischsten waren die Auswirkungen der öffentlichen Kinderbetreuung auf die Gesundheit der Kinder: Infektionen des Nasen-Rachenraumes (Erkältung) nahmen um 150 bis knapp 400% zu.

Die Autoren diskutieren ihre Ergebnisse sorgfältig und schlagen unterschiedliche Interpretationen vor. Die institutionelle Betreuung könnte beispielsweise schlichtweg zu einer verbesserten Beobachtung der Kinder und damit zu einer Vermehrung der berichteten Schwierigkeiten geführt haben. Auch könnte der vermehrte Stress der Eltern durch die Tatsache, dass nun beide arbeiteten, zu einer Vermehrung negativer Berichte über Kinder geführt haben. Aufgrund der Konsistenz der Befunde über verschiedene Jahrgänge und Variablen hinweg sind diese Interpretationen jedoch unwahrscheinlich. Kurzfristige Effekte der Anpassung an veränderte Lebensumstände lassen sich durch die Daten auch weitgehend ausschließen. In der Studie wurde ebenfalls das Verhalten der Eltern (*parenting*) analysiert und es zeigte sich ein deutlicher negativer Effekt des öffentlichen Fünf-Dollar-Kindergartens: Es kam zu einer signifikanten Erhöhung aggressiven und ineffektiven Elternverhaltens, eine Verminderung im Hinblick auf die Konsistenz des Elternverhaltens und eine Erhöhung des aversiven Elternverhaltens. Durch das Arbeiten der Mutter und die öffentliche Kinderbetreuung kam es also insgesamt zu „schlechteren Eltern". Mit den Worten der Autoren:

„Wir finden deutliche Hinweise auf eine Verschlechterung der Situation bzw. des Zustandes der Kinder seit der Einführung des Programms. Wir finden weiterhin Hinweise darauf, dass die Familien durch das Programm erhöhtem Stress ausgesetzt waren und dass sich dieser in gesteigerter Aggressivität und Angst bei den Kindern und in mehr abweisendem und wenig konsistentem Elternverhalten bei den Erwachsenen sowie in einer Verschlechterung von deren seelischer Gesundheit und Zufriedenheit in ihrer Paarbeziehung manifestierte" (Baker et al. 2005, S. 2).

6 Entwicklung

Das Gehirn ist bei der Geburt des Menschen noch nicht voll entwickelt. Beim Neugeborenen wiegt es etwa 350 Gramm, beim Erwachsenen hingegen 1.300 (Frau) bis 1.400 Gramm (Mann). Das Gehirn des Neugeborenen hat also nur etwa ein Viertel des Gewichts und der Größe des Gehirns eines erwachsenen Menschen, obwohl sowohl die Nervenzellen als auch deren Verbindungsfasern bereits vorhanden sind und nach der Geburt zahlenmäßig kaum noch zunehmen. Dennoch entwickelt sich das Gehirn nach der Geburt noch deutlich weiter und vervierfacht sein Gewicht. Es ist vor allem *Fett*, das im Laufe der Entwicklung das Gehirn so groß werden lässt. Dabei handelt es sich um eine ganze besondere Art von Fett, das *Myelin*, mit dem bestimmte Zellen (die Schwann'schen Zellen) die Nervenfasern ummanteln. Man spricht daher von *Myelinisierung*.

Fett zum Springen

Myelin wirkt als Isolationsschicht und sorgt dafür, dass die Impulse nicht mehr langsam (max. 3 m/s) entlang einer Nervenfaser *laufen*, sondern schnell (max. 115 m/s) entlang der Faser *springen* (die so genannte saltatorische Erregungsleitung). Dieser Unterschied ist für die Gehirnfunktion sehr bedeutsam, denn das Gehirn verarbeitet Informationen vor allem dadurch, dass diese Information in Form elektrischer Signale zwischen verschiedenen, jeweils einige Zentimeter voneinander entfernt liegenden Modulen (vgl. Kapitel 3) dutzende Male hin und her fließt. Dieses Funktionsprinzip unseres Gehirns, das man als „modulares Informations-Ping-Pong" bezeichnen könnte, erklärt die enorme Bedeutung der Myelinisierung. Die Zeit, die Impulse von einem Modul zu einem anderen, sagen wir zehn Zentimeter entfernten Modul benötigen, beträgt bei einer Nervenleitgeschwindigkeit von drei Metern pro Sekunde etwa 30 Millisekunden. Dies mag kurz erscheinen, ist jedoch für eine Informationsverarbeitung, die letztlich darin besteht, dass Impulse zwischen unterschiedlichen Modulen vielfach hin und her fließen, sehr lang. Der rasche Austausch zwischen Modulen setzt jedoch eine sehr schnelle Leitung der Impulse voraus, woraus sich wiederum ergibt, dass ein Modul, dessen Verbindungsfasern noch nicht myelinisiert sind, nur wenig zur effizienten Informationsverarbeitung beitragen kann. Damit ist eine nicht myelinisierte Nervenfaserverbindung im Kortex so etwas wie eine *tote Telefonleitung* – physikalisch vorhanden, aber praktisch ohne Funktion.

Karten des Gehirns, auf denen verzeichnet ist, wann bzw. in welcher Reihenfolge die zu einzelnen Bereichen ziehenden Fasern zur Ausreifung kommen, gibt es schon seit etwa 100 Jahren (Flechsig 1920). Zum Zeitpunkt der Geburt sind die primären sensorischen und motorischen Areale myelinisiert. Das sind die Bereiche, die für die Verarbeitung von Sinnessignalen (Sehen, Hören, Tasten) verantwortlich sind, die direkt von der Außenwelt kommen oder direkt nach „draußen" gehen, d.h. Bewegungen der Muskeln verursachen (Abb. 6.1). Damit kann der Säugling erste Erfahrungen machen: Man zwickt ihn ins Bein und das Bein zuckt. Die Informationen werden jedoch *noch nicht sehr tief* verarbeitet. Später werden die Fasern zu weiteren Modulen myelinisiert, und erst gegen Ende der Entwicklung um die Zeit der Pubertät herum (bzw. noch danach!) werden auch die Verbindungen zu den letzten Modulen im Frontal- und Parietalhirn mit Myelinscheiden versehen. Teile des Frontallappens des Menschen sind aufgrund dieser Entwicklung erst zur Zeit der Pubertät funktionell in vollem Umfang mit dem Rest des Gehirns verbunden (Fuster 1995).

Diese, im Vergleich zu anderen Primaten sehr stark verzögerte Gehirnreifung beim Menschen wurde lange als Nachteil interpretiert und der Mensch beispielsweise als „Mängelwesen" (Gehlen 1978) oder als „Nesthocker" charakterisiert, jeweils mit Blick auf den noch sehr unausgereiften Säugling. Kern dieser Unausgereiftheit ist das unausgereifte Gehirn, und Kern dieser Unausgereiftheit bei der Geburt ist die noch nicht erfolgte „funktionelle Verdrahtung" vieler Bereiche des Gehirns miteinander. Dies betrifft insbesondere das Frontalhirn (vgl. auch Abb. 6.4).

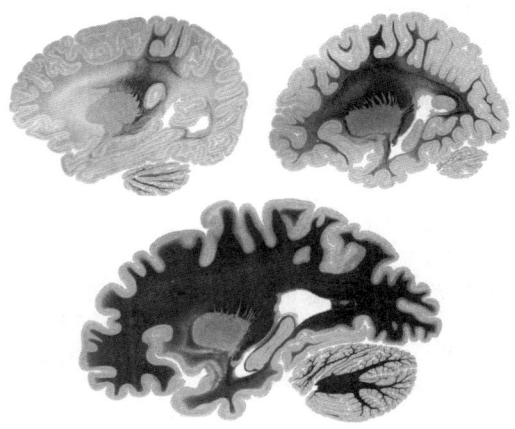

6.1 Myelinisierung (Darstellung durch Anfärbung von Fett mit schwarzem Farbstoff) der Faserverbindungen kortikaler Areale (nach Flechsig 1920). Links oben im Bild ist ein Schnitt durch das Gehirn eines Neugeborenen, rechts der Gehirnschnitt von einem Kind im Kindergartenalter, und unten ist der Schnitt durch das Gehirn eines Erwachsenen dargestellt. Man sieht deutlich, wie beim Säugling nur wenige Areale mit schnell leitenden Fasern verbunden sind.

Computersimulationen neuronaler Netzwerke, die sich eigens mit den Wechselwirkungen von Gehirnreifung und Lernen beschäftigten, warfen ein ganz neues Licht auf den Sachverhalt der Gehirnreifung nach der Geburt. Man konnte zeigen, *dass die Reifung des Gehirns letztlich den guten Lehrer ersetzt.* Der Gedanke ist im Grunde ganz einfach: Wenn wir in der Schule oder an der Universität ein kompliziertes Stoffgebiet lernen (sagen wir: Latein oder Mathematik), dann sorgt der Lehrer oder Professor dafür, dass wir mit einfachen Beispielen beginnen und uns daraus zunächst einfache Strukturen erschließen. Sind diese erst einmal gefestigt, kommen im nächsten Schritt etwas kompliziertere Strukturen „oben drauf", die man nur dann richtig verstehen kann, wenn man zunächst die einfachen gelernt hat. Und so geht es weiter, Schritt für Schritt, bis wir ausgehend vom Einfachen hin zum Komplizierten einen insgesamt komplexen Stoff beherrschen.

So lernen wir in der Schule und im Studium, nicht jedoch im alltäglichen Leben. Hier ist die Sache anders: Wir kommen auf die Welt und sind verschiedensten Reizen ausgesetzt, deren Struktur und Statistik („innere Logik") von ganz einfach bis ganz kompliziert reicht. Die Tatsache nun, dass sich das Gehirn entwickelt und zunächst überhaupt nur einfache Strukturen verarbeiten kann, stellt sicher, dass es zunächst auch nur Einfaches lernt (Verarbeiten ist immer auch Lernen!). Die Unkompliziertheit der verarbeitenden Struktur ist somit ein Filter für die Kompliziertheit der Außenwelt. Am Beispiel der Sprachentwicklung sei dieser Gedanke etwas genauer ausgeführt.

Untersuchungen dazu, wie Erwachsene mit Babys und Kleinkindern sprechen, konnten zwar zeigen, dass wir uns einerseits auf den kleinen „Gesprächspartner" etwas einstellen, dass dies jedoch nicht sehr weit geht. Wenn wir mit Babys reden, verwenden wir Lautmalerei und eine übertriebene Sprachmelodie (wir sprechen modulierter und höher; vgl. Spitzer 2002b), aber schon mit Kleinkindern reden wir beinahe wie mit Erwachsenen. Wir gehen keinesfalls systematisch wie ein Lehrer im Sprachunterricht vor. Während des Spracherwerbs ist ein Kind damit einer sprachlichen Umgebung ausgesetzt, die wenig oder gar keine Rücksicht auf seine jeweiligen Lernbedürfnisse nimmt. Wären Kinder auf eine lerngerechte Reihenfolge sprachlicher Erfahrungen angewiesen (vom Einfachen zum Komplexen), so hätte wahrscheinlich keiner von uns je sprechen gelernt. Warum haben wir dann trotzdem sprechen gelernt, ganz ohne einen den Stoff systematisch darbietenden Lehrer?

Die Antwort auf diese Frage besteht darin, dass „im Leben" der Lehrer durch ein reifendes Gehirn ersetzt wird (Abb. 6.2). Noch einmal: Das Problem beim Erlernen komplizierter Strukturen wie beispielsweise der Grammatik besteht darin, dass man sicherstellen muss, dass zunächst einfache Strukturen gelernt werden, dann etwas komplexere und dann noch komplexere. Andernfalls wird nichts gelernt, wie man nicht nur aus der Schule weiß, sondern auch durch Simulationen lernender Netzwerke nachweisen konnte (vgl. die ausführliche Darstellung in Spitzer 1996). Kleine neuronale Netzwerke können nur einfache Strukturen in sich repräsentieren, große Netzwerke dagegen auch komplizierte. Ist ein kleines

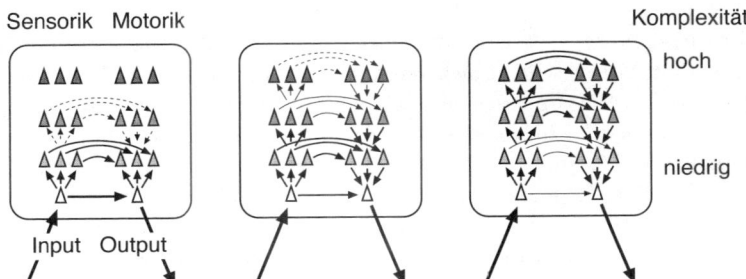

6.2 Schema zur Gehirnentwicklung des Menschen vom Säugling (links) zum Erwachsenen (rechts). Die Neuronen in den verschiedenen Arealen des Gehirns – in der Zeichnung von einfach (hellgrau) bis komplex (dunkelgrau) geordnet – sind bereits vorhanden. Nur die Neuronen in „niedrigen", „einfachen" Arealen sind jedoch bereits mit schnellen Fasern verbunden und damit „online".

Netzwerk mit einer komplizierten Struktur konfrontiert, dann geht es ihm wie einem mit Integralrechnung konfrontierten Erstklässler: Es wird einfach gar nichts gelernt.

Stellen wir uns nun vor, dieser Erstklässler erhält im Wechsel jeweils eine Stunde Integralrechnung und dann wieder eine Stunde das kleine Einmaleins. Dann wird er eben das kleine Einmaleins lernen, wahrscheinlich langsamer (denn in jeder zweiten Stunde ist alles so durcheinander), aber eben doch. Ganz allgemein gilt: Wird ein einfaches System mit komplexem Input konfrontiert, so bemerkt es diese Komplexität gar nicht, sondern behandelt den Input, als wäre er völlig zufällig. Gelernt wird unter solchen Umständen – nichts.

Wenn wir mit einem Kind sprechen, dann liefern wir ihm letztlich eine Spracherfahrung, die etwa so aussieht wie der oben dargestellte etwas eigenartige Mathematikunterricht aus Integralrechnung und Einmaleins. Wir benutzen Zweiwortsätze und Zehnwortsätze, Aussagesätze von Subjekt-Prädikat-Objekt-Struktur und Schachtelsätze beliebig komplexer Struktur, kurz, Einfaches und Kompliziertes. Das Kleinkind bekommt davon genau dasjenige mit, was es gerade verarbeiten kann. Alles andere rauscht an ihm vorbei (was man nicht nur wörtlich nehmen kann: Im statistischen Sinne ist hohe Komplexität für ein kleines System nichts anderes als strukturloses Rauschen). Weil gelernt wird, was verarbeitet wird, lernt das Kleinkind zunächst einfache sprachliche Strukturen. Und noch einmal sei betont: Dies geschieht nicht, weil ihm zuerst einfache Strukturen beigebracht werden, sondern weil es zunächst überhaupt nur einfache Strukturen *verarbeiten* kann. Das Gehirn sucht dadurch automatisch aus dem variantenreichen Input die Inhalte heraus, die es lernen kann.

Hat es erst einmal einfache Strukturen gelernt und reift danach zu etwas mehr Verarbeitungskapazität heran, dann wird es neben diesen einfachen Strukturen zusätzlich etwas komplexere Strukturen verarbeiten und daher auch lernen. Da nach wie vor auch einfache Strukturen im Input vorhanden sind, verarbeitet und weiter gelernt werden, kommt es nicht zu deren Vergessen oder „Überschreiben". Es wird vielmehr das Komplexere dazu gelernt und das Einfache gerade nicht vergessen, sondern behalten. So lernt das Gehirn zunächst die Frequenzen des akustischen Inputs, bildet Frequenzkarten aus, dann Karten von zeitlich wechselnden Frequenzmustern (Lauten), dann Zusammenfassungen von Lauten (Silben und Wörter), und dann werden Strukturen, die wiederum in diesen Mustern stecken, weiter verarbeitet und gelernt – auf jeweils höheren Ebenen (Modulen) der Verarbeitung, die nacheinander „zugeschaltet" werden.

Die Tatsache der Reifung während des Lernens ist damit nicht hinderlich, sondern überaus sinnvoll: Gerade *weil* das Gehirn reift und *gleichzeitig* lernt, ist gewährleistet, dass es in der *richtigen Reihenfolge* lernt. Dies wiederum gewährleistet, dass es überhaupt komplexe Zusammenhänge lernen kann und auch lernt. Hieraus wiederum ergibt sich, dass nur dann, wenn das Gehirn lernt, während es sich entwickelt, überhaupt komplexe Informationsverarbeitung gelernt werden kann. Es folgt: Hätten Sie das Gehirn, das Sie jetzt haben, bereits bei Ihrer Geburt gehabt, hätten Sie wahrscheinlich nie sprechen gelernt!

Die Tatsache, dass unser Gehirn bei der Geburt noch wenig entwickelt ist, erscheint damit aus informationstheoretischer Sicht in einem völlig neuen Licht. Die Gehirnentwicklung nach der Geburt ist kein Mangel, sondern eine notwendige Bedingung höherer geistiger Leistungen. *It's not a bug, it's a feature*, wie Ingenieure sagen würden.

Abbildung 6.2 verdeutlicht noch einmal stark schematisch die Entwicklung des Gehirns: Die Pfeile unten deuten an, dass ca. 2,5 Millionen *Input*-Fasern (von den Sinnesorganen, der Körperoberfläche, dem Körperinneren) in das Gehirn einlaufen und ca. 1,5 Millionen Fasern den *Output* an die Effektor-Organe (vor allem Muskeln, aber auch Drüsen) leiten. Im Gehirn kommt der Input zunächst zu einfachen kortikalen Modulen, die im Falle des Säuglings diese Signale an einfache Output-Areale weitergeben (links). Im Laufe der Entwicklung reifen Verbindungen zu höheren Arealen heran, die ein zunehmendes Maß an Komplexität aus dem Input extrahieren können und ihrerseits mit komplexeren Output-Bereichen in Verbindung stehen (Mitte, rechts). In praktischer Hinsicht bedeutet dies: Der Säugling kann nichts weiter als ganz einfach reagieren. Wird er am linken Fuß gekniffen, zieht er den Fuß zurück oder/und schreit. Sein Verhalten ist reflexartig, im Hier und Jetzt, ohne Plan oder Ziel. Neuronen in „höheren" Arealen sind vorhanden, die Information zu diesen Arealen hin und zurück braucht jedoch noch sehr lange, so dass die Neuronen praktisch, d.h. für die Funktion des Gehirns, kaum eine Rolle spielen.

Betrachten wir zur Verdeutlichung ein Beispiel (vgl. Abb. 6.3): Wenn Kinder ein Eis sehen, möchten sie auch Eis essen. Diese Reaktion erfolgt reflexartig und ist durch gute Worte („Aber du hast doch schon drei Eis gegessen!", „Du kriegst einen ganz kalten/dicken Bauch!" etc.) nicht zu bremsen. Anders hingegen reagiert der Erwachsene: Auch er sieht das Eis und stellt sich vor, wie süß und gut es schmeckt. Aber in ihm steckt auch die (hochstufige, komplexe) Idee einer guten Figur mit all ihren Begleitgedanken wie Gesundheit, Schönheit etc. Diese Idee wiederum ist eng mit der von Diät verbunden, also mit der willentlichen Beschränkung auf bestimmte, dem Körper zuträgliche Nahrungsmittel. Die Diätidee wiederum wird die Handlung „ruhig bleiben und nicht essen" aktivieren und damit die Handlung „essen" aktiv unterdrücken. Der wesentliche Punkt ist: *Das kleine Kind kann dies gar nicht!* Wir können reden und reden: Es will Eis. Der Grund ist aus Abbildung 6.3 sofort ersichtlich: Dem Kleinkind fehlt die „Hardware", um die Ideen von Figur und Diät zu repräsentieren. Es mag die Wörter plappern können, die entsprechenden komplexen Gedanken sind jedoch noch nicht möglich! Daher kann es mittels solcher Gedanken auch nicht sein Verhalten steuern.

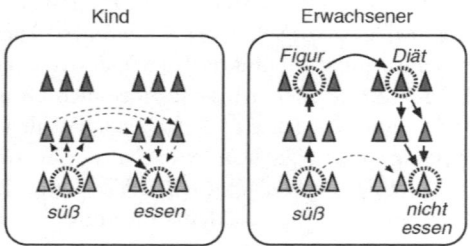

6.3 Unterschied der Reaktion auf Süßes zwischen Kindern und Erwachsenen. Das Kind reagiert reflexartig (links): Die Empfindung „süß" aktiviert ohne große Umwege die Aktion „essen". Übergeordnete Ziele und Pläne, höherstufige komplizierte Ideen wie Figur und Diät gibt es in seinem Gehirn noch nicht; es lebt im Hier und Jetzt. Anders der Erwachsene (rechts): Der Input „süß" aktiviert nicht nur reflexartig die Aktion „essen", sondern auch die Ideen „Figur" und „Diät", die ihrerseits für den Output „nicht essen" sorgen. Man muss einräumen, dass auch bei Erwachsenen dies nicht immer so einfach funktioniert (wie jeder übergewichtige Leser aus eigener Erfahrung wissen dürfte). Aber im Prinzip wenigstens kann es beim Erwachsenen so funktionieren.

Halten wir fest: Kleine Kinder funktionieren anders als erwachsene Menschen. Sie halten sich nicht an Regeln oder Pläne, verfolgen keine langfristigen Ziele. Die Zukunft ist ihnen letztlich egal, nicht deswegen, weil sie zeitlich so weit entfernt liegt, sondern vor allem, weil sie im Gehirn kleiner Kinder ganz einfach noch nicht vorkommt. Nach neueren Studien sind im Gehirn – vor allem im Schläfenlappen – letztlich die gleichen Bereiche für die Vergangenheit *und* die Zukunft zuständig (Szpunar et al. 2007; Hassabis et al. 2007). Und da Kinder kaum eine Vergangenheit haben, haben sie auch kaum eine Zukunft. Hinzu kommt, dass das planende Überbrücken von Zeit eine Funktion des Frontalhirns darstellt (Abb. 6.4), das im Laufe der Gehirnentwicklung am spätesten ausreift.

Kleine Kinder leben im Jetzt, etwas ältere können Minuten oder Stunden in ihre Planungen einbeziehen; „nächste Woche" ist für sie jedoch eine Ewigkeit entfernt, „nächstes Jahr" im Grunde gar nicht denkbar. Je älter ein Mensch wird, desto mehr schrumpft die Zeit: „Wann sehen wir uns wieder?" – „Na jedes Jahr!" – „So oft, also schon bald wieder!" – Ein

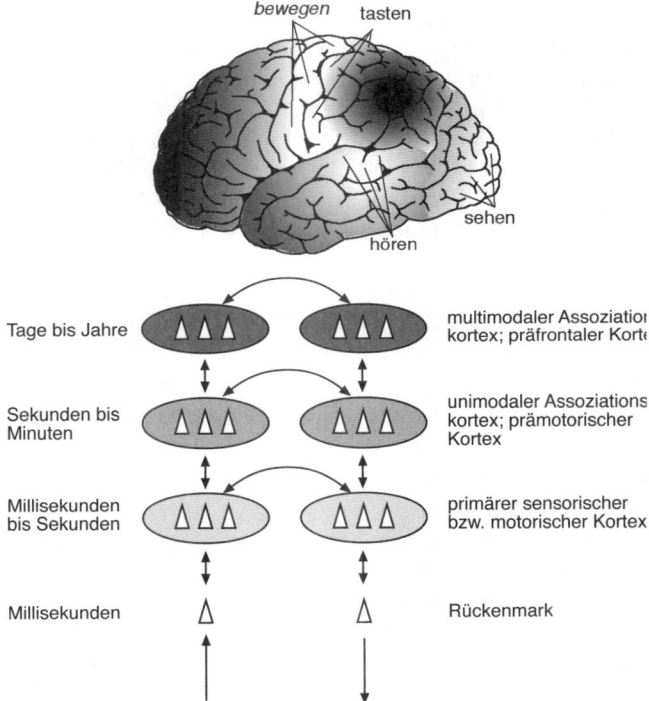

6.4 Je höher die Areale des Gehirns, desto mehr Zeit (d.h. größere Zeitspannen) können sie überbrücken. In Anlehnung an Abbildung 6.3 sind Gehirnareale schematisch dargestellt, je „höher", desto dunkler. Ihre ungefähre Lage (sowie die Lage der primären sensorischen Areale für das Sehen, Hören und Tasten sowie der primären motorischen Gehirnrinde) ist auf der Ansicht der Gehirnrinde von links (oben) dargestellt. Einfache Reflexe laufen innerhalb von Millisekunden über das Rückenmark. Die für einfache Eindrücke und einfache Bewegungen nötige Informationsverarbeitung läuft ebenfalls sehr schnell – im Bereich von hunderten Millisekunden bis wenigen Sekunden – in den entsprechenden einfachen (primären) Arealen ab (aber bereits in Abstimmung mit den höheren Arealen; daher die Doppelpfeile). In den so genannten Assoziationsarealen (also in zunehmend „höheren" Zwischenschichten) ist Wissen gespeichert, das die Zeit zunehmend weiter übergreift. Frontal haben erwachsene Menschen jene Bausteine für Pläne gespeichert, die Jahre und Jahrzehnte überspannen können.

solcher Dialog spielt sich nicht zwischen Kindern ab! Weil Kinder noch wenige Erfahrungen – Vergangenheit – gespeichert haben und Zukunft im wahrsten Sinne des Wortes noch gar nicht denken können, leben sie im Hier und Jetzt. Was sie unmittelbar umgibt, bestimmt ihre Gedanken und ihre Handlungen. Man braucht ihnen nur im Sandkasten zuzuschauen: Sie sind vollkommen bei der Sache, bei den Burgen, Kuchen oder den kleinen Kugeln, die man mit den Händen formen kann – einfach weil es Spaß macht. Kommt ein anderes Kind hinzu, können beide nach zwei Minuten die dicksten Freunde sein, unbelastet durch Vorerfahrungen und Vorurteile, einfach so. Erwachsene hingegen nutzen ihre Erfahrungen mit der Welt, um sich in ihr besser zurechtzufinden. Wer sich auskennt, überlebt. Wer nicht gelernt hat, welche Früchte und Wurzeln genießbar sind und welche nicht, stirbt ebenso wie derjenige, der jedem Fremden blind vertraut und auch sozial die genießbaren von den ungenießbaren Genossen nicht zu unterscheiden gelernt hat. Kinder müssen also schnell lernen, sich in der Welt zurechtzufinden. Und sie lernen dementsprechend sprichwörtlich schnell und kinderleicht. Sie lernen laufen, sprechen, sich zu benehmen und noch vieles mehr.

Wenn Kinder jedoch irgendetwas Bestimmtes lernen sollen, tun sie sich schwer: Ihr Frontalhirn ist noch nicht so weit ausgereift wie das der Erwachsenen, weswegen es mit besonnenem, zielgerichtetem, planvollem Lernen nicht gut bestellt ist. Die Kindheit und Jugend ist daher charakterisiert durch einen langsamen Übergang zwischen unterschiedlichen Formen des Lernens. Zunächst geschieht es ausschließlich nebenbei, aber dafür sehr rasch. Später geschieht es zunehmend auch planvoll, selbstgesteuert und von Vorerfahrungen und damit auch von Neugierde bestimmt.

Synapsenurwald

In Kapitel 3 war bereits von der unglaublichen Zahl der Synapsen im menschlichen Gehirn die Rede: 1.000.000.000.000.000 (eine Million Milliarden) – so etwa ... Wie kommt man auf diese Zahl? – Nicht dadurch, dass man sie *alle einzeln* zählt, sondern dadurch, dass man gleichsam Stichproben in Gewebeausschnitten macht und dann auf das ganze Gehirn hochrechnet. Man kann dies in unterschiedlichen Bereichen des Gehirns tun und vor allem zu unterschiedlichen Entwicklungszeitpunkten.

Die bekanntesten Daten zur Veränderung der Anzahl der Synapsen im Verlauf der Entwicklung des menschlichen Gehirns wurden von Huttenlocher und Mitarbeitern (1983) publiziert. Die vielleicht wichtigste Erkenntnis dieser Arbeiten ist in Abbildung 6.5 dargestellt, in der die Daten von Huttenlocher zusammengefasst und mit größerer Übersichtlichkeit dargestellt sind.

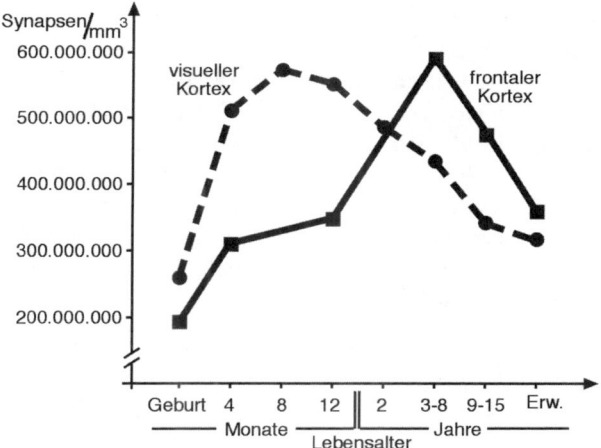

6.5 Veränderung der Anzahl der Synapsen über die Lebenszeit im visuellen und frontalen Kortex (nach Huttenlocher et al. 1983).

Zwei Aspekte fallen bei Betrachtung der Kurven auf: Zum einen steigt die Zahl der Synapsen im Laufe des Lebens nicht kontinuierlich an, sondern folgt in Annäherung einer umgekehrt U-förmigen Kurve: Einem Anstieg nach der Geburt folgt später wieder eine *Abnahme*. Zum zweiten unterscheiden sich die Kurven in den beiden Arealen deutlich: Der visuelle

Kortex erreicht die maximale Zahl synaptischer Verbindungen bereits vor dem ersten Lebensjahr, wohingegen im Frontalhirn dieses Maximum erst sieben Jahre später, mit etwa acht Jahren, erreicht wird.

Dieser Befund passt zunächst ins Bild der bereits von Flechsig beschriebenen unterschiedlichen Ausreifung des Gehirns in Abhängigkeit von der Komplexitätsstufe des jeweiligen kortikalen Areals (Moduls): Der (sensorische) visuelle Kortex reift deutlich früher heran als der (höherstufige) frontale Kortex. Auch im Hinblick auf die Synapsenzahl geschehen entwicklungsbedingte Veränderungen in sensorischen Modulen früher als in Modulen, die der komplexeren Verarbeitung dienen. Dies ist gerade deswegen beachtenswert, weil die „komplexen" Module ihren Input nicht direkt von der Außenwelt, sondern von den „einfachen" sensorischen Modulen bekommen. Dort entstehen aus Sinnesdaten einfache Muster. Und in komplexeren Arealen entstehen Muster dieser Muster etc.

In jedem Fall übersteigt die Anzahl der Synapsen im Gehirn von Kindern die entsprechende Zahl im Gehirn Erwachsener. Ein „Mehr" an Synapsen bedeutet also nicht notwendigerweise eine bessere Leistungsfähigkeit des Gehirns. Vielmehr werden im Verlauf der Gehirnentwicklung sehr viele Synapsen gebildet, die später wieder *aktiv abgebaut* werden, weil sie nicht benutzt wurden. Nur so entsteht im Gehirn bleibende, erfahrungsabhängige Struktur (vgl. Abb. 6.6).

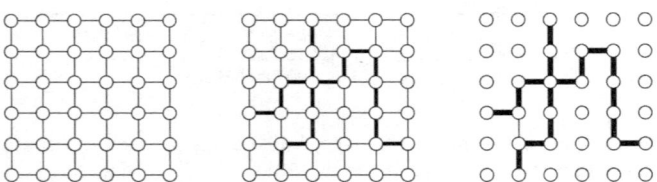

6.6 Schematische Darstellung des Zusammenhangs zwischen der Zahl der Verbindungen und erfahrungsabhängiger Strukturbildung. Ein Überschuss an Verbindungen ist zunächst notwendig, damit ganz bestimmte Strukturen aus der Erfahrung im Gehirn ihren Niederschlag finden können (und andere, ebenfalls mögliche Strukturen nicht).

Um sich das Ganze einmal ganz einfach, praktisch und bildlich vorzustellen, müssen wir das Bild der Spuren im Schnee aus Kapitel 3 modifizieren. Die Spuren werden nicht durch eine leblose kristalline Substanz gelegt, sondern in einem lebendigen, sprießenden Urwald. Und stellen wir uns nun der Bildhaftigkeit halber noch vor, dass durch diesen Urwald nicht Menschen, sondern Elefanten laufen. Damit im grünen Dickicht ein Pfad entstehen kann, braucht es zunächst einmal genau dieses Dickicht, viele Äste, Sprossen und Zweige. Dieses Dickicht ermöglicht dann durch seine regelhafte Benutzung die Entstehung von Spuren, den Trampelpfaden. Im Gehirn entsprechen diesem Bild die durch Aktionspotentiale entstandenen Verbesserungen synaptischer Übertragung, also die Gedächtnisspuren, die durch Gehirngebrauch und Neuroplastizität automatisch entstehen. Damit nun diese Spuren mehr oder weniger dauerhaft im Gehirn verbleiben, muss das Wachstum neuer Synapsen nach erfolgter Strukturierung heruntergeregelt werden. Genau dies ist neurobiologisch der Fall. Umgekehrt gilt: Zur Erzielung maximaler Offenheit für jedwedes Muster bedarf es am Anfang des Lernprozesses der maximal möglichen Zahl von Verbindungen für ein Maximum an Aufnahmefähigkeit für potentielle neue Muster.

Die Daten zur Veränderung der Synapsenzahl über das Lebensalter legen damit die Vermutung zumindest nahe, dass Aufnahmefähigkeit und damit das Lernen in den jeweiligen Arealen zum Zeitpunkt der maximalen Synapsenzahl auch am höchsten ausgeprägt sein dürften.

Alter und Lerngeschwindigkeit

Aus dem Gesagten folgt: Das Alter spielt nicht erst nach der Pensionierung beim Lernen eine verlangsamende Rolle. Die Geschwindigkeit der neuronalen Musterbildung aufgrund neuer Erfahrungen ist vielmehr im ersten Lebensjahrzehnt maximal und nimmt danach deutlich ab. Betrachten wir hierzu drei Studien ganz verschiedener Lernprozesse mit ganz ähnlichem Ergebnis.

Nach der Durchtrennung eines die Hand versorgenden Nervens kann man ihn wieder zusammennähen, wonach allerdings keineswegs alles gleich wieder wie vorher funktioniert. Nervenfasern können nicht zusam-

menwachsen. Neue Fasern wachsen vom Punkt der Durchtrennung aus in
Richtung Hand und Fingerspitzen entlang der alten Fasern, und zwar mit
einer Geschwindigkeit von etwa einem Millimeter pro Tag. Wenn die
nachgewachsenen sensiblen Nervenfasern die Tastkörperchen an der Haut
erreichen, ist der Tastsinn jedoch keineswegs repariert, denn die Neuronen
in der Gehirnrinde erhalten zwar wieder Impulse, jedoch nicht von den ge-
wohnten Punkten der Körperoberfläche, sondern von irgendwo her, je
nachdem, welche Faser gerade weitergewachsen ist. Interessanterweise
kommt es aber dennoch zur völligen Wiederherstellung des Tastsinns.
Dies liegt daran, dass die Neuronen anhand des neuen Inputs umlernen,
d.h. ein Neuron, das vielleicht früher für den Daumen zuständig war,
lernt, für die Berührung des kleinen Fingers zuständig zu sein. Dies
braucht Zeit, und diese Lernzeit hängt vom Alter des Patienten ab. Waren
die Patienten im Alter von zehn Jahren operiert worden und wurden im
Alter von zwölf Jahren untersucht, war der Tastsinn praktisch wieder vollständig hergestellt. Waren Verletzung und Operation jedoch einige Jahre
später erfolgt, zeigte der zwei Jahre danach durchgeführte Test noch deutliche Einbußen des Tastsinns. Die Kurve der Testergebnisse geht im Teen-
ageralter von 100% hinunter bis auf etwa 10% (vgl. Abb. 6.7, ganz links).
Dies schließt zwar keineswegs aus, dass der Test bei einem 25-Jährigen
nach fünf oder zehn Jahren wieder normal ausfallen kann, zeigt jedoch,
dass das Umlernen in der Gehirnrinde nicht mehr so rasch erfolgt wie in
jüngeren Jahren. Bei über 40-Jährigen ist die durchschnittliche Besserung
des *Tastsinns* zwei Jahre nach der Operation sehr bescheiden.

Fast der gleiche Kurvenverlauf der Abnahme des Lernens im zweiten
Lebensjahrzehnt zeigte sich in einem Sprachtest bei New Yorker Immigranten aus China und Korea. Wer vor dem siebten Lebensjahr ins Land gekommen war, beherrschte Englisch praktisch fehlerfrei. Schon bei mit
zwölf Jahren eingewanderten Menschen sitzt die englische Sprache später
nicht mehr so gut, und wer mit 17 einwandert, hat sprachlich schlechte
Karten. Nochmals nahezu die gleiche Kurve findet sich in den Daten einer
Metaanalyse von Studien zur Auswirkung medialer Gewalt auf reale Gewalt. Auch hier finden über mehrere Stunden täglich sehr viele Lernprozesse statt; und deren Auswirkungen sind umso größer, je jünger die
Lernenden sind.

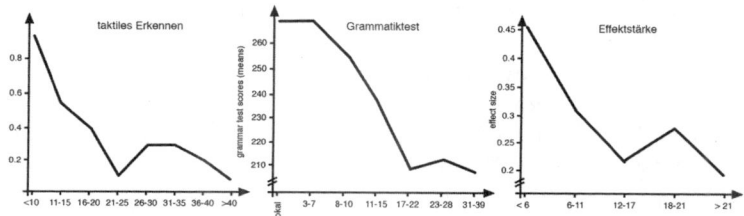

6.7 Veränderung der Lernfähigkeit mit dem Alter, links am Beispiel kortikaler Plastizität des sensorischen Kortex, in der Mitte am Beispiel des Spracherwerbs und rechts am Beispiel des Einflusses von medialer Gewalt auf reale Gewalt (nach Spitzer 2002a, 2005).

Obwohl es sich um drei völlig verschiedene Lernsituationen und -inhalte handelt, ist die Form der Kurve sehr ähnlich. Dies kann als Indiz dafür gewertet werden, dass die Lerngeschwindigkeit in ganz unterschiedlichen Bereichen der menschlichen Gehirnrinde im Laufe des Lebens in ähnlicher Weise abnimmt. Besonders wichtig ist hierbei, dass diese Abnahme nicht erst die 70-Jährigen, sondern die 17-Jährigen betrifft!

Noch einmal sei hier betont, dass diese Überlegungen niemandem als Ausrede für mangelnde Lernbereitschaft während des Erwachsenendaseins dienen sollten. Denn Erwachsene haben ja schon sehr viel gelernt und können diese internen Strukturen nutzen, neu verknüpfen und modifizieren. Der Aufwand an hierfür nötigen synaptischen Veränderungen ist umso geringer, je mehr unterschiedliche Strukturen bereits vorhanden sind. Um dies an einem Beispiel zu verdeutlichen: wer schon fünf Sprachen kann, lernt im Alter von beispielsweise 40 Jahren eine sechste Sprache mitunter schneller als der Säugling seine Muttersprache lernt. Dies liegt nicht daran, dass Menschen mit reicher sprachlicher Vorbildung besonders „flexible" Synapsen besäßen. Nein, es liegt daran, dass schon sehr viele Sprachstrukturen vorhanden sind, an denen weitere Strukturen leicht andocken (durch neue Verknüpfungen und leichte Modifikationen).

Damit gilt für die Lernfähigkeit und Speicherkapazität des Gehirns insgesamt, dass sich die Dinge nicht so verhalten wie bei einem Schuhkarton: Wenn dieser halb voll ist, passt nur noch halb so viel hinein. Das Gehirn ist vielmehr ein paradoxer Karton: Je mehr schon drin ist, desto mehr passt noch hinein. Massive Probleme hat allerdings derjenige, der mit 20 noch nichts gelernt hat.

Dies sind gute Gründe, warum Hochkulturen die ersten beiden Lebensjahrzehnte der jeweils folgenden Generation für deren Bildung verwenden. Nur dann bleiben die Menschen auch weiterhin zeitlebens lernfähig und offen für Neues. Nur so also ist gesellschaftliche Weiterentwicklung in intellektueller, kultureller, und ökonomischer Hinsicht möglich, und nur so konnten Hochkulturen überhaupt entstehen.

7 Gehirn-Bildung

In Kapitel 3 wurde klar, dass Erfahrungen Spuren hinterlassen und das Gehirn daher immer lernt. Es strukturiert sich selbst, in Auseinandersetzung des Individuums mit der Umwelt (Kapitel 5), und diese in sich ausgebildeten Strukturen erlauben ihm wiederum ein zunehmend differenziertes und effizientes Verhalten – durch Analyse, Verstehen und zielgerichtetes Handeln. Kapitel 4 hat gezeigt, dass diese ganz allgemeine geistige Leistungsfähigkeit – Intelligenz – beim Menschen unterschiedlich ausgeprägt ist, und dass diese Unterschiede nicht, wie man früher dachte, vor allem durch die Genetik bedingt sind, sondern mindestens ebenso sehr durch die Möglichkeiten zum Lernen in der Welt. Kapitel 6 machte schließlich deutlich, dass die Entwicklung des Gehirns dem Lernen nicht im Wege steht, sondern – im Gegenteil – das Lernen gerade komplexer Sachverhalte überhaupt erst ermöglicht. Zudem wurde deutlich, dass die Zunahme des Gelernten über die Jahre hinweg mit einer Abnahme der Lerngeschwindigkeit parallel geht. Das Kind lernt neue Inhalte, indem es rasch Spuren und damit innere Struktur ausbildet; der Erwachsene hingegen lernt, indem er bereits vorhandene Inhalte neu verknüpft, also auf Strukturen zurückgreift. Lernen ist also beim Kind nicht das Gleiche wie beim Erwachsenen. Im Kind entsteht Struktur; der Erwachsene nutzt Struktur und modifiziert sie dadurch.

Bildungsprozesse führen also, ganz allgemein gesprochen, zur Strukturierung des Gehirns. Dies lässt sich durch eine ganze Reihe von Beispielen zeigen, von denen ich nur einige herausgreifen möchte. Bekannt ist die Tatsache, dass junge Kätzchen, die in einem Käfig aufwachsen, an dessen Wänden nur vertikale Streifen zu sehen sind, später mit Treppen, also mit horizontalen Wahrnehmungsmustern (sprich: Stufen), Probleme haben (Blakemoore & Cooper 1970; Sengpiel et al. 1999). Besonders bedeutsam ist auch, dass anhand dieses Modells der Nachweis erbracht wurde, dass nach Ablauf einer bestimmten sensiblen Periode kaum noch Änderungen und damit kaum noch Verbesserungen von Wahrnehmungsleistungen erfolgen können. Einmal entstandene Strukturen neigen zu ihrer eigenen Verfestigung (Chang & Merzenich 2003) und sind dann kaum noch zu ändern.

Bekannt ist auch, dass professionelle Geigen- und Gitarrenspieler im sensorischen Kortex, der für die Verarbeitung von Tastreizen zuständig ist, mehr Platz für die Finger der linken Hand aufweisen (Elbert et al. 1995). Sie haben (sonst wären sie keine Profis; vgl. Lehmann & Ericsson 1998) während der ersten beiden Lebensjahrzehnte mindestens 20.000 Stunden geübt und damit dieses Stückchen ihres Gehirns mit sehr vielen Reizen versorgt. Entsprechend hat die Bildbarkeit des Gehirns dafür gesorgt, dass für diese Tastempfindungen besonders viel Platz (kortikale Rechenfläche) für besonders genaue Verarbeitung zur Verfügung gestellt wurde. Auch hier konnte gezeigt werden, dass späteres Lernen zu weniger ausgeprägten Veränderungen führt.

Es geht bei diesen Prozessen der Gehirnbildung keineswegs um das Erlernen von Einzelheiten. Vielmehr geht es um das effektive Strukturieren von Modulen und vor allem um das Herstellen von modularen Netzwerken zum Zweck der besonders effizienten Verarbeitung. Betrachten wir hierzu zwei Beispiele.

Chinesen und Ulmer

In China werden die ersten neun Jahre der Grundschule im Wesentlichen dazu verwendet, das Lesen und Schreiben zu lernen. Dass die Unterschiede zwischen unseren beiden Schreibsystemen groß sind, vermag jeder sofort zu erkennen, der einmal eine Reise nach China unternommen hat. Auch gibt es mittlerweile eine ganze Reihe von neurowissenschaftlichen Untersuchungen zu den zentralnervösen Gemeinsamkeiten und vor allem den Unterschieden zwischen beiden Sprachsystemen. Man kann aber auch noch eine ganz andere Frage stellen, nämlich ganz allgemein, ob die Erziehung oder die kulturelle Prägung in beiden Sprachsystemen möglicherweise auch Auswirkungen hat auf die zentralnervöse Verarbeitung von nichtsprachlicher Information (vgl. Abb. 7.1 links). Dieser Frage ist die

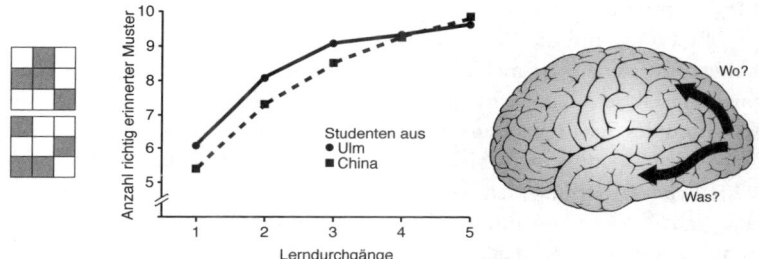

7.1 Links sind zwei der zu lernenden Muster übereinander zu sehen; jeweils eines wurde gezeigt und musste nach der Darbietung aller zehn Muster auf einem kleinen 3x3-Keyboard „nachgetippt" werden. In der Mitte ist die Lernkurve beider Gruppen zu sehen, rechts die zusammenfassende Darstellung der Ergebnisse aus der funktionellen Bildgebung: Die Ulmer lernten die Aufgabe vor allem mit dem „Wo-Pfad" der visuellen Signalverarbeitung, die Chinesen hingegen mit dem „Was-Pfad" (nach Grön et al. 2003).

Arbeitsgruppe meines Ulmer Kollegen Georg Grön nachgegangen (Grön et al. 2003). Sie untersuchte die neuronale Aktivierung beim Erlernen abstrakter und visuell dargebotener Muster in den Gehirnen zweier Gruppen, Ulmer Studenten und chinesischer Austauschstudenten, die zum Zeitpunkt der Untersuchung weder Deutsch noch Englisch sprechen, schreiben oder lesen konnten. Die Kollegen mussten daher zur Durchführung der Untersuchung eine chinesische Übersetzerin hinzuziehen. Eine Reihe von Voruntersuchungen konnte zeigen, dass sich beide Gruppen bei den verschiedensten geistigen Leistungen ansonsten nicht unterschieden. Auch in der eigentlichen Lernaufgabe waren beide Gruppen gleich gut: Insgesamt wurden in fünf Wiederholungen immer wieder dieselben zehn geometrischen Muster gezeigt, und nach jedem Lerndurchgang wurde geprüft, wie viele Muster jeder einzelne korrekt wieder erinnern konnte. In beiden Gruppen ergab sich dieselbe Lernkurve (vgl. Abb. 7.1 Mitte), wenn auch die Ulmer Studenten in den ersten drei Lerndurchgängen ein bisschen besser als die chinesischen Kommilitonen waren. Im vierten Durchgang waren beide Gruppen gleich gut und im fünften Durchgang wiederum schnitten die chinesischen Studenten ein wenig besser ab. Die

Unterschiede zwischen beiden Gruppen waren jedoch zu keinem der fünf
Messzeitpunkte signifikant.

Besonders um die Mitte des Lernprozesses zeigten die Chinesen eine
höhere Aktivierung im medialen Schläfenlappen, vor allem im Hippocampus. Die Ulmer Gruppe hingegen hatte eine größere Aktivierung in Abschnitten des Scheitellappens. Um die Bedeutsamkeit dieser Unterschiede
zu verstehen, muss man sich vergegenwärtigen, dass die neurowissen-
schaftliche Forschung den beiden anatomischen Strukturen – Scheitel-
und Schläfenlappen – unterschiedliche Funktionen zugeordnet hat: Der
Scheitellappen ist ein Teil des so genannten „Wo"-Verarbeitungspfades.
Er wird immer dann rekrutiert, wenn Objekte im Raum bzw. die räumli-
che Beziehung zwischen Objektmerkmalen verarbeitet werden muss (vi-
suo-räumliche Information). Der Temporallappen hingegen ist Teil des so
genannten „Was"-Verarbeitungspfades. Hier geht es um die Verarbeitung
von Objektmerkmalen und die Objekterkennung, um die ganzheitliche
Verarbeitung von Informationen, die rasche Erkennung von deren Gestalt. Natürlich bestehen auch zwischen beiden Pfaden enge funktionelle
Beziehungen und natürlich sind die Verhältnisse immer noch ein bisschen
komplizierter. Im Wesentlichen genügt aber die vergröberte und vereinfa-
chende Darstellung der unterschiedlichen Verarbeitungsmerkmale beider
Strukturen, um die Ergebnisse zu verstehen. Ganz offensichtlich führen
neun Jahre des Erlernens der chinesischen Schrift dazu, dass das Gehirn
automatisch beim Lernen die Teile zu einem Ganzen verarbeitet und die
Muster dann als eine (geschlossene) Gestalt, als Objekt mittels des „Was-
Pfads" der Objekterkennung wahrnimmt. Hat man hingegen nur unsere
einfache Schrift gelernt (mit ihren lächerlichen zwei Dutzend Zeichen), ist
das Gehirn nicht zur Verarbeitung so vieler geometrischer Muster fähig
und setzt sie beim Erlernen gleichsam jeweils neu zusammen. Dies geschieht im „Wo-Pfad". Mit anderen Worten: Bildung bedeutet nicht nur,
dass einzelne Inhalte in einem ansonsten unveränderbaren Gehirn irgendwo abgelegt werden. Bildung formt vielmehr langfristig die Art und Weise,
wie Informationen überhaupt verarbeitet werden. Ein weiteres Beispiel
hierfür lernen wir im nächsten Abschnitt kennen.

Lernen durch Be-Greifen: Herz, Hirn und Hand

Auf den „großen Klassiker der Pädagogik" des 17. Jahrhunderts (Flitner 2007, S. VIII), Johann Comenius (1592–1670), geht die folgende *Goldene Regel für alle Lehrenden* zurück: „Alles soll wo immer möglich den Sinnen vorgeführt werden, was sichtbar dem Gesicht, was hörbar dem Gehör, was riechbar dem Geruch, was schmeckbar dem Geschmack, was fühlbar dem Tastsinn. Und wenn etwas durch verschiedene Sinne aufgenommen wird, soll es den verschiedenen zugleich vorgesetzt werden" (Comenius 1657/ 2007, S. 136).

Es war damals keineswegs unumstritten, dass Lernen besser funktioniert, wenn man etwas beispielsweise sieht *und* hört *und* tastet (be-greift), das zu lernende Material also über mehrere Sinnesmodalitäten auf- und wahrnimmt. Heute zeigen Metaanalysen entsprechender Studien, dass solches multimodales Lernen effektiver ist als bloßes Zuhören (vgl. Brünken et al. 2005; Ginns 2005). Dies gilt erst recht für den Umgang mit den Dingen, denn dieser liefert nicht nur passive Wahrnehmungen, sondern vor allem *aktive* Erfahrungen.

Die Idee, dass der *aktive Umgang mit den Dingen* sich positiv auf Lernprozesse auswirkt, fand weite Verbreitung: Der Pädagoge August Herrmann Francke (1663–1727) schuf an der von ihm gegründeten Schuleinrichtung eine Kunst- und Naturalienkammer, eine Sammlung von lauter Dingen zum Betrachten und Anfassen. Noch heute kann man unter dem Dach der Franckeschen Stiftungen in Halle diesen ältesten bürgerlichen Museumsraum Deutschlands bestaunen. Das Wichtigste an ihm ist jedoch, dass er nicht als Museum gedacht und eingerichtet worden war, sondern *zu Unterrichtszwecken*. Die Kinder und Jugendlichen sollten *anhand* der Dinge (geordnet nach Natur und Kultur) lernen und nicht nur unanschaulich *über* sie. So wundert auch nicht, dass ein Schüler Franckes, Johann Julius Hecker, im Jahr 1747 in Berlin die erste *Real*schule gründete, in der das Lernen vor allem auf das Praktische ausgerichtet war.

Auf den vielleicht bekanntesten Pädagogen überhaupt, Johann Heinrich Pestalozzi (1746–1827) schließlich geht die Auffassung zurück, das Lernen solle „mit Herz, Hirn und Hand" vonstatten gehen, um wirklich erfolgreich zu sein. Nun zweifeln gegenwärtig nur noch wenige Skeptiker unter den Pädagogen, dass Lernen mit dem Gehirn funktioniert, und die Bedeutung der Emotionen für das Lernen wird ebenfalls immer häufiger beachtet (vgl. hierzu auch Kapitel 9). Was aber ist mit der Hand?

Will man den Einfluss des Hantierens mit Objekten auf das Gehirn untersuchen, muss man das Erlernen von Objekten forschend begleiten. Nun kennt aber schon jeder einen Hammer oder eine Schere, und man kann gesunden jungen erwachsenen Probanden in dieser Hinsicht nichts mehr beibringen.

Daher kam mein Kollege Markus Kiefer auf die Idee, sich 64 neue, nicht existierende Objekte („Nobjects") auszudenken, sie dreidimensional mittels Computergraphik zu zeichnen und ihnen jeweils einen Namen zu geben (Abb. 7.2). Dadurch wurde es möglich, die Rolle des hantierenden Umgangs mit Dingen beim Lernen von neuen Objekten und sogar Objektbegriffen zu untersuchen. Dies ist ein wichtiger Unterschied. Für Einzelheiten ist schon lange klar, dass das gleichzeitige Tun beim Lernen dem Lernenden hilft. Die Phrase „Stein auf Stein, das Häuschen wird bald fertig sein" lernt sich besser, wenn man dabei die Fäuste wiederholt übereinander setzt. „Die Kurbel drehen" wird besser gelernt, wenn man mit der rechten Hand eine entsprechende (pantomimische) Kurbeldrehbewegung macht. Die Wissenschaft hat damit „modalitätsspezifische Handlungsrepräsentationen als Teil der episodischen Gedächtnisspur" (Soden-Fraunhofen et al. 2008, S. 49) relativ klar erkannt; und sogar den Fachterminus – einen die Gedanken verknotenden, wissenschaftschinesischen Zungenbrecher – durch die einfache Bezeichnung „Tu-Effekt" handhabbar gemacht.

Es ist jedoch eine Sache, Handlungen als Teil einzelner konkreter Erinnerungen (des episodischen Gedächtnisses) nachzuweisen, und eine ganz andere, den Nachweis zu führen, dass unser *begriffliches Wissen* (was ein Hammer ist, dass man in Häusern wohnen kann, dass eine Tasse ein Küchenutensil ist und jedes Küchenutensil ein unbelebter Gegenstand) nicht irgendwie allgemein und modalitätsfrei in uns gespeichert ist, sondern ebenfalls mit Handlungsaspekten aufs Engste verknüpft ist.

In neurowissenschaftlicher Hinsicht lässt sich dies noch weiter konkretisieren. In jedem Buch zur Anatomie der Gehirnrinde wird zwischen einfachen (primären) kortikalen Arealen, die für das Sehen, Hören oder für Bewegungsausführung zuständig sind, und Bereichen des „multimoda-

7.2 Bespiele der „Nobjects" (nach Kiefer et al. 2007). Objekte, Kategorien, Umrissformen, Detailmerkmale und die mit den Objekten durchzuführenden Handlungen wurden mit Kunstwörtern bezeichnet.

len Assoziationskortex" unterschieden (und in den vorangegangenen Kapiteln auch). Diese Bereiche des Gehirns sind nicht direkt für Sehen oder Hören oder Greifen verantwortlich, sondern vermitteln mehr die „abstrakten" Gedanken. Sind also, so könnte man nun fragen, die Bedeutungen von Wörtern (unser begriffliches Allgemeinwissen) nur im multimodalen Assoziationskortex gespeichert oder auch in modalitätsspezifischen kortikalen Arealen?

Um dies herauszufinden, unterzogen sich 28 rechtshändige Studierende der Universität Ulm einem aufwendigen Lernprogramm (16 Sitzungen von jeweils etwa 90 Minuten Dauer), dessen Ziel es war, semantisches Wissen über 64 Nobjects zu vermitteln: Bild, Namen, Kategorienzugehörigkeit, Umrissform und Detailmerkmal. Die Studenten wurden hierzu in zwei Gruppen eingeteilt: In der Handlungsgruppe wurde nach dem Zeigen des Nobjects und dessen Namen ein Aktionsbild gezeigt, „das eine vom Nobject-Detail nahegelegte Handlung (stecken, greifen, schneiden, hineinlegen) darstellte. Hierzu führte der Lernende eine standardisierte, diese Handlung abbildende Handlungspantomime aus, die der Versuchsleiter bei der ersten Sitzung demonstriert hatte. Dadurch sollte eine funktionale Beziehung von Objektmerkmal und motorischer Interaktion aufgebaut werden." So beschreiben Soden-Fraunhofen und Mitarbeiter (2008, S. 52) die Trainingsprozedur im Einzelnen. In der zweiten Gruppe hingegen wurde nach Bild und Name statt des Aktionsbildes nur das Nobject gezeigt, wobei das relevante Detail durch einen Kreis hervorgehoben wurde, auf das der Proband mit dem Zeigefinger deuten sollte (Abb. 7.3).

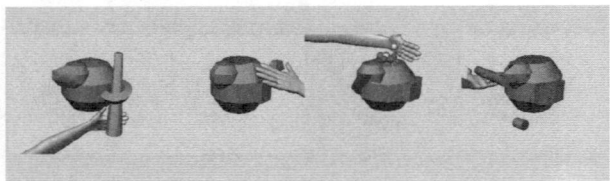

7.3 Lernen durch eine Handlungspantomime mit dem Nobject. In der Kontrollbedingung (nicht dargestellt) sollten die Probanden auf ein kritisches Merkmal des Nobjects zeigen (nach Kiefer et al. 2007, S. 527).

Aufgaben zur Benennung der Nobjects, deren Kategorienzugehörigkeit (Bild oder Wort), zum Umrissvergleich und Detailvergleich (mit Erfassung von Reaktionszeiten und Fehlern) waren zudem Bestandteil der Trainingssitzungen, so dass der Lernfortschritt der Probanden genau gemessen werden konnte. Die ganze Prozedur war sehr aufwendig, so dass man die Probanden dafür gut bezahlen musste und dennoch vier von ihnen auf der Strecke blieben und nicht durchhielten.

Zur Auswertung kamen damit die Daten von zwölf Probanden in jeder Gruppe (Handlung: Durchschnittsalter 25 Jahre, sieben weiblich; Zeigen: Durchschnittsalter 23 Jahre, sechs weiblich). In beiden Gruppen wurde zunächst einmal gelernt, und zwar, bei oberflächlicher Betrachtung des Ergebnisses, gleich gut: Die Probanden beherrschten die Nobjects, konnten sie richtig benennen und korrekt den übergeordneten Kategorien zuordnen.

Beim genaueren Hinsehen zeigten sich jedoch Unterschiede, wie die Analyse der Aufgaben zur Kategorienzugehörigkeit am deutlichsten zeigte. Hierbei sahen die Probanden nacheinander zwei Nobjects und sollten dann durch Tastendruck angeben, ob diese zur gleichen Kategorie gehörten oder nicht. Ab der fünften Trainingssitzung (die Nobjects und deren Namen waren zu diesem Zeitpunkt schon halbwegs gut bekannt) wurde zudem eine Variante der Aufgabe dahingehend zum Test eingesetzt, dass nicht die Nobjects, sondern nur deren Namen – ebenfalls hintereinander – gezeigt wurden. Wieder sollten die Probanden angeben, ob die bezeichneten Nobjects zur gleichen oder zu verschiedenen Kategorien gehörten. In beiden Aufgaben zeigte sich, dass die Probanden der Pantomimegruppe die Objekte signifikant schneller kategorisieren konnten (Abb. 7.4).

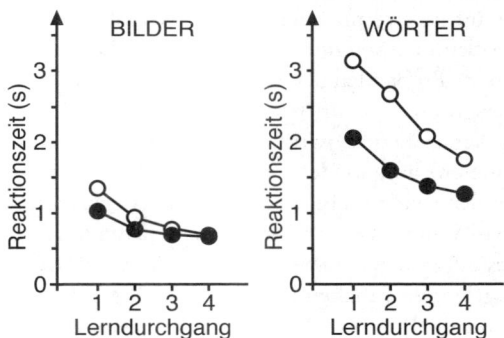

7.4 Lernfortschritt bei der Kategorisierungsaufgabe. Dargestellt sind die mittleren Reaktionszeiten der Probanden, getrennt nach den Lerngruppen – Handeln (schwarze Kreise) versus Zeigen (weiße Kreise) – jeweils bei den ersten vier Durchgängen der Aufgaben. Die Reaktion auf die Bilder der Nobjects (links) war deutlich schneller als auf die Namen (rechts), was nicht verwundert, müssen doch hierbei zunächst ausgehend von den beiden gezeigten Namen die Nobjects erinnert werden, um dann deren mentale Bilder auf kategorienspezifische Merkmale hin zu inspizieren. Der Unterschied zwischen den beiden Gruppen – handelndes Lernen bewirkte eine raschere Erledigung der Kategorisierungsaufgabe – erwies sich jeweils als signifikant (nach Daten aus Soden-Fraunhofen et al. 2008, S. 53).

Verdeutlichen wir uns, worum es hier im Einzelnen geht. Werden die Nobjects am Bildschirm gezeigt, dann braucht man bloß nachsehen, welche Merkmale sie haben. Hat man dann die Kategorienzugehörigkeit der einzelnen Nobjects (anhand der Umrisse oder Details) gelernt, dann kann man auch sagen, ob die beiden zu der gleichen Kategorie gehören oder nicht. Werden jedoch nur die Namen der Nobjects am Bildschirm gezeigt, muss man recht viel Hirnschmalz (ein alter Name für „kognitive Ressourcen") für die Erledigung der Aufgabe verwenden: Anhand des Namens das Nobject erinnern, sich dieses vorstellen (also ein mentales Bild generieren), die Vorstellung inspizieren und das Nobject kategorisieren; dann das Ganze noch einmal mit dem zweiten Nobject und dann die beiden Kategorien vergleichen. Gerade diese aktiven geistigen Leistungen werden durch das Training in ganz unterschiedlichem Maße ermöglicht, wie die Reaktionszeitdaten zeigen. Wer beim Lernen der Nobjects handelnd mit ihnen umging, konnte mit ihnen ganz offensichtlich mental schneller umgehen als derjenige, der beim Lernen nur auf das relevante Detail zeigte (gerade zu Beginn waren die Probanden der Zeigegruppe etwa 50% langsamer als die der Handlungsgruppe).

Das handelnde Lernen wirkte sich also nicht nur auf das Handeln (sprich: Hantieren) aus, sondern auch auf andere Aspekte des geistigen Umgangs mit den gelernten Inhalten. Bei der Kategorisierung von Objekten, die mittels Wörtern benannt sind, geht es ja um nichts anderes als um Vorgänge des allgemeinen *Denkens*. Mit anderen Worten: Wie gut das Denken mit gelernten Inhalten klappt, ist abhängig davon, wie diese Inhalte gelernt wurden!

Dies zeigte sich nicht nur in den Verhaltensdaten, sondern konnte auch elektrophysiologisch untermauert werden. Während der Kategorisierungsaufgabe wurde ein 64-Kanal-EEG abgeleitet und die Daten ereigniskorreliert ausgewertet. Hierbei zeigten sich nur in der Handlungspantomimegruppe frühe Aktivierungen frontaler motorischer kortikaler Areale (Abb. 7.5).

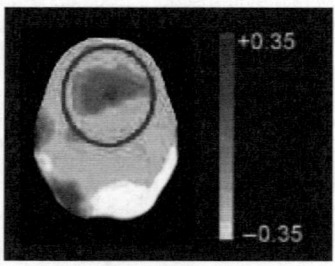

7.5 Ereigniskorreliertes Potential (Differenzkarte, projiziert auf die Kopfoberfläche) 117 Millisekunden nach Reizdarbietung. Die größere Aktivierung in der Handlungspantomimegruppe zeigen die dunkelgrauen Flecken. Eingekreist ist die stärkere Aktivierung frontaler Areale (nach Kiefer et al. 2007, S. 534).

Dieser Befund lässt sich dahingehend interpretieren, dass nur bei der Form des Trainings durch Hantieren, nicht aber beim bloßen Zeigen, neuronale Repräsentationen der Handlungen Teil der gelernten begrifflichen Struktur geworden sind. Anders ausgedrückt: Die Art, wie etwas gelernt wird, bestimmt die Art, wie das Gelernte im Gehirn gespeichert (repräsentiert) ist.

Dies mag manchem trivial erscheinen, ist es aber beileibe nicht! Denken wir nur daran, dass sich heute manche Kinder und Jugendliche die Welt nur durch Mausklick erschließen. Manche Medienpädagogen verkünden dies stolz und befürworten diese mediale Erweiterung der Welterschließung ausdrücklich (vgl. z.B. Wagner 2004). Sie können sich dabei jedoch nicht auf Daten berufen (und tun es auch nicht), sondern nur auf ihren eigenen ganz privaten Eindruck. Nun kann ein Erwachsener, der die Welt und die Dinge in ihr schon kennt, durchaus noch anderes Neues über das Netz der Netze in Erfahrung bringen. Wer jedoch erst dabei ist, sich die Welt anzueignen, der sollte hierfür tunlichst auch die Welt, die reale, mit der sich umgehen lässt, verwenden. Ein Mausklick ist nichts weiter als ein Akt des Zeigens und gerade *kein* Akt des handelnden Umgangs mit einer Sache. Lerne ich also Sachen am Computer, so werden diese Sachen in mir schwächer repräsentiert als bei handelndem Umgang. Die Daten der Studie von Kiefer zeigen dies aus meiner Sicht so klar wie noch in keiner anderen Studie zuvor.

Werkzeuge

Von allen Dingen sind Werkzeuge die praktischsten. Es sind Dinge, die einem helfen, besser mit Dingen umzugehen. Wer schon einmal eine Zange verwendet hat, weiß wovon die Rede ist: Man bekommt die Schraube nicht gelockert oder den Nagel nicht aus der Wand – allein mit den Händen. Und mit einer Zange geht es plötzlich ganz leicht. Werkzeuge erweitern unsere Möglichkeiten, sind für uns Menschen seit Hunderttausenden von Jahren lebensnotwendig und haben dazu beigetragen, dass wir als Art so erfolgreich waren und mittlerweile nicht nur überall auf der Erde herumlaufen, sondern gelegentlich sogar schon auf dem Mond.

Der Mensch wird von Anthropologen nicht selten durch seinen Werkzeuggebrauch vom Tier unterschieden. Und es lässt sich kaum bezweifeln, dass dieser ein wesentlicher – *vielleicht sogar der wichtigste* – Teil unserer Bildung ist. Die meisten Menschen denken bei „Werkzeug" zunächst an „Hammer", aber Jahrhunderte menschlicher, aufeinander aufbauender kreativer Akte haben uns weitaus mehr beschert als das Sortiment im Baumarkt: Maschinen, die Dinge fast vollautomatisch herstellen; Maschinen, die Maschinen herstellen; Maschinen, die uns am Leben erhalten, wenn wir schwer krank sind; und sogar Maschinen für geistige Arbeit (Computer). Bücher sind Werkzeuge, Zeitschriften und Suchmaschinen, Computerprogramme und Kaffeemaschinen. Stellen Sie sich vor, plötzlich gäbe es infolge von Krieg oder Naturkatastrophen keine Werkzeuge mehr, und diejenigen, die sie herstellen, seien umgekommen. Sie und ich würden nächtens vor Lagerfeuern kauern und uns Sorgen darüber machen, was es morgen zu essen gibt. Wir wären auf das Niveau der Steinzeit zurückgeworfen und hätten kaum Chancen, das zu ändern. Wir müssten entsetzt feststellen, dass wir keine Autos und Intensivstationen, keine Kühlschränke oder Handys mehr hätten. Schon die Gewinnung von Eisen für den Hammer würde die meisten Menschen vor unlösbare Probleme stellen, womit klar ist, dass auch die Werkzeuge, um Kleidung oder Schuhe herzustellen oder um einfache Landwirtschaft zu betreiben, fehlen würden.

Weil die meisten Menschen beim Thema „Bildung" vor allem an Bücher denken, sei hier noch einmal klar gesagt: Auch Werkzeuge sind Teil unserer Kultur und ihr Gebrauch Teil der Bildung im besten Sinne des Wortes. Und im Gegensatz zu Theaterstücken und Romanen bauen Werkzeuge in sehr realer Hinsicht aufeinander auf[1]: ohne Hammer kein Staudamm, ohne Staudamm keine Wasserkraft, ohne Wasserkraft kein Strom, ohne Strom keine Maschinen, ohne Maschinen keine Werkzeugmaschinen und ohne Werkzeugmaschinen keine Computer.[2]

---

1 Die Tatsache, dass diese Abhängigkeiten jedem in Technik versierten Menschen konstruiert und unzulänglich vereinfacht erscheinen mögen, schwächt mein Argument nicht, sondern macht es nur noch stärker: Ja (!), es ist in Wahrheit noch viel komplexer. Mein Beispiel kann diese Komplexität nur andeuten.

Trotz ihrer enormen Bedeutung behandelt die Gehirnforschung Werkzeuge bislang recht stiefmütterlich: Es gibt zehntausende von Studien über Sprache, mit eigenen wissenschaftlichen Zeitschriften wie beispielsweise *Brain and Language;* zum Werkzeuggebrauch hingegen erscheint nur gelegentlich irgendwo ein Artikel, und ein Journal *Brain and Tools* gibt es nicht. Dennoch wissen wir einiges zur zentralnervösen Repräsentation von Werkzeugen. Um es kurz zu machen: Werkzeuge verändern unser Gehirn.

Unser bestes Werkzeug ist zunächst einmal unsere Hand. Die menschliche Hand ist ein wahres Wunder an Flexibilität und Möglichkeiten. Kein Wunder, dass in unserem Gehirn sehr viele Nervenzellen für sie zuständig sind. Eine Reihe von Studien hat nachgewiesen, dass Dinge, die sich im Raum neben unserer Hand befinden, visuell genauer wahrgenommen werden als andere Dinge. Ganz offensichtlich macht dies Sinn, denn es ist ganz besonders wichtig, dass Objekte, die unmittelbar zur Manipulation (lat. *manus:* Hand) zur Verfügung stehen, entsprechend genauer „angeschaut" werden.

Man fand dies dadurch heraus, dass man Versuchspersonen ihre Hand an unterschiedliche Orte positionieren ließ, an denen sich jeweils unterschiedliche Objekte befanden. Diese Objekte wurden dann, wenn sie sich näher an der Hand befanden, visuell mit mehr Aufmerksamkeit bedacht (Abrams et al. 2008; Berti & Frassinetti 2000; Reed et al. 2006; Schendel & Robertson 2004; Vishton et al. 2007). Wie eine neue Unter-

---

2 Man kann selbstverständlich darüber diskutieren, ob Hollywood (oder ein „Tatort") ohne Shakespeare oder Goethe möglich wäre. Auch in der Literatur hängt nichts „in der Luft", wie jede Kulturgeschichte deutlich zu machen sucht und nahezu jede geisteswissenschaftliche Studie zeigt. Aber stellen Sie sich vor, er gäbe keine Theater mehr, weil alle Gebäude, alle Bücher und alle damit befassten Menschen nicht mehr existierten. Dann würden die nach einer solchen Katastrophe übrig gebliebenen Menschen sich erinnern, Märchen erzählen und vielleicht eine ganze Menge „Kulturgut" kollektiv bewahren können, auch Theaterspielen und Romane schreiben. Aber stellen Sie sich vor, es fehlten in analoger Weise Technik und Industrie! Durch Erinnern entsteht kein Werkzeug, und ohne Werkzeuge keine komplexe Produktion, und ohne diese entsteht nichts von alledem, was wir meist als „natürlich gegeben" hinnehmen (unser Kühlschrank, das Handy oder der Supermarkt an der Ecke), obwohl es sich um kulturelle Höchstleistungen (im besten Sinne des Wortes!) handelt.

suchung zeigt, geschieht dies selbst dann, wenn die Bewegung der Hand
nur vorgestellt ist (Davoli & Abrams 2009). Bereits oben wurde anhand der
Profigeiger gezeigt, dass der heftige Gebrauch der Hand deren Repräsentation im Gehirn ändert. Wir alle gebrauchen unsere Hände vielfältig, und
daher sind die Areale, die für die sensomotorische Kontrolle der Hände zuständig sind, aufs Höchste mit anderen Arealen vernetzt. Greife ich beispielsweise nach einem Klotz, auf dem sich eine Zahl befindet (Abb. 7.6),
so ist die Öffnung meiner Hand (der Abstand zwischen Daumen und Zeigefinger) abhängig von der Größe der Zahl (Abb. 7.7)!!

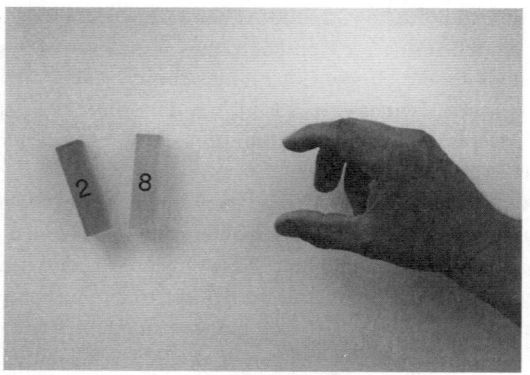

7.6 Experiment zum Ergreifen eines Klotzes. Der Vorgang des Greifens wird
dabei mittels geeigneter Instrumente genau aufgezeichnet, um z.B. den Winkel
und die Öffnung zwischen Daumen und Zeigefinger in jeder Phase der Bewegung genau zu ermitteln.

Körperschema und Werkzeuggebrauch

Schon lange wird vermutet, dass der Gebrauch eines Werkzeugs zur Veränderung des Körperschemas führt: Wenn ich nicht mit der Hand greife,
sondern mit einem Greifwerkzeug, das meinen Arm verlängert, wird nicht
nur die Handhabung des Greifwerkzeugs immer besser und genauer.
Langfristig baue ich dieses Werkzeug gewissermaßen in meinen Körper

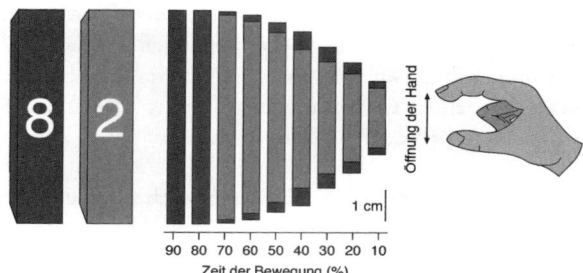

90 80 70 60 50 40 30 20 10
Zeit der Bewegung (%)

7.7 Öffnung zwischen Daumen und Zeigefinger im Verlauf der Bewegung. Die Zahl auf dem Klotz beeinflusst den Grad der Öffnung der greifenden Hand, insbesondere zu Beginn der Bewegung. Die Hand öffnet sich weiter, wenn ein Klotz gegriffen wird, auf dem eine Acht steht, als wenn ein Klotz gegriffen wird, auf dem eine Zwei steht: Ganz offensichtlich führt die Information „8>2" dazu, dass Daumen und Zeigefinger beim Ergreifen des Klotzes mit der 8 etwas weiter auseinandergehen, denn sie müssen ja „etwas Größeres" greifen als wenn sie „nur eine 2" greifen. Gegen Ende der Bewegung gibt es keinen Unterschied mehr, ganz offensichtlich bestimmt jetzt die physikalische Größe des Klotzes die Programmierung der Bewegung.

ein, etwa so wie Autofahrer ihr Auto als Erweiterung ihres Körpers erfahren.

Weil unser Körper kein unveränderliches Objekt ist, kann die neuronale Repräsentation unseres Körpers ebenso wenig unveränderlich sein. Betrachten wir ein Beispiel: Wenn wir laufen lernen, haben wir vergleichsweise kurze Beine. Die gesamte Steuerung der Bewegungsmechanik unserer Beine muss ziemlich flexibel sein, wenn das Laufen von Kindesbeinen an reibungslos funktionieren soll. Wir kommen also bei Wachstumsschüben keineswegs ins Stolpern, was – dies sei hier noch einmal betont – die Flexibilität des Steuerungsapparats (man spricht auch vom Körperschema) deutlich macht.

Was aber geschieht genau bei der Verwendung eines Werkzeugs? Zur Untersuchung dieser Frage wurde bei 14 Versuchspersonen die Bewegung der ein kleines Objekt ergreifenden rechten Hand oder die Bewegung eines Greifers registriert (Cardinali et al. 2009). Das Experiment bestand aus drei Sitzungen. Zunächst mussten die Versuchspersonen mit ihrer rechten

Hand ein kleines Objekt zwölfmal greifen oder lediglich zwölfmal auf es zeigen. Jeweils sechs Versuchspersonen führten zunächst die zwölf Greifbewegungen und dann die zwölf Zeigebewegungen aus, bei den anderen sechs war es umgekehrt. Danach gab es eine Werkzeuggebrauchssitzung, wo insgesamt 48-mal das Objekt mit dem Greifer zu manipulieren war. Danach schlossen sich wieder zwölf normale Greif- bzw. Zeigebewegungen an.

Wie sich zeigte, führte der Werkzeuggebrauch zu einer Veränderung der Bewegung beim normalen Greifen: Es dauerte etwas länger und die Bewegung war insgesamt etwas langsamer. Zudem konnte gezeigt werden, dass es nicht am Gewicht des Werkzeugs liegt, sondern an dessen Gebrauch. Und schließlich konnte ein weiteres Experiment nachweisen, dass der Werkzeuggebrauch sogar zu einer Veränderung der neuronalen Repräsentation der Armlänge führt: Zwölf Versuchspersonen bekamen nach dem Werkzeuggebrauch die Augen verbunden, wonach sie mit ihrer freien linken Hand auf drei anatomische Landmarken des rechten Arms (Ellenbogen, Handgelenk und Fingerspitze des Mittelfingers) deuten sollten. Hierbei wurde deutlich, dass die Probanden tatsächlich eine Verlängerung des Arms nach dem Werkzeuggebrauch erleben. Die Effekte hielten etwa für zehn bis 15 Minuten an. Unser Gehirn lernt also im Hinblick auf unseren Körper um, wenn wir Werkzeuge gebrauchen. Es ändert sich durch seinen Gebrauch, der sich durch unseren Gebrauch von Werkzeugen ergibt.

Fassen wir zusammen: Der Umgang mit Dingen ist wesentlicher Bestandteil unseres Lebens und macht unseren Erfolg als Menschen aus. Der Umgang mit den Dingen schärft unseren Geist, der gewissermaßen an und mit ihnen wächst.

In Schulen wird viel über die Dinge geredet. Das ist gut so, denn durch das Benennen erfassen wir die Dinge, und durch Sätze bringen wir sie in Beziehung zueinander. Denken heißt letztlich: die Dinge zueinander in eine (neue) Beziehung bringen. Um über die Dinge zu denken, muss man sie jedoch zunächst einmal *haben*, d.h. sie müssen im Kopf *verfügbar* sein. Hier genügt das bloße Reden nicht. Was sauer ist, weiß man, wenn man in eine Zitrone gebissen hat. Was ein Schraubenzieher ist, weiß man, wenn man einen verwendet hat. Die Schnürsenkel seiner Schuhe binden kann man lange bevor man beschreiben könnte, wie es geht. Und wie man eine Geige zum Klingen bringt und wie sich das anhört, lernt man nur durch das Spielen.

Wir lernen die Welt dadurch kennen, dass wir uns in ihr befinden und mit ihr umgehen. Dies ist so trivial, dass man es eigentlich nicht eigens hervorzuheben braucht. Dennoch muss man dies – gerade heute – tun. Es wird viel über die Segnungen der Informationstechnik und deren Bedeutung für die Bildung, über multimediale Weltaneignung per Mausklick, gesprochen. Im Netz der Netze, so scheint es, ist die ganze Welt ein paar Tastendrucke und Millisekunden entfernt, und dies sei alles, was das Kind brauche, um sich die Welt zu erschließen. Wie die Studien in diesem Kapitel gezeigt haben, ist diese Auffassung aus neurobiologischer Sicht nur schwer aufrechtzuerhalten (um nicht zu sagen: falsch). Der Umgang mit den Dingen der realen Welt ist für die Bildung unverzichtbar.

8 Emotionen

Irgendetwas stimmt noch nicht mit dem Bild des Lernens, das bis hierher gezeichnet wurde. Gewiss, wir lernen laufen, sprechen und uns benehmen anhand von Beispielen, aus denen das Gehirn die Regeln extrahiert. So lernen wir allmählich sehr vieles – aus dem Leben für das Leben. Aber manchmal lernen wir auch richtig schnell: Man legt die Hand *nur einmal* auf eine heiße Herdplatte, um gelernt zu haben, dass man das besser nicht tut. Und es gibt nur einen ersten Kuss, eine erste Nacht, und man erinnert sich dennoch zeitlebens daran. Besonders üble oder besonders schöne Ereignisse können also als einzelne Episoden abgespeichert werden. Mit dem Hippocampus haben wir hierfür sogar ein eigenes Modul, das im gesamten neuronalen Netzwerk für diese Episoden eine besondere Rolle spielt (vgl. Kap. 3, insbesondere Abb. 3.7).

Ganz allgemein gilt, dass Emotionen Lernvorgänge stark beschleunigen können. Im letzten Kapitel bereits führten wir Pestalozzi an, dessen Motto – Lernen mit *Herz*, Hirn und Hand – bis heute vielen Lehrern zu Recht eine Richtschnur ist. Das Herz wird zuerst genannt, noch vor dem Gehirn – warum? Und was hat es mit den Emotionen beim Lernen überhaupt auf sich? Welche Mechanismen wirken hier? Wie funktionieren Emotionen und wie bewerkstelligt das Gehirn Lernen mit Emotionen?

Unser Gehirn hat für die Generierung von Emotionen besondere, eigens hierfür spezialisierte Module. Diese leisten einerseits Prozesse der raschen Bewertung und andererseits Veränderungen des Körpers und des Geistes, d.h. der Informationsverarbeitung im Gehirn. Wie das Ganze funktioniert, ist gerade in der jüngeren Zeit Gegenstand intensiver neurowissenschaftlicher Forschung gewesen. Ohne Anspruch auf Vollständigkeit seien im Folgenden zwei für das Lernen sehr wichtige Module – die

Amygdala (Mandelkern) und der *Nucleus accumbens* (ein Teil des „Streifen-
kerns"[1]) – diskutiert, deren Funktionieren wesentlich zum Erleben der
Emotionen Angst und Glück beiträgt.

Angst

Wird bei Ratten der Mandelkern beidseits operativ zerstört, kann die Ratte
zwar noch lernen, sich in einem Irrgarten zurechtzufinden (sie benutzt
hierfür ihren Hippocampus), nicht jedoch, sich vor etwas zu fürchten.
Zum Fürchten-Lernen braucht man den Mandelkern. Dies gilt nicht nur
für die Ratte, sondern auch für den Menschen (vgl. Abb. 8.1).

Ohne Mandelkern kann ein Mensch zwar noch neue Fakten, wie z.B.
die Eigenschaften eines lauten Tons, lernen, nicht aber die Angst vor dem
Ton. Ohne Hippocampus hingegen ist es umgekehrt, man lernt die Angst,
aber nicht die Fakten.

Wird der Mandelkern aktiv, steigen Puls und Blutdruck, und die
Muskeln spannen sich an: Damit ist unser Körper auf Kampf oder Flucht
vorbereitet, eine in Anbetracht von Gefahr sinnvolle Reaktion. Die Auswirkungen betreffen jedoch nicht nur den Körper, sondern auch den
Geist. Kommt der Löwe von links, läuft man nach rechts. Wer in dieser
Situation lange überlegte und kreative Problemlösungsstrategien entwarf,
gehörte nicht zu unseren Vorfahren. Angst produziert einen kognitiven
Stil, der das rasche Ausführen einfacher gelernter Routinen erleichtert und
das lockere Assoziieren erschwert.

---

1 „Streifenkern" (Corpus striatum) ist eine alte Bezeichnung für eine ganze Reihe neuronaler Strukturen, die unter der Großhirnrinde (subkortikal) gelegen sind. Die
Streifen rühren daher, dass zwischen größeren Ansammlungen von Neuronen größere Bündel von Fasern verlaufen, was bei Betrachtung mit bloßem Auge als Strei-
fenmuster zu sehen ist. Weil durch eine ganze Reihe von Strukturen solche Fasern
ziehen, ist die Sammelbezeichnung „Streifenkern" sehr grob, denn damit sind letztlich sehr viele neuronale Strukturen gemeint. Zwar hat auch der Mandelkern anato-
misch definierbare Untereinheiten, doch wird auf ihn in der Literatur einigermaßen
einheitlich Bezug genommen. Dies gilt nicht für den „Streifenkern", der durch die
Forschung längst gleichsam „überholt" wurde und als Einheit nicht mehr ihr
Gegenstand ist. Daher hier und heute (und anderswo bzw. in 20 Jahren vielleicht
nicht mehr) Mandelkern, aber „Streifenkern" eben in Anführungszeichen.

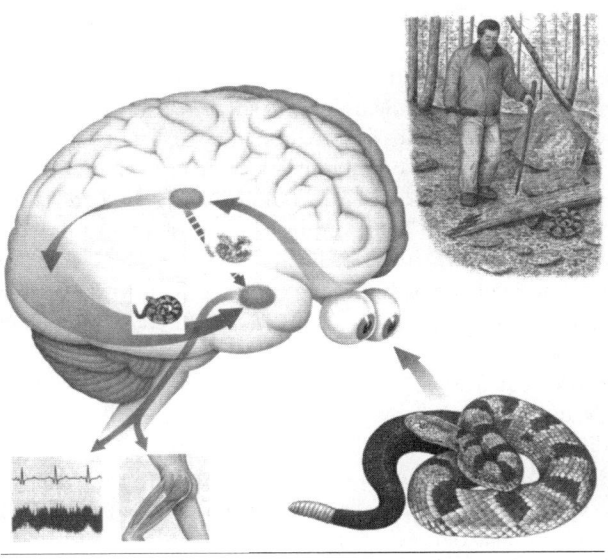

8.1 Funktion des Mandelkerns (LeDoux 1994). Visuelle Information wird nicht nur über die Sehbahn und die Sehzentren (hellgrau) verarbeitet, sondern gelangt auf kurzem Weg in den Mandelkern (dunkelgrau), wo sie sofort für körperliche Anpassungsreaktionen (Erhöhung von Puls, Blutdruck und Muskeltonus) auf Gefahr und zusätzliche geistige Veränderungen sorgt.

Unter evolutionsbiologischen Gesichtspunkten liegen die Vorteile eines solchen Systems der raschen Bewertung und Aktionsvorbereitung für den Notfall auf der Hand. Was jedoch über Millionen von Jahren sinnvoll war, führt heutzutage meist zu Problemen. Wer Prüfungsangst hat, ist nicht mehr kreativ. Er kommt nicht auf die einfache, aber etwas Kreativität erfordernde Lösung, die er normalerweise leicht gefunden hätte. Wer unter Angst steht, der ist „blockiert", in seiner Situation „festgefahren", „verrennt" sich, ist „eingeengt" und kommt „aus seinem gedanklichen Käfig nicht heraus". Unsere Umgangssprache ist voller Metaphern, die den unfreien kognitiven Stil, der sich unter Angst einstellt, beschreiben. Wenn dagegen gerade keine Angst da ist, werden die Gedanken freier, offener und weiter (kreativer).

Ein jeder kennt die Situation: Man befindet sich nachts allein auf einer einsamen dunklen Straße und hört plötzlich Schritte hinter sich. Erst leise und kaum wahrnehmbar, dann immer lauter – und damit ganz offensichtlich näher. Plötzlich kommen sie einem auch irgendwie schneller vor, und der Gedanke, dass diese Schritte von einem Menschen stammen, der nichts Gutes mit uns im Schilde führt, drängt sich auf. Einmal gedacht, wird er mit jedem deutlich vernehmbaren Schritt immer klarer, Szenen aus Kriminalfilmen fallen einem ein, man spürt den eigenen Herzschlag, die Nackenhaare stellen sich auf und noch mehr Gedanken an noch mehr Filme drängen sich auf usw.

Eigentlich aber ist es gar nichts weiter außer wahrgenommener akustischer Manifestation menschlicher Fortbewegung, vielleicht verdeutlicht durch den geringeren Straßenlärm, der ansonsten einzelne Schritte übertönt. Der ganze Rest stammt aus unserer Erinnerung. Wir haben einfach zu viele Krimiszenen gesehen, in denen der Bösewicht im Dunkeln von hinten kommt. Das Beispiel zeigt, dass Angst nicht nur bei manifester tatsächlicher Gefahr, sondern auch durch entsprechende Erinnerungen entstehen kann: Wir haben *gelernt*, dass es bestimmte Situationen gibt, unter denen man sich ängstigt.

In vielen Tierversuchen wurden die Mechanismen hierfür aufgeklärt: Wie eingangs erwähnt, kann man einer Ratte beibringen, auf einen Ton mit Angst zu reagieren, ganz einfach dadurch, dass man den Ton mit einem anderen Reiz (z.B. einem schmerzhaften kurzen elektrischen Stromstoß) zeitlich parallel darbietet und dadurch koppelt. Dieses Angst-Lernen geschieht mit ganz wesentlicher Beteiligung des Mandelkerns. Gelernt werden kann dabei nicht nur die Verknüpfung von Angst mit einem Ton, sondern beispielsweise auch mit einer Vokabel oder irgendeinem anderen völlig neutralen Inhalt.

Es konnte nämlich gezeigt werden, dass auch neutrale Inhalte in Abhängigkeit davon, in welchem emotionalen Zustand sie gelernt werden, in jeweils anderen Bereichen des Gehirns gespeichert werden. Während das erfolgreiche Einspeichern von Wörtern in positivem emotionalem Kontext vor allem den Hippocampus einbezieht, greift das Einspeichern neutraler

Wörter in negativem emotionalem Kontext vermehrt auf den Mandelkern zurück. Ohne Kenntnis der Funktion des Gehirns könnte man hieraus folgern, dass beispielsweise Englisch mit Spaß und Latein mit dem Rohrstock zu lernen sei, um auf diese Weise sowohl Hippocampus und Mandelkern für das Lernen zu nutzen. Man hätte mehr Platz und schaffte Ordnung: Englisch hier, Latein da, kein Durcheinander von Vokabeln. Die Funktionen von Hippocampus und Mandelkern entlarven diese Schlussfolgerung jedoch eindeutig als falsch. Wie bereits in Kapitel 3 diskutiert, hilft der Hippocampus bei der Abspeicherung von Einzelheiten, ruft sie während des Schlafs wieder auf und transferiert sie innerhalb von Wochen und Monaten in die Gehirnrinde, den „langsamen Lerner", wo sie langfristig (vor allem in Form allgemeiner Regeln und Zusammenhänge) gespeichert werden. Die Funktion des Mandelkerns ist es hingegen, bei Abruf von assoziativ mit ihm verknüpftem Material den Körper und den Geist auf Kampf und Flucht vorzubereiten.

Daraus folgt: Was immer an gelerntem Material unter Beteiligung des Mandelkerns gespeichert wird, wird beim Abruf dafür sorgen, dass eines genau nicht möglich ist: der kreative Umgang mit diesem Material. Daraus wiederum folgt: Wenn wir wollen, dass die nächsten Generationen in der Schule für das Leben lernen, dann muss eines in der Schule stimmen: die emotionale Atmosphäre beim Lernen. Wir wissen damit nicht nur, dass Lernen bei guter Laune am besten funktioniert, sondern vor allem, *warum Lernen nur bei guter Laune erfolgen sollte.* Nur dann nämlich kann das Gelernte später zum Problemlösen verwendet werden!

Angst vor Mathematik

Diese Überlegungen sind im Hinblick auf den konkreten praktischen Unterricht von kaum zu überschätzender Bedeutung. Besonders wichtig sind sie für den Mathematikunterricht. Denn Mathematik ist bekanntermaßen ein stark mit Angst belegtes Fach. Das weiß jeder, und es geht auch aus Studien hervor, beispielsweise aus einer Studie *Rechnen in Deutschland* (Stiftung Rechnen 2009) der *forsa* Gesellschaft für Sozialforschung und statistische Analysen mbH (Berlin). Bundesweit wurden 1.370 Schüler ab der fünften Klasse, 1.029 Eltern von schulpflichtigen Kindern sowie 1.057

Erwachsene zwischen 18 und 65 Jahren befragt. Jeder dritte Schüler ab der fünften Klasse fürchtet sich demzufolge vor Mathematikklassenarbeiten. Vor Klassenarbeiten im Fach Deutsch dagegen ängstigt sich nur jeder fünfte. Warum ist das so? Warum träumen manche Menschen bis zu ihrem Lebensende vom Mathematikabitur? Warum gibt es sehr viele Menschen, die beim Anblick einer Formel in eine Art intellektueller Totenstarre verfallen? Warum gilt das Fach Mathematik ganz allgemein als „schwer"?

Wer in anderen Fächern, beispielsweise über „die Mägen der Kuh" in der Biologie, etwas gelernt hat und am nächsten Tag aufgerufen wird, der kann das auswendig Gelernte abspulen: „Pansen, Blättermagen, Netzmagen, Laabmagen." Das klappt auch dann, wenn der Schüler ängstlich ist. Die Mägen der Kuh, die Anzahl der Blütenblätter einer Pflanze, der Zitronensäurezyklus und vieles mehr lassen sich memorieren. In der Mathematik ist das anders: „Na Lisa, komm mal an die Tafel, die binomischen Formeln saßen gestern noch nicht ..." Nach dieser Aufforderung geht Lisa nach vorne – ihr Mandelkern ist bereits aktiv. Dies sorgt dafür, dass ihr der Kniff, mit dem man die vorliegende Gleichung löst, gerade nicht einfällt. In der Mathematik kann man die Lösungen nicht auswendig lernen, und die Antworten im Unterricht lauten entsprechend nie „42" oder „17,9" („wie bist Du drauf gekommen?" – „Ich hab die Zahlen gestern gut gelernt").

Es liegt in der Natur der Mathematik, dass man keine Zahlen auswendig lernt bzw. auswendig gelernte Inhalte wiedergibt. Man muss vielmehr *Probleme lösen*, und hierfür muss man kreativ sein können. Damit liegt es auch in der Natur der Mathematik, dass sich Angst auf die Performance auswirkt. Und wer sich einmal im Teufelskreis der Angst befindet, kommt im Allgemeinen nicht wieder heraus. Viele Menschen wissen das. Und wer nicht weiß, wovon ich rede (weil er Glück mit einem guten Mathematiklehrer hatte), kann entsprechende Studien über Angst vor Mathematik nachlesen.

Diese haben gezeigt: Menschen mit Angst vor Formeln müssen weder dumm noch mathematisch unbegabt sein. Sie hatten aber auf jeden Fall das Pech eines schlechten Mathematikunterrichts und vor allem eines wenig einfühlsamen Mathematiklehrers. Auch wer nicht besonders für Mathematik begabt ist, kann mathematische Zusammenhänge lernen und sogar Freude daran finden. Es bedarf hierzu jedoch eines Mathematiklehrers, der um die genannten Zusammenhänge weiß und dafür sorgt, dass Angst im Unterricht gar nicht erst aufkommt. So kann angstfrei gelernt werden, und damit auch die Angst vor Mathematik nicht entstehen.

Wer meint, dass die Angst im Unterricht zusammen mit dem Rohrstock vor Jahrzehnten doch längst abgeschafft wurde, der irrt: *Sarkasmus, Zynismus und Ironie* durch den Lehrenden sind im deutschen Schulalltag weit verbreitet, haben dort aber nichts zu suchen, denn sie sind „Waffe[n] in der Hand von Erwachsenen" (Bueb 2006, S. 30). Denn diese Ausdrucks- und Verhaltensweisen des Lehrenden produzieren Angst; und diese Angst verhindert später, beim Abruf des Gelernten, kreatives Problemlösen. Daher ist Bernhard Bueb unbedingt beizupflichten, wenn er festhält, dass Selbstironie die einzige in der Erziehung erlaubte Form der Ironie ist.

Lernen mit Freude: Glück

Wenn jetzt klar ist, wie Lernen *nicht* vonstatten gehen soll, dann stellt sich zwangsläufig die Frage, wie es denn gehen kann oder soll. Wenn Emotionen dazu da sind, Lernprozesse zu beschleunigen, und wenn negative Emotionen uns zwar rasch lernen lassen, das Gelernte aber nicht mehr für kreative Zwecke eingesetzt werden kann, dann bleiben die positiven Emotionen, also Freude und Glück. Gibt es hierzu Gehirnforschung? Und was lernen wir daraus für das Lernen an Schulen?

Bereits Mitte der 1950er-Jahre fand man zufällig heraus, dass Ratten die elektrische Stimulation eines bestimmten Gehirnareals ganz offensichtlich mögen (Olds & Milner 1954). Das stellte man mit einer sehr cleveren Versuchsanordnung fest: Eine Taste im Käfig der Tiere war mit einem Impulsgenerator verbunden, der elektrische Reize generierte, welche durch feine Drähte in den Kopf der Tiere gelangten. Die Tiere konnten also per Knopfdruck selber ihre eigenen Neuronen stimulieren, was sie eigentlich (wenn der Draht irgendwo im Kopf steckt) nicht tun. Steckte der Draht jedoch an der richtigen Stelle im Gehirn, drückten die Tiere den Knopf immer wieder – bis zu 2.000-mal in der Stunde. Sie aßen und tranken nicht mehr, sondern drückten den Knopf – bis sie tot waren.

Weitere Stimulationsexperimente (auch an anderen Tieren) wurden durchgeführt, und man glaubte bald, das *Lustzentrum* schlechthin gefunden zu haben. Experimente mit Suchtstoffen – Amphetamin, Opium, Alkohol, Nikotin – zeigten, dass diese Stoffe das Zentrum aktivierten, was den Schluss nahelegte, dass es sich beim Lustzentrum „eigentlich" um das *Suchtzentrum* handelte. Weitere Experimente, bei denen dieser Bereich elektrisch stimuliert wurde, wann immer das Tier etwas Bestimmtes tat, zeigten, dass das Tier die gleiche Handlung sofort wieder ausführte. Die Stimulation musste also einen belohnenden Effekt haben, woraus man schloss, dass es sich um das *Belohnungszentrum* handeln musste.

Auch bei Affen und Menschen kann die elektrische Stimulation bestimmter Gehirnzentren zu positiven Erlebnissen führen. Entsprechende Experimente wurden in den 1960er-Jahren von einigen wenigen Wissenschaftlern durchgeführt (Heath 1972; vgl. Berns 2006). Die Ergebnisse waren zwar spektakulär – der Orgasmus auf Knopfdruck schien möglich – aber sie brachten das Verständnis der Funktion dieser Strukturen nicht weiter. Erst systematische Untersuchungen an Affen, die einerseits auf bestimmte Reize reagierten und bei denen gleichzeitig die Aktivität von Nervenzellen abgeleitet wurde, brachten den Durchbruch.

Sehr tief im Gehirn, im so genannten Mittelhirn, sitzt eine kleine Ansammlung von Neuronen (man bezeichnet den Bereich mit dem wenig klangvollen Namen *Area A10;* vgl. Abb. 8.2), die den Neurotransmitter Dopamin produzieren und über entsprechende Faserverbindungen in zwei Bereiche des Gehirns weiterleiten: zum einen in den Nucleus accumbens und zum anderen direkt ins Frontalhirn. Wie man heute weiß, feuern diese Neuronen dann, wenn ein Ereignis eintritt, das *besser ist als erwartet.* Dies hat zwei Konsequenzen: Neuronen im *Nucleus accumbens,* die ihrerseits opiumähnliche Eiweißkörper produzieren und als Neurotransmitter ins Frontalhirn ausschütten, werden aktiviert. Unser Gehirn macht also selbst eine Art Opium (man spricht von *endogenen Opioiden*), und wenn dieses im Frontalhirn ausgeschüttet wird, dann macht das – Spaß!

Die zweite Konsequenz der Aktivierung dopaminerger Neuronen des Mittelhirns besteht darin, dass Dopamin direkt im Frontalhirn ausgeschüttet wird. Dies wiederum bewirkt, dass es besser funktioniert: Man kann sich besser konzentrieren, besser denken und man verarbeitet die gerade vorliegenden Informationen besser. Dies wiederum ist gleichbedeu-

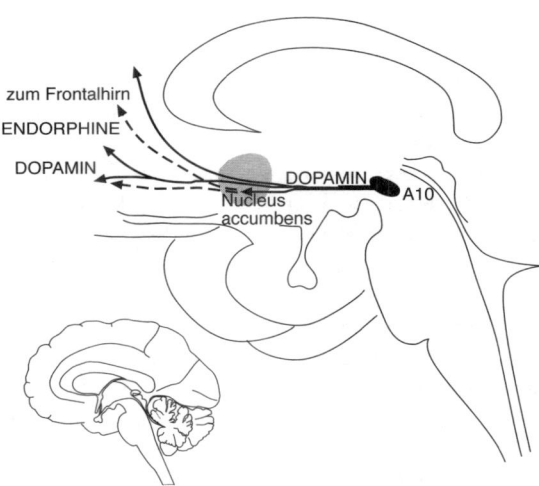

zum Frontalhirn
ENDORPHINE
DOPAMIN
DOPAMIN
A10
Nucleus
accumbens

8.2 „Besser als erwartet" ist das Signal, das durch das hier schematisch dargestellte Dopaminsystem zum Zweck des raschen Lernens implementiert ist (nach
Spitzer 2002a).

tend damit, dass mehr Aktionspotentiale über mehr Synapsen laufen, was
wiederum zur Folge hat, dass besser gelernt wird, wie mittlerweile auch direkt nachgewiesen werden konnte (Rossato et al. 2009).

Das beschriebene System löst damit eine ganz wesentliche und zugleich schwierige Aufgabe unseres Gehirns: In jeder Sekunde strömen unglaublich viele Informationen auf uns ein. Wir können sie nicht alle
verarbeiten und uns schon gar nicht alles *merken*. Unser Gehirn hat also
das Problem der Auswahl: Was von dem Vielen soll weiter beachtet, verarbeitet und behalten werden, und was kann man getrost übergehen? – Es
bedarf daher eines Moduls, das bewertet und vergleicht. Solange alles nach
Plan läuft, also nichts geschieht, was wir nicht schon wüssten, tut dieses
Modul nichts. Geschieht jedoch etwas, das *besser ist als erwartet*, dann feu-
ert das Modul. Dann werden wir aufmerksam, wenden uns dem Erlebnis

zu und verarbeiten es besser und tiefer und mit einem guten Gefühl. Das
Wichtigste: Wir *lernen* besser. Auf diese Weise lernen wir langfristig alles,
was gut für uns ist.

Betrachten wir ein ganz einfaches Beispiel: Sie laufen durch den Wald
und essen grüne, saure Beeren. Nun erwischen sie eine rote, stecken sie in
den Mund und sind ganz überrascht, dass sie so schön süß schmeckt. Von
da an suchen Sie rote Beeren, denn Sie haben etwas gelernt, weil eine Erfahrung besser war, als Sie erwarten konnten. Das klingt sehr einfach, die
Konsequenzen sind jedoch sehr weitreichend: Es geht bei der Aktivierung
des Moduls im Grunde gar nicht um das Glück, die Freude oder den Spaß,
es geht vielmehr um das Lernen von all dem, was gut für uns ist. Das Modul springt immer an als Folge eines *Vergleichs:* Nur wenn etwas *besser* ist
als erwartet, wird es aktiv. So gesehen ist das Glücksempfinden nur ein Ne-
benprodukt – ich sage ausdrücklich nicht Abfallprodukt (!) – unserer Fähigkeit zu lernen. Die mit diesem Verständnis der Dinge einhergehende
schlechte Nachricht sei klar und deutlich verkündet: Auf dauerndes
Glücklichsein ist unser Gehirn gar nicht ausgelegt. Es ist vielmehr darauf
ausgelegt, dass wir dauernd *lernen*. Bei dem Modul unseres Gehirns, das
für Glückserlebnisse zuständig ist, geht es nicht um permanentes Glück, es
geht vielmehr um permanentes Lernen.

Einkaufszentren?

„Geld macht nicht glücklich", sagen die einen. „Those who think money
doesn`t buy happiness just don`t know where to shop"[2], kontern die anderen. Was stimmt? Unsere Gesellschaft scheint davon zu leben, dass wir
alle einkaufen wie die Kranken: Dinge, die wir nicht brauchen, mit Geld,
das wir nicht haben, um damit Leute zu beeindrucken, die wir nicht mögen. Kurzfristig scheint dies viele Menschen zu befriedigen, und seit Januar
2007 ist auch klar warum. Findige Neurowissenschaftler (Knutson et al.
2007) hatten gesunden Probanden zunächst 20 Dollar geschenkt, sie dann
in den Scanner gelegt und ihnen nun 80 verschiedene Produkte gezeigt,
die sie (per Tastendruck) kaufen konnten oder nicht. Vergleicht man dann

---

2 „Diejenigen, die glauben, man könne mit Geld das Glück nicht kaufen, wissen
   nicht, wo man einkauft."

die Aktivierung des Gehirns beim Kaufen mit der Aktivierung, wenn nicht gekauft wird, findet man – unsere *Einkaufszentren*!

Bei einem von insgesamt drei gefundenen Zentren handelte es sich um den Nucleus accumbens. Ist dessen Funktion also – „eigentlich" – das Einkaufen? Arbeitet er bei Frauen anders (diese Frage stellen alle, die von dem Experiment zum ersten Mal hören, sofort![3])?

Wenn wir etwas einkaufen, fühlen wir uns gut. Nicht zuletzt kaufen Menschen oft in eher schlechter Stimmung mehr (man spricht auch von „Frust-Käufen"), denn das Erlebnis bessert kurzfristig das Befinden. Aber eben nur kurzfristig. Denn der Nucleus accumbens ist eben *nicht* unser Einkaufszentrum, sondern unser Lernzentrum. Und wenn ich etwas gekauft habe, dann lerne ich diese Sache rasch kennen; und damit wird sie uninteressant! Und so kaufe ich weiter, bin jedes Mal kurz besser gestimmt und muss langfristig unterm Strich viele Rechnungen bezahlen. Dafür mache ich Überstunden, und dadurch wird meine Stimmung noch schlechter. In der Wirtschaft ist dieser Teufelskreis als *hedonische Tretmühle* gut bekannt und bestens untersucht. Gerade weil in unserem Gehirn das Glück mit dem *Lernen* so eng verknüpft ist, kann Einkaufen nicht wirklich glücklich machen!

Diese Erkenntnis ist uralt! Kein anderer als Buddha hatte sie bereits: Leiden kommt von Leidenschaft, und wer seine Leiden loswerden will, der muss seine Leidenschaften ablegen. Der Buddhist will daher nicht dauernd etwas Neues kaufen, macht keine Überstunden und ist daher vergleichsweise *weniger unglücklich*.

Glücklich ist er damit jedoch noch nicht, nur eben weniger unglücklich. Wenn man zu Anfang des 21. Jahrhunderts wissen will, wie man glücklich werden kann, gibt es einen Bereich, der informativer ist als der Buddhismus: die Gehirnforschung! Denn diese hat in der jüngsten Vergangenheit sehr deutlich gezeigt, wie eng Lernen und Glück – systematisch einerseits und tief im Gehirn andererseits – miteinander verknüpft sind.

---

3 Und die Antwort lautet, dass die Autoren selbst solche Unterschiede erwartet hatten, daher eigens eine besonders große Stichprobe aus Männern und Frauen untersuchten, ihre Daten nach Geschlechtern analysierten und zur Überraschung aller keine Unterschiede fanden. Ob dies an den zum Kauf angebotenen Waren lag (keine Schuhe), kann man diskutieren ...

Die Konsequenzen liegen auf der Hand: Wer die Schule als „den Ernst des Lebens" versteht, könnte kaum weiter von dem entfernt liegen, was die Gehirnforschung zum Lernen zu sagen hat! Und wenn ein Schulrat nach dem schrecklichen Amoklauf in Winnenden öffentlich im Fernsehen sagt, dass Schule nun einmal keinen Spaß mache und man da „durch" müsse (und seinen Job danach nicht verliert), dann zeigt dies, wie weit die Praxis des Lernens hierzulande von den Erkenntnissen der Gehirnforschung noch entfernt ist.

9 Motivation und Neugier

Immer wieder wird im Kontext des Lernens in der Schule die Frage gestellt, wie man Menschen motivieren könne. „Gar nicht", lautet die Antwort, denn mit der Motivation verhält es sich ganz ähnlich wie mit dem Hunger: Er stellt sich von selbst ein, wenn man nichts tut (d.h. nicht isst). Man kann einem Menschen zwar Appetit machen; wer aber richtig satt ist, wird dennoch nichts essen oder nur gelangweilt im Essen herumstochern.

Man kann nicht „von außen" motivieren, weil Motivation im menschlichen Gehirn gewissermaßen von Natur aus eingebaut ist: Wir verhalten uns *energiegeladen* und *zielgerichtet*, solange man uns nur lässt. Man betrachte nur einmal kleine Kinder beim Spiel: Sie sind bei der Sache, neugierig und immer in Bewegung, suchen aktiv nach Erlebnissen der Wahrnehmung, sind überrascht, gelangweilt, freudig oder traurig – bis sie müde oder hungrig werden. Sind diese Grundbedürfnisse dann gestillt, geht die Neugier von vorne los. Menschen sind mithin von Natur aus motiviert und brauchen nicht motiviert zu werden. Diese natürliche Motivation, die in jedem Menschen vorhanden ist und allenfalls durch falsche Bemühungen abgewöhnt werden kann, bezeichnet man als Neugier.

Neugier als Charakterzug

Neugier ist das Streben des Menschen, Grenzen auszuloten und zu überschreiten, in Erfahrung zu bringen, was er noch nicht kennt, zu denken, was er noch nicht gedacht hat. Neugier ist, wie beispielsweise die Größe eines Menschen, eine ganz allgemeine Eigenschaft, im Hinblick auf die wir uns zwar unterscheiden, die aber bei jedem (mehr oder weniger) grundlegend vorhanden ist. Wie bei der Größe sind auch bei der Neugier die Unterschiede sowohl genetisch bedingt als auch durch die Umwelt verursacht:

Hat man große Eltern, ist man selber auch eher groß; wenn andererseits die Deutschen in den letzten Jahrzehnten immer größer geworden sind, dann liegt das nicht an ihren Genen, sondern an ihrer Ernährung, unter anderem am Milchkonsum, denn das Kalzium in der Milch ist gut für das Knochenwachstum (vgl. hierzu auch Kapitel 4).

Nicht anders ist es mit der Neugier. Sie ist ein Charakterzug, also eine Eigenschaft, die Menschen mehr oder weniger stark aufweisen und die eine biologische Grundlage hat, welche letztlich genetisch verankert ist. Es gibt also „von Natur aus" mehr oder weniger neugierige Menschen; und zudem bewirkt die Umgebung eine mehr oder weniger starke Förderung dessen, was genetisch schon da ist. Denken wir nur an die flächendecken-den Demotivationskampagnen deutscher Schulen – von schlechten Noten bis zur Aussortierung der Hauptschüler im dritten und vierten Schuljahr. Das Diktum „Du kannst nicht" erstickt kindliche Neugier (siehe unten). Dies macht deutlich, dass es – trotz gegenteiliger Lippenbekenntnisse – nicht weit her ist mit dem Ernstnehmen der kindlichen Neugier in der ge-genwärtigen Bildungslandschaft. Die neurobiologische Grundlagenfor-schung zur Neugier ist nicht zuletzt aus diesem Grund wichtig, könnte sie doch Ausgangspunkt für den Transfer in die Praxis und damit für eine Re-naissance der Neugier in unseren Schulen werden.

Neugier ist nicht immer und automatisch mit Freude und einem lan-gen Leben verknüpft. Nach der griechischen Mythologie öffnete Pandora, die erste auf Befehl von Zeus aus Lehm geschaffene Frau, aus Neugier ein Fass, in dem Zeus die Plagen der Menschheit aufbewahrte, und brachte so vielerlei Übel in die Welt. Der kühne Odysseus wurde für seine Unruhe und Neugier von den Göttern hart bestraft; und auch Adam und Eva wur-den nach der biblischen Überlieferung aufgrund ihrer Neugier aus dem Paradies vertrieben. So mancher Polar-, Dschungel- oder Höhlenforscher bezahlte für seine Neugier mit dem Leben.

Nicht anders geht es manchem heutigen *Sensationssucher* (der im Eng-lischen gebräuchliche Terminus *sensation seeker* hat noch keine anerkannte deutsche Übersetzung), der im Eiswasserfall klettert, am Gleitschirm hängt oder auf dem 200-PS-Motorrad seinen Kick im Ausloten der Grenzberei-che von Schwerkraft und Zentrifugalkraft neugierig sucht. Und weil es im-mer einen noch schwierigeren Eisbruch, eine noch höhere Flugbahn und ein noch schnelleres Motorrad bzw. eine noch engere Kurve gibt, wird die potentiell tödliche Neugier nie gesättigt. Auch aus diesem Grund ist es wichtig, sie besser zu verstehen. Vielleicht kann man sie dann *an Institutionen der Bildung* wieder besser kultivieren![1]

Was aber ist eigentlich Neugier? Der Philosoph könnte beispielsweise mit seinem Kollegen Martin Heidegger sagen, dass die Antwort auf diese Frage nicht zuletzt darin liegt, die Frage besser zu verstehen. Denn die Frage nach der Neugier ist ja selbst eine neugierige Frage. Mit der Neugier ist es also wie mit dem Denken: Man hat immer schon damit angefangen. Denken und Neugier sind auf einen Inhalt gerichtet, sind nicht statisch, sondern in Bewegung (auf etwas hin, das ich noch nicht kenne). Dieses *Auf-etwas-gerichtet-Sein*, das zugleich wesensmäßig noch nicht gekannt ist, macht Neugier aus; und die Freude daran, die den Menschen treibt, sein *Erkenntnisinteresse*, ebenfalls.

Zur Neurobiologie der Neugier

Und genau dieses Erkenntnisinteresse treibt die Neurowissenschaft dazu, die Neugier zu untersuchen (Kang et al. 2009). Wie untersucht man Neugier? – Man kann eine Versuchsperson nicht einfach in den Magnetresonanztomographen legen und sagen: „Nun sei doch mal neugierig!", um dann ein Bild vom Gehirn zu machen. Wie geht man also vor?

Bei der Neugier geht es darum, dass man etwas nicht weiß und es wissen will. Man ist also mehr oder weniger unsicher, ein Sachverhalt ist unbestimmt, und man will etwas mehr oder weniger stark wissen. Anders ausgedrückt: Wenn man nicht unsicher ist, ist man nicht neugierig; und wenn man etwas nicht wissen will, auch nicht. *Unsicherheit* und *Wissen-Wollen* sind damit zwei Aspekte der Neugier, und beide lassen sich *getrennt voneinander* erfassen. Der Kontext, in dem Neugier damit neurowissenschaftlich untersucht wurde, ist nicht der Gleitschirm und auch nicht das Motorrad, sondern – und dies macht die im Folgenden geschilderte neu-

---

1 Von medizinischen Indikationen für oder wider bestimmte Freizeitverhaltensweisen als Antidot gegen explodierende Gesundheitskosten einmal gar nicht zu reden. Wer ein offenes Foramen ovale im Herzen hat, der darf nicht tauchen. Ganz entsprechend könnte man sagen: Wer mit einer Extradosis Neugier genetisch „gesegnet" ist, muss Wissenschaftler werden und bekommt keinen Motorradführerschein.

rowissenschaftliche Studie besonders wichtig – die Schule. Geht es doch
bei der Neugier um nichts weniger als um die Triebfeder dessen, was der
Mensch von allen Lebewesen auf der Erde am besten kann, womit er deswegen auch seine meiste Zeit verbringt und was er ohnehin am liebsten
macht: Lernen!

Neunzehn Studenten lagen im MR-Tomographen und sahen jeweils
eine von 40 mehr oder weniger interessanten Fragen zum Allgemeinwissen: „Welches Musikinstrument wurde entwickelt, um wie die menschliche Singstimme zu klingen?" oder „Wie heißt die Galaxie, in der unsere
Erde liegt?" Dann sollten sie zunächst auf einer Skala von eins bis sieben
angeben, wie neugierig sie auf die Antwort waren. Danach sollten sie angeben, wie sicher sie die Antwort wussten – von 0% (weiß gar nichts) bis
100% (weiß es sicher). Daran anschließend wurde ihnen die Wissensfrage
noch einmal gezeigt und dann sahen sie die Antwort. Nach dem Scannen
mussten sie dann noch ihre jeweils vorher vermuteten Antworten auf die
Fragen aufschreiben.

In einem zweiten Experiment mit 16 anderen Studenten wurde das
Ganze noch einmal wiederholt, diesmal ohne Scanner, aber mit einem
Messgerät für die Weite der Pupillen zur Bestimmung der Aktivierung des
vegetativen Nervensystems. Diese Studenten wurden nach der ganzen Prozedur mit der Bitte überrascht, in ein bis zwei Wochen noch einmal ins Labor zu kommen, um ihre Gedächtnisleistung zu bestimmen: Es wurden
ihnen alle Fragen noch einmal gestellt, und sie erhielten 25 Cent für jede
richtige Antwort.

Ein drittes Experiment an insgesamt 30 anderen Studenten untersuchte den Zusammenhang zwischen Neugier und Belohnung. Wieder
war alles wie gehabt, aber zehn der Studenten bekamen vor Beginn des Experiments halb so viele Münzen wie sie anschließend Fragen gestellt bekamen. Damit konnten sie für das Anzeigen der richtigen Antworten
(nachdem sie zunächst raten mussten) bezahlen. Die anderen 20 Studenten bekamen keine Münzen, sondern mussten entweder auf die Anzeige
der richtigen Antwort fünf bis 25 Sekunden warten, oder sie konnten die
Antwort überspringen und die nächste Frage abrufen. Die Idee hinter beiden Experimenten: Wenn die Probanden neugierig sind, bezahlen die
Münzbesitzer für die Anzeige der Antwort bzw. die der anderen Gruppe

sind bereit, auf die Antwort zu warten. Wenn sie nicht neugierig sind, bezahlen oder warten sie nicht. In beiden Fällen wird also (über die Bereitschaft zu bezahlen oder zu warten) das Wissen-Wollen gemessen.

Die Analyse der Daten zeigte Areale des Gehirns, die mit Neugier in Zusammenhang stehen: *Beim Stellen der Frage* sind gedächtnisrelevante Strukturen (u.a. im Bereich von Frontalhirn, „Streifenkörper" und Hippocampus) aktiver, wenn man auf die Antwort neugierig ist, als wenn man das nicht ist. *Bei der Anzeige der Antwort* sind diese für Lernen und Gedächtnis zuständigen Bereiche des Gehirns dann viel stärker aktiviert, wenn die Probanden zuvor *falsch* geraten hatten. Dieser Effekt wiederum war vom Ausmaß der Neugier abhängig: *Gedächtnisareale sind beim Merken der Lösung umso aktiver, je neugieriger man gerade auf die Antwort ist.* Hatten die Probanden zuvor bereits die richtige Antwort gegeben, zeigte sich kein Zusammenhang der Aktivierung dieser Areale mit der Neugier.

Es ist eine Sache zu zeigen, dass durch Neugier Bereiche des Gehirns aktiviert werden, die mit Lernen und Gedächtnis in Zusammenhang stehen, und eine andere zu zeigen, dass Neugier tatsächlich zu besserem Lernen führt. Hierzu diente das zweite Experiment, bei dessen Auswertung nachgewiesen wurde, dass größere Neugier tatsächlich zu besserem Behalten führt: Man teilte die Fragen je nach Ausmaß der von den Probanden berichteten Neugier in drei Gruppen mit geringer, mittlerer und hoher Neugier ein. Der Anteil der korrekt behaltenen richtigen Antworten betrug 37, 52 bzw. 66% und war damit signifikant verschieden (Abb. 9.1): Je neugieriger man war, desto besser war die Gedächtnisleistung. Zudem wurde gezeigt, dass Neugier bereits mit einer Vergrößerung der Pupille vor der richtigen Antwort (und auch danach) einhergeht. Eine Pupillenvergrößerung zeigt neben erwarteter Belohnung auch Aktivierung, Aufmerksamkeit, Interesse und kognitiven Aufwand an – also Prozesse, die Lernen beschleunigen. Das dritte Experiment zeigte schließlich, dass Neugier einen direkten belohnenden Effekt hat: Je neugieriger die Probanden waren, desto eher bezahlten sie für die richtige Antwort bzw. desto länger warteten sie auf die richtige Antwort.

Insgesamt ergibt sich damit ein neurobiologisches Bild der Neugier, das sie in einen klaren Zusammenhang mit Lernen, Erwartung und Belohnung stellt: Ereignisse der Umgebung (Fragen) triggern in unterschiedlichem Ausmaß die Neugier, d.h. die Suche nach Information. Diese

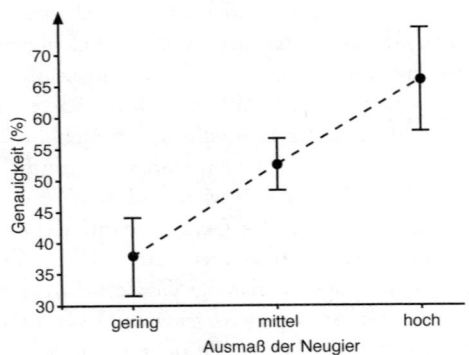

9.1 Prozentualer Anteil der erinnerten Lösungen im Gedächtnistest nach zwei Wochen in Abhängigkeit von der subjektiv berichteten Neugier bei denjenigen Aufgaben, die von der jeweiligen Versuchsperson zunächst falsch beantwortet worden waren (aus Kang et al. 2009, S. 969, Abb. 4b).

Information bekommt dadurch belohnenden Charakter. Hierdurch wird das im vergangenen Kapitel beschriebene Glücks- bzw. Lernsystem aktiviert, das seinerseits für eine bessere Einspeicherung der Antwort sorgt und damit ihr besseres langfristiges Behalten sichert. Der ganze Vorgang läuft dann ab, wenn die erwartete Antwort nicht eintritt, sondern eine neue, andere Antwort von der Umgebung als Input geliefert wird. Dann wird gelernt!

10 Selbstbild und Leistungsbereitschaft

Kapitel 8 machte die Bedeutung von Emotionen für rasches Lernen deutlich, und in Kapitel 9 waren die positiven, gespannten, neugierigen Erwartungen Thema. Wie bedeutsam solche Gefühle sind, insbesondere die Gefühle des Lernenden im Hinblick auf sich selbst, wird im Folgenden anhand einiger neuerer Studien diskutiert. Zudem geht es hier um die emotionale, innere Einstellung gegenüber dem Lernen. Wie wichtig diese innere Einstellung beim Lernen ist, zeigt sich zudem an den Auswirkungen der inneren Bereitschaft zum Lernen auf die tatsächliche Leistung. Wenn man die innere Einstellung zur Leistung misst und damit für den Lernenden deutlich macht, wird nicht nur die Bereitschaft zur Leistung größer, sondern auch die Leistung selber.

Schlechtes Selbstbild – schlechte Leistung

Wenn jemand von sich glaubt, dass er irgendetwas nicht kann, dann steigt die Wahrscheinlichkeit, dass er tatsächlich versagt. Ein schlechtes Selbstbild führt somit zu seiner eigenen Bestätigung, was durch eine kanadische Studie (Dar-Nimrod & Heine 2006) gerade im Hinblick auf einen praktisch sehr wichtigen Anwendungsfall eindrücklich gezeigt wurde. Die Autoren gingen der Frage nach, welche Auswirkungen ein negatives Vorurteil gegenüber eigener mathematischer Begabung bei jungen Frauen auf deren Leistung in einem Mathematiktest hat. 133 Studentinnen im Durchschnittsalter von knapp 21 Jahren absolvierten zunächst einen Mathematiktest und mussten dann eine Aufgabe zum Verständnis eines Texts lösen, bevor ein zweiter Mathematiktest durchzuführen war. Der zu lesende jeweils fiktive Text war der wesentliche Teil des Experiments, denn er wurde

vierfach variiert, so dass entweder geschlechtsspezifische Vorurteile aktiviert wurden oder nicht (vgl.Tabelle 10.1).

Tabelle 10.1 Bedingungen des Experiments von Dar-Nimrod & Heine und deren
Verbalisierung (nach Dar-Nimrod & Heine 2006, Supporting Online Material
S. 3–4).

Bedingung (Kürzel)	Beschreibung des Textes
Keine Geschlechter-unterschiede (KU)	Eine Analyse in verschiedenen Ländern ergab, dass Männer und Frauen in Mathematiktests gleich gut abschnitten.
Standardvorurteil (S)	Die Rolle des weiblichen Körpers in der Kunst wurde in Bezug zur weiblichen Identität diskutiert.
Erfahrung (E)	Männer sind 5% besser in Mathematiktests als Frauen, weil Lehrer an Jungen im Grundschulalter höhere Erwartungen stellen.
Genetik (G)	Männer sind 5% besser in Mathematiktests als Frauen, weil auf dem Y-Chromosom bestimmte Gene lokalisiert sind.

Es zeigte sich Folgendes: Wenn Frauen einfach nur darüber nachdenken, was traditionelle Weiblichkeit bedeutet oder gar, welche Rolle die Genetik bei mathematischer Begabung spielt (für Mathematik braucht man
ein Y-Chromosom, das Frauen nicht haben), wird ihre Leistung in Mathematik schlechter (vgl. Abb. 10.1).

Die Erklärung hierfür ist im Gunde klar und einfach: Negative Urtei-
le über sich selbst führen zu Hilflosigkeit und damit zu Angst und Stress.
Beides wirkt sich in Prüfungen auf die Leistungsfähigkeit aus, kurzfristig
als Angst und langfristig als chronische Stressreaktion. Wie oben bereits
dargestellt, blockiert Angst die Kreativität. Und chronischer Stress kann
zudem zu verstärktem Absterben von Nervenzellen führen, und zwar genau dort, im Hippocampus, wo man Nervenzellen dringend zum Speichern wichtiger neuer Informationen braucht.

Was machen Wissenschaftler, wenn sie ein solch wichtiges und möglicherweise für die Praxis überaus relevantes Ergebnis beobachten? Sie bezweifeln zunächst einmal ihre eigenen Daten und wiederholen das

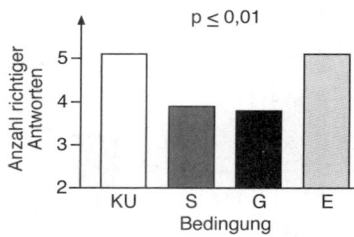

10.1 Abschneiden in einem Mathematiktest in Abhängigkeit vom zuvor experimentell aktualisierten Vorurteil: Wenn die Studentin glaubt, dass es keine Geschlechterunterschiede im Hinblick auf die Leistungsfähigkeit in Mathematik gibt (Bedingung KU) oder dass diese Unterschiede auf bestimmte Erfahrungen (Bedingung E) zurückgehen, hat dies ein besseres Abschneiden zur Folge. Sind hingegen negative Vorurteile im Spiel (entweder nichts weiter als thematisierte „Weiblichkeit" oder genetische Benachteiligung des weiblichen Geschlechts im Hinblick auf mathematische Fähigkeiten; Bedingungen S und G), fällt die Leistung signifikant ($p < 0{,}01$) schlechter aus (nach Dar-Nimrod & Heine 2006, S. 435).

Experiment, um die Stabilität des Ergebnisses nachzuweisen. Eine mit etwas abgewandelter Methodik durchgeführte Replikationsstudie an weiteren 92 Studentinnen im Durchschnittsalter von 20,4 Jahren erbrachte letztlich das gleiche Ergebnis: Je nach Vorurteil waren die Leistungen unterschiedlich (Abb. 10.1). Wenn Frauen also einfach nur darüber nachdenken, was traditionelle Weiblichkeit bedeutet oder welche Rolle die Genetik bei mathematischer Begabung spielt, wird ihre Leistung in Mathematik schlechter.

Unbewusst ablaufenden Prozessen sind wir nicht ausgeliefert wie Sklaven ihrem Herrn. Allein schon das Wissen um solche Prozesse verringert ihre Effekte oder hebt ihre Wirkungen ganz auf. Man kann daher davon ausgehen, dass bereits die Verbreitung und Diskussion der Ergebnisse solcher Studien die ungünstigen Auswirkungen negativer Vorurteile auf die Leistungsfähigkeit abmildern können. Vielleicht ist es daher auch kein Zufall, dass eine neuere Analyse von Daten zur Leistung in Mathematik

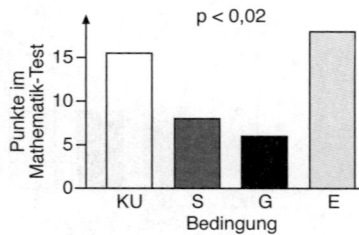

10.2 Abschneiden in einem anderen Mathematiktest in Abhängigkeit vom zuvor experimentell aktualisierten Vorurteil (Kürzel aus Abb. 10.1 und Tabelle 10.1) in einer im Vergleich zum Ursprungsversuch anderen Stichprobe weiblicher Studenten: Die schlechteren Leistungen in den Bedingungen S und G waren erneut überzufällig (jeweils mit p < 0,02; nach Dar-Nimrod & Heine 2006, S. 435).

von Schülerinnen der elften Klasse aus zehn Bundesstaaten der USA erstmals seit Beginn solcher Untersuchungen keine Unterschiede mehr zu den Jungen zeigte (Hyde et al. 2008).

Sofern sich also herumspricht, dass Mädchen nur dann schlecht in Mathematik sind, wenn man es ihnen vorher einredet, sollte dies aufhören; und selbst dann, wenn es nicht völlig aufhört, sollten die Mädchen resistenter gegenüber solcherlei negativen Vorurteilen sein. Angesichts der enormen Bedeutung des Selbstvertrauens und der Selbstwirksamkeit für das Lernen stellt sich an dieser Stelle die Frage, ob sich Vorurteile nicht auch positiv auswirken können. Mit anderen Worten: Die gerade diskutierte Studie zeigt, dass man jemanden „schlecht reden" kann. Geht es auch umgekehrt?

Ja, ich kann!

Ja, es geht auch umgekehrt! In den USA betreffen negative Gruppenstereotype nicht nur das weibliche Geschlecht, sondern vor allem die Zugehörigkeit zu bestimmten Volksgruppen und die damit verbundenen Rassenvorurteile. Sehr viele Amerikaner afrikanischer Herkunft glauben bekanntermaßen von sich selbst, dass sie vergleichsweise weniger intelligent, weniger motiviert und eher gewaltbereit seien. Oder sie nehmen zumindest an, dass die Anderen das glauben. Dies führt zu Gefühlen der Bedrohung und der Insuffizienz, zu Angst und Stress, vor allem dann, wenn intellektuelle Leistungen gefordert werden.

Dass derartige Vorurteile und ihre ungünstigen Auswirkungen wirksam bekämpft werden können, zeigt eine langfristig angelegte Studie (Cohen et al. 2006, 2009). Im Rahmen dreier Feldexperimente an insgesamt 416 Schülern von siebten Klassen (in drei aufeinander folgenden Jahrgängen) wurde die Wirksamkeit einer positiven Einstellung gegenüber sich selbst untersucht. Die Bedeutung dieser Studie liegt nicht nur in ihren Ergebnissen, sondern auch in ihrer Methodik, denn es handelte sich um eine kontrollierte, randomisierte Studie im Längsschnitt (über zwei Jahre hinweg) mit Wiederholungsmessungen. Das macht richtig viel Arbeit! Aber die Ergebnisse sind bemerkenswert und rechtfertigen den Aufwand allemal.

Im Einzelnen ging man wie folgt vor: Relativ zu Beginn des jeweiligen Schuljahres, also bereits im Herbst, erhielten die Schüler während einer Schulstunde einen verschlossenen Briefumschlag mit schriftlichen Erklärungen zu einer Art Prüfung, die in einer schriftlichen Ausarbeitung von Fragen bestand. Es ging um „Deine Ideen, Deine Meinungen und Dein Leben", wurde den Schülern mitgeteilt. „Konzentriere Dich auf Deine Gedanken und Gefühle und mach Dir über Rechtschreibung, Grammatik oder wie gut das Ganze geschrieben ist, keine Sorgen". Den Schülern wurde also gesagt, dass es bei dieser Prüfung nicht um richtige oder falsche Antworten geht.

Die schriftlich zu erledigende Aufgabe dauerte etwa 15 Minuten. In beiden Bedingungen, also in der Vergleichsgruppe (zur Kontrolle) und in der eigentlichen Experimentalgruppe, fanden die Schüler jeweils eine Liste von Werten vor (vgl. Tabelle 10.2).

Die Schüler der *Experimentalgruppe* sollten denjenigen Wert aus der Liste auswählen, der ihnen am wichtigsten war und danach einen kurzen Text dazu zu schreiben. Es galt, folgende Fragen zu beantworten: „Warum hat der ausgewählte Wert für Dich eine große Bedeutung?" – „Was möchtest Du tun, damit Du dieses Ziel in der nächsten Zeit auch erreichst?"

Die Schüler der *Vergleichsgruppe* erhielten dagegen eine andere Aufgabe: „Suche Dir den Wert heraus, der Dich am wenigsten interessiert. Schreibe auf, warum sich ein anderer Schüler wohl dafür interessiert und was dieser Schüler zu tun gedenkt, um seine Ziele zu erreichen". Beispielsweise könnte ein Schüler sich überlegt haben, dass Jonny damit angefangen hat, sich für Gitarren zu interessieren, für Jonny also Musik wichtig ist und er daher Unterricht im Gitarrenspiel nehmen möchte. Die Schüler der Vergleichsgruppe schrieben also auch über Werte und Ziele, es ging jedoch nicht um *sie selber*!

Tabelle 10.2 Liste der Werte, über die sich die Schüler Gedanken machen konnten, warum der von ihnen ausgewählte Wert für sie eine große Bedeutung hat (Experimentalgruppe). Die Schüler der Vergleichsgruppe wurden gebeten, darüber zu schreiben, warum der von ihnen ausgewählte, sie am wenigsten interessierende Wert vielleicht für jemand anderen von Bedeutung sein könnte (nach Cohen et al. 2006).

Sportliche Fähigkeiten
Künstlerische Fähigkeiten
Schlau sein und gute Noten haben
Kreativ sein
Unabhängig sein
Im gegenwärtigen Moment leben
Teil einer Gruppe zu sein (Gemeinde, Klasse, Schulclub)
Musik
Politik
Beziehung zu Freunden oder zur Familie
Religiöse Werte
Sinn für Humor

Zur Auffrischung wurde diese Maßnahme während des Schuljahres insgesamt viermal durchgeführt; was nicht weiter störte, denn sie dauerte ja nicht sehr lange. Gemessen wurden dann die Schulnoten, und zwar der Durchschnitt in den Zeugnissen am Ende des Schulhalbjahres, am Ende des ganzen Schuljahres sowie am Ende des nächsten (achten) Schuljahres, also knapp zwei Jahre später. Hierbei zeigte sich ein deutlicher Unterschied zwischen beiden Gruppen (Abb. 10.3).

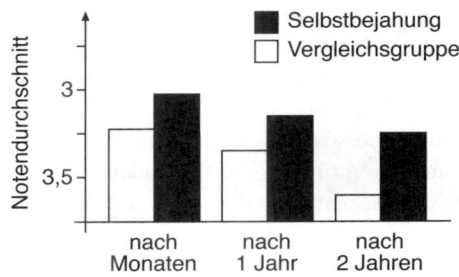

10.3 Notendurchschnitt aus den Schulnoten in der siebten Klasse, einige Wochen nach Beginn der Intervention (links), am Ende der siebten Klasse (Mitte) sowie am Ende der 8. Klasse (rechts). Die Unterschiede zwischen den Gruppen waren jeweils signifikant (nach Cohen et al. 2009).

Von besonderer Bedeutung ist, dass im Wesentlichen die unterdurchschnittlichen Schüler afrikanischer Abstammung von der Maßnahme profitierten, also diejenigen, die man auch als Risikoschüler bezeichnen kann: Teilte man nämlich die Schüler afrikanischer Abstammung nach ihrer vorherigen Leistung in jeweils die bessere und die schlechtere Hälfte, so zeigte sich, dass die Leistungen der leistungsschwächeren Schüler durch die Maßnahme günstig beeinflusst wurden und dass dieser Profit über zwei Jahre hinweg stabil blieb bzw. sogar zunahm. Es kam zu einer etwa 40%-igen Verminderung der Unterschiede in der schulischen Leistung bei den Afroamerikanern im Vergleich zu den Amerikanern europäischer Abstammung. Mit anderen Worten: Allein durch eine vergleichsweise kurzzeitige (d.h. eher „gering dosierte") Maßnahme zur Verminderung der negativen Vorurteile gegenüber sich selbst konnte man deren ungünstige Auswirkungen auf die Schulleistungen sehr deutlich vermindern. Es zeigte sich ferner, dass in der Experimentalgruppe nicht nur die Leistungen in einem einzelnen Fach, sondern die schulischen Leistungen insgesamt deutlich verbessert wurden.

Weitere Analysen legen die folgende Überlegung nahe: Die Intervention der Selbstbejahung durchbricht den Teufelskreis aus negativen Vorurteilen, negativem Selbstbild, Angst und Stress und den dadurch bedingten tatsächlich schlechten Leistungen. Der Gedanke „Ich gehöre zu denen, die nichts können" führt zu schlechten Leistungen, was wiederum zu einer Verstärkung der negativen Vorurteile führt, was wiederum schlechtere Leistungen bewirkt. Gelingt es frühzeitig, ein negatives Selbstbild durch *aktive Selbstbejahung* zu durchbrechen, kommt es zu besseren Leistungen und damit zu einer Minderung der Vorurteile, was sich wiederum günstig auf weitere Leistungen auswirkt. Es wird somit einer Abwärtsspirale entgegengewirkt, die ansonsten zu einer zunehmenden Vergrößerung des Leistungsunterschieds zwischen den afroamerikanischen und den weißen Schülern führt.

Dass insbesondere die schwachen Schüler von der Selbstbejahung profitieren konnten, zeigte sich auch noch an einem anderen wichtigen Detail, dem Sitzenbleiben! Der Anteil der Sitzenbleiber unter den afroamerikanischen Schüler betrug in der Untergruppe der unterdurchschnittlichen Schüler in der Vergleichsgruppe 18%, in der Selbstbejahungsgruppe dagegen nur 6%. Das einfache Durchbrechen des negativen Selbstbildes konnte also die Quote der Sitzenbleiber auf ein Drittel senken! Wir hatten oben bereits gesehen, was Wissenschaftler tun, wenn sie interessante und wichtige Ergebnisse produzieren: Sie machen alles noch einmal, um sicher zu sein. So auch in diesem Fall. Mit Schülerkohorten aus weiteren Jahrgängen wurde das Experiment wiederholt, wobei man eine kleine Änderung einführte: Der Wert „schlau sein und gute Noten haben" wurde aus der Liste der Werte, aus denen einer auszusuchen war, gestrichen. Man könnte nun meinen, dass diese Änderung die Ergebnisse der Studie wesentlich beeinträchtigen würde, denn schließlich wurden ja die Noten als Erfolgskriterium im Experiment herangezogen. Dies war jedoch nicht der Fall.

Die Selbstbejahung muss sich also *nicht* auf den Wert „schlau sein und gute Noten haben" beziehen, um einen positiven Effekt auf die schulischen Leistungen zu haben. Vielmehr springt der Funke, wie man so sagen könnte, gleichsam von einem Bereich auf einen anderen über, d.h. die Selbstbejahung (und damit der Abbau negativer Vorurteile gegenüber sich selbst) wirkt ganz allgemein im Sinne einer Verminderung von Angst und Stress, aber auch im Sinne positiver Erwartungen und einer damit erhöhten Leistungsbereitschaft (vgl. Keizer et al. 2008; Williams & DeSteno 2009).

Die Studie von Cohen belegt damit die Bedeutung von positiven, selbstbejahenden Erlebnissen ganz allgemein und zeigt, wie schädlich ein zwanghaftes Herumreiten auf den Schwächen junger Menschen ist: Wer immer nur erfährt, was er *nicht* kann, der wird langfristig nicht das Vertrauen zu sich selber aufbauen, das er braucht, um auch komplizierte Situationen und Anforderungen zu meistern.

Die beschriebenen Studien sind nicht zuletzt deswegen von besonderer Bedeutung, weil sie *methodisch* sehr gründlich durchgeführt wurden und klare Effekte nachweisen können. Ein negatives Selbstbild („Ich kann nicht") führt zu schlechten Leistungen, und umgekehrt können gelegentliche kleine, aber ernsthaft erfolgende Episoden der Selbstbejahung zu einer Art Dominoeffekt führen, d.h. langfristig anhaltende positive Wirkungen auf die Schulleistung haben und damit die Spirale der negativen Selbstbewertung und daraus folgender negativer Leistungen (und daraus wiederum folgender negativer Selbsteinschätzung) durchbrechen. Es kann – ohne großen Aufwand! – zu einer Aufwärtsspirale kommen, zu besseren Leistungen, in Folge zu einem besseren Selbstbild und damit zu nachhaltig besseren Leistungen. Dabei muss die Selbstbejahung nicht einmal den Bereich betreffen, um den es leistungsmäßig geht. Vielmehr ist darauf zu achten, dass sie einen Bereich betrifft, welcher *der betreffenden Person wichtig* ist.

Leistungsbereitschaft

Der Zusammenhang von Anstrengung und Leistungsbereitschaft mit tatsächlicher Leistung wird im Folgenden zunächst beispielhaft anhand des

Sportunterrichts dargestellt. Dies hat methodische Gründe, lassen sich doch in diesem Bereich sowohl die Leistung als auch die Leistungsbereitschaft ganz eindeutig und klar messen.

Der an der *Harvard Medical School* tätige Psychiater *John Ratey* beschrieb bemerkenswerte Veränderungen durch die Einführung von körperlicher Fitness als Schulfach im Schuldistrikt von Naperville im Staat Illinois (Ratey 2008). Dort waren nach Abschluss dieser Maßnahme gerade noch einmal 3% der Schüler im zweiten Jahr der High-School übergewichtig, d.h. der Anteil betrug nur noch ein Zehntel des nationalen Durchschnitts von 30%. Die Bewegung wirkte sich jedoch nicht nur auf den Körper der Jugendlichen aus, sondern auch auf deren Geist: In der internationalen Vergleichsstudie *TIMSS* (1999) lagen die Leistungen der Schüler von Naperville (achte Klasse) nicht nur deutlich über dem nationalen Durchschnitt, sondern belegten im weltweiten Vergleich in Mathematik die sechste Stelle und in den Naturwissenschaften den ersten Platz.

Der Umstand für diese Veränderung in Naperville war die Einführung eines morgendlichen Bewegungstrainings, bei dem die Schüler Pulsuhren trugen und darauf achten mussten, für eine festgelegte Strecke ihren Puls bei 80 bis 90% der maximalen Herzfrequenz zu halten. Bewertet wurde also nicht, wer beispielsweise die Meile am schnellsten lief, sondern vielmehr, wem es gelang, die Meile so zu laufen, dass der eigene Puls über einem bestimmten, für ihn individuell jeweils festgelegten Wert lag. Die zentrale Grundidee war, dass die Schüler nicht danach bewertet werden sollten, wie schnell sie laufen, sondern danach, wie sehr sie sich angestrengen.

Bekanntermaßen soll auch hierzulande die Leistungsbereitschaft in der Bewertung sportlicher Leistungen im Bereich der Schule eingehen. Das Problem ist jedoch, Leistungsbereitschaft objektiv zu erfassen. Dies sei anhand eines Beispiels erläutert: Ein sehr sportlicher Schüler bringt überall sehr gute Leistungen und hätte nach diesen objektiven Maßen eine Eins verdient. Der Lehrer bemerkt jedoch, dass er sich infolge seines sportlichen Talents im Grunde kaum Mühe gibt und seine Leistungen letztlich auf nur geringer Anstrengungsbereitschaft beruht. Gibt der Lehrer nun einem solchen Schüler nur die Note Zwei, wird er sich heftiger Kritik aussetzen, denn sein Urteil „dieser Schüler gibt sich nicht wirklich Mühe" liegt vermeintlich im Bereich des persönlichen, „nur subjektiven" Eindrucks. Stellt der gleiche Lehrer bei einem anderen Schüler fest, dass dieser infolge eines geringen sportlichen Talents nur durchschnittliche Leistungen erbringt, sich dabei jedoch sehr stark bemüht, und gibt der Lehrer diesem Schüler dann aus diesem Grunde keine (seinen objektiven Leistungen entsprechende) Drei, sondern eine Zwei, so wird sich der Lehrer erneut der Kritik aussetzen, er behandle seine Schützlinge ungerecht.

Welcher Lehrer setzt sich schon freiwillig gerne Kritik aus? „Sie haben eben ihre Lieblinge" – das hört kein Lehrer gerne. Weil also die Bereitschaft zur Anstrengung in vielen Fällen nicht objektiv messbar ist, soll sie zwar in die Bewertung beim Sportunterricht eingehen, dies geschieht jedoch aus Gründen der mangelnden Objektivierbarkeit von „Anstrengung" nicht. Oder anders: Wie schnell einer läuft und wie hoch einer springt, lässt sich leicht messen. Daher wird dies benotet. Wie sehr sich jemand anstrengt, lässt sich nicht messen, und daher wird es nicht benotet.

Im Prinzip ist es jedoch möglich, die Leistungsbereitschaft im Sport zu messen, wie das Beispiel der Schulen von Naperville zeigte: Man bestimmt für jeden Schüler die maximale Herzfrequenz und legt dann fest, dass derjenige eine Eins bekommt, der beispielsweise 15 Minuten lang eine durchschnittliche Pulsfrequenz von 80 bis 90% seiner maximalen Pulsfrequenz während seines Bewegungstrainings erreicht. Es spielt dabei keine Rolle, ob er die Meile in neun oder in elf Minuten läuft. Wichtig ist, wie sehr er sich – objektiv messbar – angestrengt hat. Auf diese Weise kann im Prinzip jeder Schüler eine Eins im Sport bekommen, wenn er sich nur entsprechend bemüht.

Interessant ist, was geschieht, wenn man eine solche Strategie tatsächlich an Schulen anwendet: Die Schüler strengen sich plötzlich an, und genau dadurch werden *alle* im Laufe der Zeit *in ihren Leistungen* besser. Sie lernen damit in einem ganz bestimmten Bereich (sportliche Aktivität und Bewegung), *dass Anstrengung tatsächlich einen Effekt auf Leistung hat.* Manche werden es in diesem Bereich zum ersten Mal lernen, wieder andere werden überhaupt zum ersten Mal lernen, dass Anstrengung positive Effekte nach sich zieht. Dies wirkt nicht nur kurzfristig, sondern vor allem langfristig: Die gleiche Leistung fällt den Schülern immer leichter. Sie erleben selbst, wie sie besser werden, erleben also *Selbstwirksamkeit.*

Selbstwirksamkeit

Nicht nur im Sport kann man Selbstwirksamkeit erfahren; auch in der Musik geschieht dies dauernd, ganz nebenbei, und hat dennoch wesentliche Auswirkungen auf die Bildungsbiographien der musizierenden jungen Menschen. Machen wir ein Gedankenexperiment: Wir bilden zwei Gruppen von Schülern, die einen spielen ein Instrument, die anderen nicht. Man kann nun messen, was man will, die Instrumentalisten sind besser. Warum? Aus genau dem Grund, der gerade Thema ist. Wer ein Instrument lernt, der bemerkt sehr rasch, dass er besser wird, wenn er sich Mühe gibt. Übung macht den Meister, das erfährt jeder, der schon einmal wirklich geübt hat – was auch immer. Und an einem Musikinstrument hört man sofort, wenn man besser wird (wie im Sport auch), man braucht niemanden, der es einem sagt. Die bessere Leistung, der schönere Klang oder die reibungslos runde Melodie springen sofort ins Ohr.

Wie die Studie von Cohen und Mitarbeitern sehr schön zeigen konnte, generalisiert solches Erleben: Man merkt, dass es geht, in irgendeinem Bereich, und probiert es in anderen Bereichen. Und ist plötzlich erfolgreich. Nicht zuletzt aus diesem Grunde ist es so wichtig, dass Kinder und Jugendliche nicht nur die Schule besuchen, sondern auch anderen außerschulischen Aktivitäten nachgehen. Sie lernen dort, wenn es gut geht, Selbstwirksamkeit und Selbstbejahung. Leider sind die Chancen, dass sie dies in der Schule lernen, gerade hierzulande nicht besonders gut.

Dabei konnte gerade auch in deutschen Studien für den Bereich der Schule nachgewiesen werden, dass die Belohnung von Anstrengung (und erst später die Belohnung von Leistung) einen fördernden Effekt auf die Leistungsfähigkeit von Schülern hat (Dresel & Ziegler 2006). Vermittelt wird dieser Effekt über Selbstwirksamkeit (die Autoren sprechen vom „Fähigkeitsselbstkonzept"), also über Gedanken zum eigenen Können.

Dank der erhöhten körperlichen Fitness und des damit einhergehenden reduzierten Körpergewichts fühlten sich die Schüler in Naperville auch wohler. Dies wiederum wurde reflektiert und zeigte den Schülern am Beispiel ihres eigenen Körpers, wie wichtig körperliche Ertüchtigung für das Wohlbefinden ist. Daher wurde in Naperville parallel zum Training auch ein Edukationsprogramm durchgeführt, das den Schülern erklärte, wie Bewegung funktioniert und was bei Bewegung geschieht. Es wurde vermittelt, dass körperliche Bewegung nicht nur Muskeln, Gelenke, Herz und Kreislauf fit halten, sondern eben auch das Gehirn.

11 Persönlichkeits-Bildung

Fassen wir zunächst die Erkenntnisse aus den letzten Kapiteln zusammen: Das Gehirn des Säuglings ist noch sehr unausgereift. Die beim Menschen im Gegensatz zu anderen Arten daher so auffällige Nachreifung des Gehirns nach der Geburt betrifft vor allem den *frontalen Kortex*, in dem die höchsten geistigen Tätigkeiten des Menschen ablaufen: Denken, komplexe Strukturen, abstrakte Regeln, von der *Persönlichkeit* bis hin zu kulturellen Normen und *Werten*.

Der frontale Kortex ist in die Informationsverarbeitung anderer Hirnteile auf ganz bestimmte Weise eingebunden. Er sitzt gewissermaßen „über" den einfacheren Arealen. Der Gegenstand seiner Arbeit ist damit nicht „die Welt draußen", sondern das, was im Gehirn selbst vorgeht. Das Frontalhirn hat somit als Eingabe die Ausgabe anderer Verarbeitungsmodule (nicht Sinnesreize aus der Welt) und bildet auf diese Weise interne Regelhaftigkeiten der neuronalen Aktivität einfacherer Areale noch einmal im Gehirn ab; es geht dem Frontalhirn also um Regeln von Regeln. Dies alles geschieht zum Zweck der Steuerung und Kontrolle von Aktionen, von Handlungen, mit denen das Gehirn – nachdem es Input von den Sinnen erhalten und verarbeitet hat – auf die Außenwelt reagiert bzw. in sie eingreift.

Betrachten wir hierzu noch einmal Abbildung 6.3: Das Kind sieht Süßes und reagiert mit Essen bzw. dem Wunsch danach. Der Erwachsene hingegen hat viel über die Welt und deren komplexe Zusammenhänge gelernt. Damit dieses Wissen handlungsrelevant werden kann, muss es in Handlungen einbezogen werden können. Hierzu bedarf es nicht nur seiner Aktualisierung durch assoziative Prozesse (man denkt beim Anblick von Sahnetorte nicht nur an ihren Geschmack, sondern auch an das eigene Übergewicht), sondern vor allem auch der *Aufrechterhaltung* dieser Aktivierung, so dass sie für das Handeln wirksam werden kann. Ich denke also an meine Figur, rufe diätetisches Wissen ab, halte auch dieses bis zum Ende der Handlung aktiviert und bin dadurch in der Lage, nicht durch die Sinne gesteuert, sondern gesteuert von meinem Wissen und meiner Erfahrung zu handeln.

Wie jeder weiß, bedarf es hierzu der Selbstdisziplin, und hiervon haben die einen mehr und die anderen weniger. Es handelt sich hierbei also um eine Eigenschaft einer Person; die Gesamtheit solcher Eigenschaften bezeichnet man als Persönlichkeit. Auch die Intelligenz ist Eigenschaft einer Person, man hat sich jedoch – zumindest in Kreisen von Wissenschaft und Forschung – entschieden, dass man sie nicht zur Persönlichkeit hinzunimmt, sondern sie als eigenständige Eigenschaft einer Person, *neben der Persönlichkeit*, zu verstehen.[1]

Neben der Selbstdisziplin, die in der Persönlichkeitsforschung auch als Gewissenhaftigkeit bezeichnet wird (man kann auch von Verantwortungsbewusstsein sprechen), gibt es noch vier weitere Eigenschaften, die aufgrund vieler Forschungsergebnisse als relativ stabile Merkmale von Personen (und damit von Persönlichkeit) identifiziert wurden (Tabelle 11.1): die emotionale Stabilität, die Verträglichkeit (Empathie, Mitgefühl), die Offenheit für Neues und die Schüchternheit (bzw. deren Gegenteil, die durchsetzungsfähige Gesprächigkeit).

Zwillingsstudien haben gezeigt, dass diese Merkmale zum Teil vererbt sind. Sie unterliegen aber auch den Einflüssen der Umwelt[2], werden also auch durch die Lebenserfahrung der Menschen geformt. Selbst wenn es auf den ersten Blick so scheint, als gäbe es in allen fünf Fällen eine positive und eine negative Richtung der Merkmalsausprägung, so ist dies bei genauer Betrachtung nicht so einfach: Lauter extrovertierte Menschen sind schwer erträglich, lauter schüchterne ebenso. Offenheit für Neues ist eine schöne Eigenschaft, solange sie nicht in Sensationslust ausartet bzw. den

---

1 Weil sonst Verwirrung entsteht, muss dies hier klar gesagt werden. Intelligenz ist natürlich auch eine Eigenschaft einer Person. Aber aus bestimmten historischen und systematischen Gründen wird sie nicht in der Persönlichkeitsforschung untersucht, zählt auch nicht zum „Charakter" oder „Temperament", sondern bezieht sich nur auf die Problemlösefähigkeit.

2 Man hat die erbliche Merkmalsausstattung einer Person auch als deren *Temperament* bezeichnet und dem, was durch die Lebenserfahrung konkret daraus entsteht – dem *Charakter* – gegenübergestellt.

permanent nach dem nächsten Mega-Kick suchenden Menschen den Tod bringt. Auf den britischen Psychiater Max Hamilton geht die Beobachtung zurück, dass die Piloten von Kampfflugzeugen im Zweiten Weltkrieg – im Gegensatz zu den Bomberpiloten, die nur ihre Bombe abwerfen wollten – schon morgens unbarmherzig in ihren Flugzeugen saßen und darauf brannten zu töten. Und er bemerkt hierzu, dass man diese Menschen, die in Kriegszeiten als Helden verehrt wurden, in Friedenszeiten überhaupt nicht mehr braucht (und viele von ihnen in Gefängnissen sitzen).

Tabelle 11.1 Eigenschaften, in denen sich Personen unterscheiden. Weil diese fünf Persönlichkeitsmerkmale in vielen Studien immer wieder bestätigt wurden, sind sie auch als „Big Five" in der Literatur bekannt.

Eigenschaft	Definition
Extraversion/ Introversion	nach außen gewendet, gesprächig, setzt sich durch versus schüchtern, zurückhaltend, eher still
Verträglichkeit/ Kälte	freundlich, herzlich, Mitgefühl, Empathie versus Unbarmherzigkeit, streitsüchtig, kalt
Gewissenhaftigkeit	Verantwortungsbewußtsein versus Leichtsinnig- und Sorglosigkeit
Neurotizismus	instabil, launisch und unzufrieden versus stabil und zufrieden
Offenheit für Neues	neugierig, kreativ versus dumpf und oberflächlich

Nicht nur die Stärke der Ausprägung der Persönlichkeitsmerkmale sondern vor allem auch ihre konkrete Manifestation im Verhalten sind letztlich das Produkt von Erfahrung und Lernen. Ob ein durchsetzungsstarkes Kind ein erfolgreicher Politiker oder ein erfolgreicher Gangster wird, ist eine Frage von Erziehung und Bildung. Hinzu kommt, dass die Merkmale, die wir zum Beschreiben der Unterschiede von Persönlichkei-

ten verwenden, nicht unbedingt das Wesen der Persönlichkeitsentwicklung treffen: Wir unterscheiden ja auch große von kleinen bzw. rote von
grünen Autos, ohne dass Größe und Farbe zum Wesen von Autos gehören
(aber bei einer Fahndung können diese Merkmale wichtig zur Erkennung
sein). Ein Kind hat noch keine Lebenserfahrung und auch noch keine
Möglichkeit, Selbstkontrolle auszuüben. Ein Erwachsener schon. Und all
das, was dann am Werke ist, die Freiheit (die sich einer nimmt), die Offenheit (mit der einer den anderen und der Welt begegnet), die Werte (die
seinem Handeln zugrunde liegen) und die Erfahrungen (die man im Leben
von der Welt und den anderen macht) machen die betreffende Person aus.
Sie ist einzigartig (keine zwei Lernbiographien sind gleich) und das Resultat von Genen und Umwelt. Dies sei für die Bereiche der Werte und der
Selbstkontrolle im Folgenden näher erläutert.

Werte

Wie in Kapitel 6 diskutiert, werden erst im Schulalter die verbindenden
Fasern im Frontalhirn vollständig myelinisiert und damit dieser Hirnteil
in die zerebrale Informationsverarbeitung vollständig integriert. Hierdurch wird verständlich, warum es den sogenannten Wolfskindern, die
ihre Kindheit ohne Sprache verbringen und von denen es leider bis heute
immer wieder Beispiele gibt, zeitlebens nicht mehr gelingt, richtig sprechen zu lernen. Es scheint somit im Hinblick auf die Sprachentwicklung
eine kritische Periode zu geben, während der sie durch Auseinandersetzung mit und Verarbeitung von Sprachinput erfolgen muss. Geschieht
dies bis zum etwa zwölften oder 13. Lebensjahr nicht, kann Sprache nie
mehr vollends gelernt werden.

   Die beschriebenen Zusammenhänge zwischen Gehirnreifung und
Lernen gelten keineswegs nur für den Bereich der Sprachentwicklung.
Vielmehr ist der Erwerb jeder komplexen Fähigkeit – und damit der wesentlichen menschlichen Kulturleistungen – das Ergebnis des Zusammen-
spiels von Entwicklung (Gehirnreifung) und Lernen. Sprache wird nicht
isoliert von der alltäglichen Lebenswelt gelernt, sondern vielmehr in und
mit ihr. Andere komplexe Strukturen in dieser Welt, wie beispielsweise soziale Beziehungen, Verhältnisse in der Welt selbst (die Bereiche der uns

umgebenden belebten und unbelebten Natur) oder komplexe Zusammenhänge im zwischenmenschlichen und weiteren sozialen Bereichen bis hin
zu Kulturleistungen wie Kunst und Musik werden, wie die Sprache, von
Menschen-in-Entwicklung gelernt. Besonders bedeutsam sind diese Zusammenhänge bei der moralischen Entwicklung einer Person.

Werte lernen wir nicht anhand von Predigten, sondern durch Leben
in einer Wertegemeinschaft. Daher müssen junge Menschen die Möglichkeit erhalten zu bewerten, zu entscheiden und zu handeln; dies muss im
Rahmen vorgegebener Strukturen geschehen – wie bei der Sprachentwicklung auch. Sie brauchen hierzu Vorbilder und Spielräume zum *Ausleben*.
Daher ist das spielerische Handeln nicht nur für Kinder so wichtig, sondern auch für Jugendliche: Sie lernen Werte und Tugenden durch Handeln. Und nur so.

Hierzu müssen sie aber die Gelegenheit haben, müssen also Grenzen
gesetzt bekommen und Konflikten ausgesetzt sein; und die Chance haben,
richtig zu handeln oder die Konsequenzen falschen Handelns erfahren:
„Erziehung muss Gelegenheiten für Bewährung bieten und muss auch die
Erfahrung des Scheiterns zulassen" schreibt Bernhard Bueb in seinem
Buch *Disziplin* (S. 19). Er spricht hier zu Recht an, dass junge Menschen
handeln können müssen, um handeln zu lernen.

Bueb führt auch gleich die typischen Beispiele aus dem heutigen Er-
ziehungsalltag an: Darf der 15-jährige Sohn eine Party besuchen, auf der
Alkohol konsumiert wird? Darf die 16-jährige Tochter bis spät in die
Nacht in die Disco? – Diese Entscheidungen fallen keinem Vater und keiner Mutter leicht, denen das Wohl ihrer Kinder wirklich wichtig ist. Aber
wer hier grundsätzlich auf Verbote setzt, übersieht, dass Jugendliche irgendwann (spätestens mit 18!) schon gelernt haben müssen, ihre Entscheidungen alleine zu treffen, und das setzt voraus, dass der Erzieher ihnen
vorher dazu Gelegenheit gab! Daher ist Erziehung immer mit der Abwä-
gung von Risiken verbunden und voller Entscheidungen, deren Wesen es
ist, dass sie unterbestimmt sind (sonst wären es keine Entscheidungen sondern logische Schlüsse) und danebengehen können. Daher muss es einen
langsamen Übergang geben zwischen dem Kind, dem man Süßes verbietet
(weil es nicht selbst vernünftig entscheiden kann, denn noch fehlt die hier-

für notwendige „Hardware") und dem Jungendlichen, dem man zunehmend eigene Entscheidungs- und Handlungsspielräume größeren
Umfangs zugesteht.

Spätestens jetzt wird klar: Eine gute Bildung ist immer eine Bildung
der Persönlichkeit, im doppelten Sinn. Je gebildeter jemand ist, desto dif-
ferenzierter fallen seine Reaktionen auf die Umgebung aus, desto feinfüh-
liger kann er auf andere eingehen und desto breiter ist sein Repertoire an
Verhaltensweisen. Bildung macht damit aus bestimmten Anlagen eine „ge-
standene Person", einen „Charakter". *Richtiges* Bewerten, Entscheiden und
Handeln muss man lernen. Und wie man die Muttersprache nicht lernt,
indem man Vokabeln und Grammatik „paukt" (sondern Sprach-Erfah-
rungen in einer Sprach-Gemeinschaft macht und das Gehirn den Rest –
das Lernen allgemeiner Regeln des Sprechens – erledigt), lernt man richtiges Handeln nicht durch „Pauken" der zehn Gebote oder des Grundgeset-
zes, sondern durch Aufwachsen in einer Wertegemeinschaft.

Kontrolle

Neben der Intelligenz gibt es eine zweite Eigenschaft des menschlichen
Geistes, von der die Menschen mehr oder weniger haben können: kognitive Kontrolle. Hierbei handelt es sich um eine Fähigkeit, die im Frontalhirn sitzt und die sich, ebenso wie die Intelligenz, einer einfachen
Beschreibung entzieht. Mit beiden Fähigkeiten ist es so wie mit der Schönheit: Man kann nicht sagen, was es ist, aber man sieht sie sofort. Obgleich
der Begriff der kognitiven Kontrolle weit weniger bekannt ist als der der
Intelligenz, ist diese Fähigkeit für das Lernen wahrscheinlich sogar vergleichsweise wichtiger: Der Zusammenhang zwischen Schulreife und kognitiver Kontrolle ist beispielsweise größer als der zwischen Schulreife und
Intelligenz. Das Gleiche gilt für die Entwicklung des Lesens und Schrei-
bens sowie mathematischer Fähigkeiten, vom Schulbeginn an bis weit in
die Sekundarstufe hinein (Blair & Razza 2007; McClelland et al. 2000;
Bull & Scerif 2001; Duncan et al. 2007).

Untersucht wird die kognitive Kontrolle sowohl von Kognitions- und
Neurowissenschaftlern als auch von Persönlichkeitsforschern, die von
„Gewissenhaftigkeit" (siehe oben, Tabelle 11.1) sprechen. Der Volks-

mund nennt das ganz einfach Disziplin oder (besser) *Selbstdisziplin*, Manche Psychologen sprechen auch von Aufmerksamkeit, Aufmerksamkeits- oder exekutiver Kontrolle. In der pädagogischen Literatur existiert ein ganzes Dickicht von Wörtern, Gedanken und mehr oder weniger ausgearbeiteten Überlegungen zu diesen Sachverhalten, so dass es insgesamt schwierig ist, hier die Übersicht zu behalten. Glücklicherweise haben die moderne Gehirnforschung sowie die experimentelle Psychologie Licht in das dunkle und verworrene Gedankengestrüpp gebracht und unser Verständnis von kognitiver Kontrolle auf eine naturwissenschaftliche Grundlage gestellt. Dies ist deswegen so wichtig, weil die Rede von „Disziplin" allen guten Absichten zum Trotz gerade hierzulande sehr rasch in ideologische Grabenkämpfe abgleitet, wie manche Reaktionen auf das sehr lesenswerte Buch von Bernhard Bueb (2006) zum Thema zeigen (vgl. Brumlik 2007).

Spricht man jedoch vom Frontalhirn und dessen Eigenschaft, Informationen nicht nur zu verarbeiten, sondern auch *online zu halten*, befindet man sich außerhalb von Ideologien und Parteiprogrammen. Man spricht vielmehr von einem Sachverhalt, der sich bei Primaten ganz allgemein mittels unterschiedlicher Methoden nachweisen lässt und bei dem es letztlich darum geht, dass Nervensysteme im Laufe ihrer Entwicklung irgendwann einmal in der Lage waren, sich von der Unmittelbarkeit ihrer Umgebung zu lösen.

Einfache Organismen können auf die Umwelt nur *reagieren*: Ein Reiz trifft sie, das Nervensystem verarbeitet ihn und produziert irgendeine Form von Reaktion. Diese Reaktion kann in einem Reflex bestehen, wie beispielsweise dem Zucken des Unterschenkels bei einem Schlag auf die Kniesehne. Sie kann aber auch darin bestehen, dass mein visuelles System einige von meiner Netzhaut eintreffende Megapixel dahingehend analysiert, dass vor mir ein Apfel liegt, was zusammen mit der von meinem Hypothalamus gemeldeten Information, dass ich mich gerade im Zustand des Hungers befinde, praktisch reflexhaft dazu führt, dass ich den Apfel ergreife und hinein beiße. In beiden Fällen geschieht etwas, unmittelbar, ohne Planung und ohne kognitive Kontrolle.

Betrachten wir anhand des Beispiels auch, wie sich die kognitive Kontrolle zur Intelligenz und zu unserem Wissen verhält: Wie rasch ich den Apfel (aus den Pixeln) decodiere und wie rasch und zielgerichtet meine

Greifbewegung ist, hängt von meiner *Intelligenz* ab. Meine *Lebenserfahrung* (d.h. mein gespeichertes Wissen) sagt mir, wie wohlschmeckend der Apfel wahrscheinlich ist und dass es hier überhaupt um einen Apfel geht und nicht etwa um eine Erdnuss oder einen Tennisball. Mithilfe meiner *kognitiven Kontrolle* könnte ich aber etwas ganz anderes tun: mir beispielsweise überlegen, dass ich in einer Stunde noch mehr Hunger haben werde und mir daraufhin den Apfel in die Tasche stecke, statt gleich hineinzubeißen. Dazu muss ich den Zustand meines Körpers in einer Stunde irgendwo als Gedanken formen und aktiv aufrechterhalten, so dass dieser Gedanke Einfluss auf mein Handeln nehmen kann.

Erinnern wir uns: In meinem Gehirn sind viele Aspekte der Welt um mich herum in Form von Mustern von Synapsenstärken repräsentiert. Die Information ist also vorhanden, sie ist jedoch nicht aktiv. Mit den Inhalten in meinem Gehirn verhält es sich also ebenso wie beispielsweise mit einer Plattensammlung und Musik. Diese erklingt erst dann, wenn man eine Platte auflegt und damit die Musik aus ihr gleichsam herausholt und in Schall umsetzt. Meine ganze gespeicherte Lebenserfahrung, mein ganzes Wissen, nützt mir nichts, wenn ich nicht in der Lage bin, es zu aktivieren, damit im Hier und Jetzt verfügbar zu machen und für mein Handeln zu nutzen!

Die Fähigkeit, einen geistigen Inhalt aktiv aufrechtzuerhalten, um mit ihm zu *arbeiten*, sitzt im Frontalhirn und wird als *Arbeitsgedächtnis* bezeichnet. Im Frontalhirn, genauer im dorsolateralen präfrontalen Kortex (engl.: *dorso-lateral prefrontal cortex*, daher oft abgekürzt DLPFC), sitzen Nervenzellen, die Information *durch ihr Feuern* repräsentieren. Mit anderen Worten, der Inhalt steckt nicht, wie beim Gedächtnis, in den Synapsenstärken neuronaler Verbindungen (den Spuren früherer Erfahrungen), sondern liegt in Form eines Aktivierungsmusters vor. Der Inhalt ist – denken wir nochmals an das Beispiel der Musik – gerade aktiv bzw. wird aktiv aufrechterhalten, um mit ihm irgendetwas zu machen. Das Standard-Lehrbuchbeispiel für das Arbeitsgedächtnis ist die Telefonnummer: Ich schlage sie nach, merke sie mir und wähle sie. Wenn ich die Nummer gewählt habe, brauche ich sie nicht mehr, die Neuronen hören auf zu feuern und die Nummer ist auch schon wieder aus meinem Geist verschwunden. In der Zeit zwischen Nachschlagen und Wählen jedoch wurde sie von meinem Arbeitsgedächtnis aufrechterhalten, d.h. Nervenzellen in meinem

DLPFC repräsentierten den Inhalt durch ihr aktives Feuern. Wie dies genau geschieht, ist derzeit Gegenstand intensiver Forschungsbemühungen. *Dass* unser Arbeitsgedächtnis jedoch im Feuern von Neuronen im dorsolateralen präfrontalen Kortex besteht, wird heute nicht mehr angezweifelt, da man es sowohl im Tierversuch als auch beim Menschen direkt nachweisen kann (vgl. Bunge et al. 2001; Spitzer 1996, S. 194ff, 304ff; Spitzer 2002a, S. 5ff).

Zurück zum Apfel, den ich erst in einer Stunde esse, statt gleich hungrig in ihn hineinzubeißen. Ganz offensichtlich geht es hier darum, etwas ganz bestimmtes *nicht* zu tun, d.h. eine naheliegende Aktion zu *hemmen*. Geht es um Handlungsplanung, so geht es ganz oft darum, eine bestimmte, gerade naheliegende Sache *nicht* zu tun und dafür eine andere Sache zu tun, die aus irgendwelchen Gründen sinnvoller ist. Oft sind diese Gründe „vernünftig" bzw. „langfristig sinnvoll", wohingegen die Gründe, etwas anderes gleich zu tun, oft auf unmittelbare Bedürfnisbefriedigung hinauslaufen. Jeder kennt ihn, den Konflikt zwischen unmittelbaren Handlungsimpulsen und überlegtem Handeln: Das Vanilleeis jetzt gleich versus Ihre schlanke Linie und Gesundheit später. Wieder könnte man von Disziplin sprechen, die jemand aufbringt, wenn er überlegt handelt, oder von undiszipliniertem unüberlegtem Verhalten. Das Problem ist eben, dass das Vanilleeis jetzt und hier kühl und konkret lockt, wohingegen Attraktivität oder Gesundheit weit entfernt und nur schemenhaft in Ihrem Kopf und in der Zukunft liegen. Dabei ist aus der Sicht der Medizin die Sache eigentlich klar: Ein Eis ist verglichen mit einem schlanken und gesunden Körper im Grunde gar nicht der Rede wert – lächerlich, Ihr langer, quälender Entscheidungsprozess! Gesundheit, Attraktivität und ein langes Leben – alles was man sich wünscht – einerseits, und auf der anderen Seite nichts weiter als ein Haufen kalter Kohlenhydrate und Fette!

Wissenschaftlich betrachtet besteht dieser Konflikt zwischen kurzfristiger Lust und langfristigen, von Ihnen akzeptierten Werten. Psychologie, Ökonomie, Medizin, Philosophie und sogar Theologie haben sich dem Problem der Selbstkontrolle angenommen und geben gute Ratschläge. „Du sollst" und „Du sollst nicht". Angesichts dieser geballten bereits geleisteten wissenschaftlichen Durchdringung des Problems scheint es geradezu lächerlich, nun auch noch die Gehirnforschung zu bemühen. Gewiss, die Lust steckt irgendwo subkortikal im Hypothalamus und die Vernunft wird eher frontal kortikal anzusiedeln sein. Aber damit, so der Neuroskeptiker, hätten wir nur die vielleicht etwas angestaubten Wörter „Fleischeslust" und „Vernunft" durch andere, „Hypothalamus" und „DLPFC", ersetzt. Diese seien vielleicht gerade in Mode – „Gehirn ist in", hört man allenthalben –, brächten aber im Grunde überhaupt keinen Erkenntnisgewinn. Das Problem werde nur umgetauft, nicht aber gelöst. „Das ganze Neurogerede ist nichts weiter als alter Wein in neuen Schläuchen und bringt uns weder im Verständnis unserer selbst noch bei den Problemen in Kindergärten und Schulen auch nur den kleinsten Schritt weiter." So oder so ähnlich lautet die Kritik vieler Pädagogen an der Idee, Gehirnforschung für das Lernen fruchtbar zu machen.

Nun nützt es mir in der Tat gar nichts, wenn ich mich vor der Eisdiele über mein schwaches Frontalhirn ärgere, das gerade mal wieder vor meinem übermächtigen Hypothalamus kapituliert und damit vielleicht meine Partnerbeziehung und ziemlich sicher mein Leben um einige Tage verkürzt. Aber es würde mich durchaus interessieren, warum es eigentlich mein schlanker Nachbar und seine attraktive Frau immer schaffen, um die Eisdiele einen Bogen zu machen bzw. warum sie so willensstark sind, dass sie nicht einmal einen Bogen um sie machen müssen, um der Versuchung zu entgehen. Was ist die Ursache dafür, dass *sie* verzichten wohingegen *ich* verzehre? Und noch wichtiger: Warum haben sich schon manche Kinder „im Griff", d.h. üben erfolgreich Selbstkontrolle im Sinne von „Disziplin" aus und machen ihre Hausaufgaben, obgleich sie lieber herumtoben würden, andere dagegen nicht? Was unterscheidet Menschen, die sich im Griff haben, von denen, die das nicht können? Oder noch einfacher gefragt: Was ist eigentlich Selbstkontrolle und warum hat der eine mehr davon und ein anderer weniger?

Genau diese Frage stellte sich eine Gruppe amerikanischer Wissenschaftler (Hare et al. 2009) vom *CalTech*, dem *California Institute of Technology*, das man ansonsten eher mit Raumfahrt und Computern in Verbindung bringt. Ihre 37 Versuchspersonen im Durchschnittsalter von 25 Jahren befanden sich allesamt gerade zur Gewichtsreduktion auf Diät. Mit ihnen sollte geklärt werden, was es heißt, sich „am Riemen zu reißen", wenn man das Vanilleeis vor Augen hat und die schlanke Linie nur im Kopf.

Man konnte durch die Messung der Aktivierung im Gehirn zeigen, dass beim Bewerten von Nahrungs- und Genussmitteln („was schmeckt mir?") das Wertemodul des Gehirns (der orbitofrontale Kortex) aktiv war. Bei den Probanden, die zur Selbstkontrolle fähig waren, war dieses Modul nicht nur aktiv, wenn es um die Bewertung des Geschmacks ging, sondern auch bei der Bewertung des Gesundheitswertes der Nahrungsmittel. Bei den Probanden ohne Selbstkontrolle zeigte sich dagegen, dass der *Wert* Gesundheit nur schwach repräsentiert ist (vergleichsweise wenige Neuronen feuern), so dass dieser gespeicherte Wert gegen die Übermacht des vor Augen, Nase und Mund liegenden Geschmacks gleichsam nicht ankommt.

Wie kommt das? Ein Teil der Antwort liegt beim Arbeitsgedächtnis, also dem DLPFC. Im Arbeitsgedächtnis werden Inhalte aufrechterhalten, die *hier und jetzt* wichtig, aber nicht in der Wahrnehmung gegeben sind (sondern nur gedacht). Um bei unserem Beispiel zu bleiben: Das Eis sehe ich – hier und jetzt – vor mir. Für seine Repräsentation brauche ich kein Arbeitsgedächtnis. Meine Gesundheit hingegen muss ich mir *aktiv* vergegenwärtigen. Und wenn sie mir wichtig ist, dann muss ich den Genusswert des Vanilleeises vor mir *aktiv unterdrücken*, hemmen. Entsprechend zeigte die Studie, dass eine Region des DLPFC tatsächlich immer dann stärker aktiviert war, wenn Selbstkontrolle erfolgreich ausgeübt wurde. Und: Je aktiver der DLPFC, desto *weniger* aktiv war das Wertemodul. Mit anderen Worten: Der für Selbstkontrolle zuständige DLPFC sagt dem Wertemodul (das Vanilleeis gut findet): „Ruhig bleiben, nicht aktiv werden!" Und wenn das gelingt, entscheidet sich die Person für ihre Gesundheit. Natürlich geht das nur, *sofern die Gesundheit im Wertereal auch gut neuronal vertreten ist*, denn sonst gibt es kein zweites Ziel außer dem Eis vor meinen Augen und damit auch keinen Zielkonflikt und natürlich auch keine Selbstkontrolle. Ist also Gesundheit in mir als Wert kaum repräsentiert und werden die Neuronen, welche durch den Anblick des Vanilleeises aktiviert werden, nur unzureichend durch den DLPFC gehemmt, dann klappt es mit der Selbstkontrolle nicht. Wie aber kommt die Gesundheit in meinen Kopf?

Wenn ich meinen Impulsen (dem Eis) nachgebe, dann kann dies also entweder daran liegen, dass langfristige Werte (Gesundheit) von mir nicht in ausreichendem Maße (im orbitofrontalen Kortex) verinnerlicht (durch entsprechende Erfahrungen gelernt) wurden oder daran, dass ich nur über einen „schwachen" DLPFC verfüge. Dies legt einen wichtigen Gedanken nahe: Wem die Beine bei einer Bergwanderung versagen, der kann seine Muskeln trainieren. Er hat dann beim nächsten Mal seine Beine besser im Griff, denn Training hilft bei schwachen Muskeln. Hilft es auch bei schwacher Kontrolle? Anders gefragt: Lässt sich der DLPFC trainieren? Genau wie alles andere auch: indem ich mich mit Gesundheit beschäftige; über sie nachdenke, mir Ihren Wert vor Augen führe und dies immer wieder tue, so dass die Seele langfristig die Farben meiner Gedanken annimmt, wie der römische Kaiser *Marc Aurel* (121–180 n Chr.) schon so schön sagte und wie die Neurobiologie heute sehr eindrücklich zeigen kann.

Dass diese Frage mit „Ja" zu beantworten ist, wurde sehr eindrucksvoll in einer in der Fachzeitschrift *Science* im November 2007 erschienenen Arbeit zum Training von Selbstkontrolle bei Vorschulkindern gezeigt. Adele Diamond von der University of British Columbia in Vancouver (Kanada) und Mitarbeiter führten den Nachweis, dass sich durch den Einsatz von einfachen und kostengünstigen Methoden die Arbeitsgedächtnisleistung, die hemmende Verhaltenskontrolle und die geistige Flexibilität von Kindern im Alter von etwa fünf Jahren signifikant verbessern kann. Das Training wurde bei Kindern aus niedrigen Einkommensschichten durchgeführt. Diese Kinder weisen in der Regel eine geringere Fähigkeit zur Selbststeuerung auf als Kinder aus Haushalten mit höherem Einkommen, wobei sich die Unterschiede mit jeder Klassenstufe vergrößern. Erste Trainingseffekte können bereits nach einigen Tagen erzielt werden. So konnten Michael Posner und Mary Rothbart (2007) von der University of Oregon (USA) bei vier bis sechs Jahre alten Kindern bereits nach fünf Tagen Training (30 bis 40 Minuten pro Tag) Verbesserungen in einem Aufmerksamkeits- und einem Intelligenztest nachweisen. Die Effekte eines solchen kurzzeitigen Trainings bilden sich nach deren Beendigung allerdings wieder zurück (Posner & Rothbart 2007), weshalb ein langfristiges Training in Kindergärten und Schulen zu empfehlen ist. Diamond und Mitarbeiter (2007) haben darüber hinaus gezeigt, dass ein Transfer der Effekte (von der Übung in der Klasse auf die Fähigkeit zur Selbstkontrolle in anderen Situationen und Lebensbereichen) nur dann zu erwarten ist, wenn das Training nicht nur punktuell erfolgt, sondern möglichst täglich in den Kindergarten- und Schultag eingeflochten wird.

Selbstkontrolle ist also lernbar. Man muss nur dafür sorgen, dass Kinder die entsprechenden Erfahrungen machen können. Darauf muss in Kindergarten und Grundschule ebenso geachtet werden wie im Elternhaus. Und darum muss das gesicherte Wissen um diese Zusammenhänge die unerträgliche Diskussion über Sinn und Unsinn von Disziplin in der Erziehung ersetzen.

Pubertät

Eine für die Entwicklung der Person besonders kritische Zeit ist die Pubertät, also die Zeit, in der die Eltern schwierig werden und im Hinblick auf unsere gesellschaftlich institutionalisierten Bildungsbemühungen in jedem Fall das „Alter, in dem die Schule am meisten versagt", um es noch einmal mit Hartmut von Hentig (2007, S. 42) zu formulieren. – Leider! Und er fährt fort: „Alle ernsthaften Menschenbeobachter haben dieser Phase der Entwicklung ihre besondere Aufmerksamkeit geschenkt und fast alle, weil sie Schwierigkeiten bereitet. Es irritiert die Erwachsenen, dass die ‚Kinder' plötzlich nicht mehr sind wie bisher."

Auch Neurobiologen gehören zu diesen irritierten Erwachsenen, die von Berufs wegen die Menschen – und insbesondere deren Gehirne – „beobachten" bzw. studieren. Denn nicht die pubertätsbedingten körperlichen Veränderungen wie tiefere Stimme, neue Körperformen und -behaarung oder die Kalkeinlagerung in die Knochen machen Probleme, sondern die Auswirkungen dieser Lebensphase auf den Geist: Die Pubertät geht häufig mit Lernproblemen und Schulschwierigkeiten sowie starken emotionalen Schwankungen einher. Gerade in dieser Hinsicht jedoch war das, was Wissenschaftler zur Pubertät bis vor wenigen Jahren sagen konnten, aus mindestens zwei Gründen nur eingeschränkt in der Erziehung verwertbar:

- Seit der Entdeckung der Geschlechtshormone Östrogen und Testosteron in den 1920er- und 1930er-Jahren werden die im Rahmen der Pubertät auftretenden Veränderungen von Körper und Geist mit die-

sen in Verbindung gebracht. Seither wird die Pubertät auf „die Hormone" geschoben, ohne dass damit schon irgendetwas wirklich
verstanden wäre. Wer sagt, die Pubertät komme von den Hormonen,
der verhält sich etwa so wie jemand, der sagt, das Wetter komme „von
der Sonne". Die Antwort stimmt, erhellt jedoch noch nicht die Mechanismen, die jeweils am Werke sind.

• Unser Unwissen über die Pubertät hatte auch methodische Gründe:
Die modernen Methoden der (funktionellen) Bildgebung waren zu-
nächst nicht für die Erforschung gesunder, nicht einwilligungsfähiger
Probanden einsetzbar.

Die Neurowissenschaft der vergangenen Jahre hat jedoch eine Fülle von
Befunden auch zur Pubertät ans Licht gebracht. Fest steht, dass das Gehirn
des Menschen um die Zeit der Pubertät herum besonders deutliche Veränderungen erfährt, die insbesondere den Hippocampus und das Frontalhirn betreffen. Genau hier jedoch liegen die Leistung des Einspeicherns in
das Langzeitgedächtnis sowie die höheren und höchsten geistigen Leistungen wie Planen von Zukunft, Verfolgen langfristiger Ziele, Aufschub kurzfristiger Belohnungen (Hemmen reflexartiger impulsiver Handlungen).
Mit anderen Worten: Das Lernen und vor allem das Lernen von kulturellen Höchstleistungen (das Wahre, Schöne und Gute, das Spielen und die
Freiheit) sind in der Pubertät erschwert.

Woher wissen wir das? Nicht nur Menschen durchlaufen die Pubertät. Tiere auch. Daher kann sich die neurobiologische Forschung auf weit
mehr stützen als auf das Scannen der Gehirne von Jugendlichen. Lernde-
fizite während der Pubertät finden sich beispielsweise auch bei Mäusen.
Mittels einer Reihe neurowissenschaftlicher Methoden wurde in diesem
Tiermodell gefunden, dass bestimmte Rezeptoren für den hemmenden
Neurotransmitter Gamma-Amino-Buttersäure (GABA) im Hippocampus
zu Beginn der Pubertät stark vermehrt produziert werden (Shen et al.
2010). Hierzu muss man wissen, dass hemmende Neuronen im gesamten
Gehirn vorkommen und etwa ein Drittel aller Neuronen ausmachen. Sie
sind wichtig, denn gäbe es nur aktivierende Verbindungen zwischen Nervenzellen, würden sich Aktivierungen leicht aufschaukeln und es käme zu
heftigen Entladungen, wie sie bei epileptischen Anfällen (hier sind Hemm-

prozesse gestört) tatsächlich auftreten. Für das Funktionieren des Gehirns kommt es also auf die richtige und ausgewogene Balance zwischen Erregung und Hemmung an.

Sind im Hippocampus erst einmal mehr Rezeptoren für den hemmenden Transmitter GABA vorhanden, dann lässt er sich nicht mehr so leicht aktivieren, was wiederum seine Lernfähigkeit deutlich beeinträchtigt. Die Folge ist, dass in der Pubertät zunächst einmal deutlich schlechter gelernt wird. Dieser Defekt lässt sich interessanterweise dadurch „reparieren", dass man den Mäusen ein bestimmtes Stresshormon (das Neurosteroid Tetrahydroprogesteron, THP) vor dem Lernen gibt. Dieses hemmt die Hemmung, führt daher zu mehr Erregung und dadurch zu mehr Angst und Stress und zugleich zu rascherem Lernen. Bei Tieren vor der Pubertät oder danach (also bei Tieren im Kindes- oder Erwachsenenalter) führt THP hingegen zu einer Verschlechterung des Lernens. Während der Pubertät jedoch sorgt es für eine Verbesserung (Abb. 11.1).

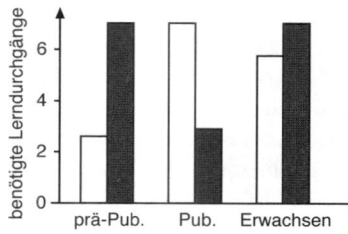

11.1 Anzahl der benötigten Durchgänge zum Lernen einer räumlichen Aufgabe in Abhängigkeit vom Lebensalter (vor, während und nach der Pubertät) und der Abwesenheit (weiße Säulen) oder nach zusätzlicher Gabe (schwarze Säulen) des Stresssteroids THP bei Mäusen (die Unterschiede zwischen weißer und schwarzer Säule sind jeweils mit p < 0,05 signifikant; auch der Unterschied der beiden weißen Säulen links und in der Mitte ist mit p < 0,05 signifikant). Man sieht deutlich, dass Stress das Lernen im Kindes- und Erwachsenenalter verlangsamt (das Tier braucht länger, um zu lernen), in der Pubertät jedoch beschleunigt (nach Shen et al. 2010, S. 1517).

Die Neurobiologin Margaret McCarthy kommentiert die Befunde dieser Arbeitsgruppe wie folgt: „Bei vielen Arten ist die Pubertät mehr als nur die Zeit der Erreichung der Geschlechtsreife; es ist vielmehr auch die Zeit des Verlassens der beschützenden elterlichen Fürsorge. Angst bewirkt Vorsicht bei der Begegnung mit neuem Territorium und unbekannten Artgenossen. Andererseits jedoch berichten viele höchst erfolgreiche Menschen über wichtige lebensverändernde Ereignisse während ihrer Adoleszenz" (McCarthy 2007, S. 398; Übersetzung durch den Autor).

Es könnte also sein, dass das Lernen in der Pubertät sich natürlicherweise verlangsamt, so dass wirklich wichtige und einschneidende Ereignisse sich umso besser einprägen können. Diese können gefährlich sein (Unfälle gehören zu den häufigsten Todesursachen im Lebensabschnitt Pubertät!) und mit Angst einhergehen (Angststörungen treten oft während der Pubertät erstmals auf!), was wiederum für rasches Lernen sorgt. Man hat ja schon alles „Normale" (laufen, sprechen, sich zurechtfinden) gelernt, verlässt die vertraute Umgebung und muss das Gelernte nun anwenden. Hierbei macht man zuweilen sehr einschneidende und wichtige (emotionale) Erfahrungen, und genau diese müssen rasch gelernt werden. Hierfür scheint das Gehirn also während der Pubertät programmiert zu sein, und man konnte nachweisen, dass Jungen und Mädchen während der Pubertät erhöhte THP-Konzentrationen im Blut aufweisen (Fadalti et al. 1999): „Vielleicht ist der Hippocampus während der Pubertät hypersensibel gegenüber neuen Gelegenheiten, um von ihnen maximal zu lernen und zu profitieren", kommentiert McCarthy weiter. Dafür spricht zum Beispiel die Beobachtung, dass bei frei lebenden Affen neue „Erfindungen" (das Waschen von Kartoffeln oder der Gebrauch einfacher Werkzeuge) von den jüngsten neuen Mitgliedern der Gruppe gemacht werden (De Waal 1999; Biro et al. 2003). Auch die Tatsache, dass Sex und Stress eng miteinander verknüpft sind, macht die Rolle des vorgestellten Mechanismus beim Erlernen des Verhaltensrepertoires des Erwachsenen deutlich.

Es gibt auch direkte Hinweise dafür, dass es beim Menschen während der Pubertät zu Störungen des reibungslosen Ablaufs von Gehirnfunktionen kommt. Der Psychologe McGivern und seine Mitarbeiter verwendeten eine Vergleichsaufgabe mit Wörtern und Gesichtern, um die psychologischen Auswirkungen der „Gehirnremodellierung" in der Pubertät zu untersuchen. Diese Wörter und Gesichter gehörten vier emotionalen Kategorien an: „fröhlich", „verärgert", „traurig" und „neutral". Die Aufgabe der Versuchspersonen bestand beispielsweise darin, zu entscheiden, ob die jeweils ausgedrückten Emotionen gleich oder ungleich waren. Die Daten von insgesamt 246 Kindern (122 weiblich) im Alter von zehn bis 16 Jahren sowie von 49 jungen Erwachsenen (26 weiblich) im Alter von 18 bis 22 Jahren zeigten eine *Verschlechterung* der Leistung zu Beginn der Pubertät: Im Vergleich zum Vorjahr nahmen die Reaktionszeiten mit dem Eintreten der Pubertät um 10 bis 20% zu, d.h. die Versuchspersonen wurden langsamer. Bei Mädchen (mit früherem Beginn der Pubertät) zeigte sich diese Verlangsamung der Reaktionszeiten beim Vergleich des elften und zwölften Lebensjahres, wohingegen diese Verlangsamung bei den Jungen zwischen dem zwölften und 13. Lebensjahr zu beobachten war.

Die Autoren bringen ihre Ergebnisse mit Studien zur Gehirnentwicklung, insbesondere mit dem Wachstum und der anschließenden Vernichtung von Synapsen in Verbindung: „Zusammengefasst zeigen unsere Ergebnisse eine Abnahme der kognitiven Leistungsfähigkeit zu Beginn der Pubertät. Dieses altersabhängige Absinken könnte ein Marker für eine Phasenverlagerung in der Entwicklung [von Synapsen] von der Phase des Wachstums hin zum Einsetzen des Rückgangs sein. Eine Definition der Parameter der kognitiven und emotionalen Prozesse, die dieser Abnahme unterliegen, könnte dabei helfen, die Rolle der Erfahrung bei Prozessen der Synapsenvernichtung zu optimieren und damit den Einfluss von Erfahrung auf das kognitive und emotionale Wachstum in der Adoleszenz" (McGivern et al. 2002, S. 87).

Die hier diskutierten neurobiologischen Einsichten stellen die subjektiven Erfahrungen, die junge Menschen zu Beginn der Pubertät machen (und die Erfahrungen, die andere mit ihnen machen) auf einen wissenschaftlichen Boden. Wer hier nur „die Hormone" anführt (als wisse man damit schon irgendetwas) liegt falsch, denn es ist vor allem das sich entwickelnde Gehirn, welches in manchen Phasen seiner Entwicklung „Schwächen" zeigt, die letztlich damit zusammenhängen, dass wir heute unter Bedingungen leben, die sich deutlich unterscheiden von den Lebensbedingungen, unter denen die Evolution das menschliche Gehirn formte. Ein besseres neurobiologisches Verständnis der Vorgänge um die Pubertät sollte dazu beitragen, diesen Lebensabschnitt für alle Beteiligten fruchtbarer

zu gestalten und ihm vor allem den Frust zu nehmen. Wenn man den Ent-
wicklungsprozessen nicht einfach nur ausgeliefert ist, sondern sie kennt,
kann man sich zu ihnen bewusst verhalten.

Persönlichkeiten brauchen Bildungschancen

Man braucht im Grunde nicht sehr viel Phantasie, um sich die Konsequenzen der hier diskutierten Sachverhalte zu vergegenwärtigen.

(1) Die Wissenschaft der kognitiven Entwicklungsneurobiologie ist
noch sehr jung. Bis vor wenigen Jahrzehnten herrschten Spekulation und
Ideologie, wenn es darum ging, was Kindern gut tut, wozu Jugendliche in
der Lage sind und wie man mit ihnen umgehen sollte. Soweit diese Speku-
lationen und Ideologien in unser Erziehungssystem Eingang fanden, wirk-
ten sie sich keineswegs immer günstig auf die Kinder und Jugendlichen
aus. Dass die meisten Menschen dennoch ihre Kindheit mitsamt Erziehung und Schule halbwegs überstanden haben, liegt daran, dass junge
Menschen erstaunlich robust sind. Sie suchen sich einfach selbst, was sie
gerade am besten lernen können. Ihr sich entwickelndes Gehirn stellt einen eingebauten Lehrer dar (vgl. Kapitel 6).

(2) Es mehren sich die Hinweise dafür, dass die Phase der Pubertät
(aufgrund von Gehirnumbau und anderen Entwicklungs- und Anpas-
sungsprozessen) durch biologisch bedingte Lernschwierigkeiten charakterisiert ist. Sofern weitere Studien diese Hypothese erhärten, sollte dies
Anlass sein, über den Ablauf von Bildungsprozessen über die Lebensspanne neu nachzudenken. Jugendliche brauchen in dieser Zeit, die eigentlich
der Bewährung von bereits Gelerntem in neuen Umgebungen und Herausforderungen gewidmet sein sollte, alles andere als neue Fächer: Sie haben mit sich und ihrer Stellung zu den anderen genug zu tun!

Lehrjahre waren früher Wanderjahre, vielleicht eine geglückte kulturelle Anpassung an die biologische Phase der Pubertät, die früher deutlich
später (nämlich nach der Grund- und Hauptschule) einsetzte als heute.
Wenn Pubertierende also neue Umgebungen brauchen, um zu lernen und
vor allem, um sich neu zu bewähren, dann stört die Einförmigkeit der
Schule. In dieser Zeit haben viele Schüler erstens ohnehin „null Bock auf
nichts" und zweitens gibt es gerade angesichts der G8-bedingten Kompri-

mierung des Stoffs auf acht Gymnasialjahre besonders viel zu lernen. Dies passt schlecht zur Neurobiologie des Menschen in dieser Phase. Ein Auslandsaufenthalt ist wahrscheinlich das Beste, was einem pubertierenden 14-jährigen Jugendlichen passieren kann. Sofern Pubertierende wirklich den „Kick" einer neuen Umgebung brauchen, um ihr Lernpotenzial auszuschöpfen, wäre des Weiteren darüber nachzudenken, ob dies nicht ein Grund sein könnte, den Wechsel auf die weiterführende Schule in diesen Zeitraum zu legen. Man könnte sogar die Schulpflich in der Mittelstufe lockern, damit Platz ist für ein halbes Jahr am Fließband für alle diejenigen, die nicht wissen, was Bildung für ihren Lebensweg bedeutet.

(3) Aus dem Zusammenspiel von Reifung und Lernen lassen sich die in den vorangegangenen Kapiteln bereits erwähnten kritischen oder sensitiven Perioden mühelos ableiten. Mit diesem in der Entwicklungsneurobiologie sehr wichtigen Begriff werden Zeitabschnitte bezeichnet, in denen bestimmte Erfahrungen gemacht werden müssen, damit bestimmte Fertigkeiten bzw. Fähigkeiten erworben werden. Kommt es nicht dazu, werden diese Fertigkeiten bzw. Fähigkeiten zeitlebens nicht mehr richtig oder sicher gelernt. Für die Persönlichkeitsentwicklung jedes Menschen ist es daher wichtig, dass er in einer Wertegemeinschaft aufwächst, die klare Spielregeln vorgibt (ebenso wie die Sprachgemeinschaft eine klare Grammatik hat) und in der er die Möglichkeit hat mitzuspielen.

(4) Kinder sind verschieden. Das einzelne Individuum in seiner jeweiligen Besonderheit hat jeweils seine eigene bestimmte Entwicklung und Lerngeschichte. Dies bedeutet, dass nicht alles für alle gleich gut ist. Gewiss, sich entwickelnde Gehirne sorgen in gewisser Weise selbst für geeigneten Input, aber durch Synchronisation von Reifung und angebotener Lernerfahrung ist im Einzelfall sicherlich noch viel zu verbessern, von Menschen mit spezifischen Behinderungen einmal gar nicht zu reden. Unsere Bildungseinrichtungen müssen der Verschiedenheit besser gerecht werden.

(5) Was Hänschen nicht lernt, lernt Hans nimmermehr. – In neurobiologischer Hinsicht ist diese Volksweisheit längst eingeholt und auf vielfache Weise bestätigt! Dies widerspricht keineswegs der These vom lebenslangen Lernen. Im Gegenteil: Wer in Kindheit und Jugend viel Struktur in sich aufgenommen hat, kann neues Material leicht damit assoziieren, also Neues an Vorhandenem anhängen. Wer beispielsweise schon

sechs Sprachen beherrscht, vermag die Siebente rascher zu lernen als ein Säugling die Muttersprache. Dies geschieht nicht in Abweichung von den in Abbildung 6.7 dargestellten Daten! Vielmehr geschieht das Lernen des gebildeten Menschen vor allem durch Andocken an bereits vorhandene (und nicht durch völlige Neubildung von) Struktur. Um es auf eine einfache Formel zu bringen: Das Gehirn ist ein paradoxer Schuhkarton: je mehr schon drin ist, desto mehr passt noch hinein. Dies ist der systematische Grund, warum erfolgreiche Gesellschaften die gesamte Kindheit und Jugend dem Lernen vorbehalten (und nicht der Arbeit bzw. dem Broterwerb). Probleme gibt es, wenn im Gehirn des Zwanzigjährigen noch keine (Struktur-) Bildung erfolgt ist. Wer in diesem Alter noch nichts gelernt hat, der kann auch nichts mehr lernen und das oben genannte Sprichwort von Hans und Hänschen trifft – nein: es schlägt – dann voll zu!

12 Medien

Von Büchern und Zeitschriften ist im Folgenden nicht die Rede, sondern von *Bildschirmmedien*, also Fernsehen, Computer, Spielkonsolen (Videospiele) und manchen Mobiltelefonen (*smartphones*). Ihre Anwendung beim Bildungsprozess unserer Kinder hat in den vergangenen Jahren ungeahnte Ausmaße angenommen: „Babyvideos für einen Monat alte Babys, Computerspiele für neun Monate alte Babys und TV-Shows für Einjährige gehören zum Alltag", beschreibt eine US-amerikanische Studie der *Kaiser Family Foundation* die Situation (Rideout & Hamel 2006, S. 4). Da das Fernsehen (einschließlich DVD) und der Computer die größte Bedeutung haben, beschränkt sich die folgende Diskussion auf diese beiden Bildschirmmedien. Eine weitere Einschränkung ergibt sich daraus, dass lediglich die Auswirkungen auf die kognitiven Fähigkeiten und den Bildungsprozess (und nicht auf die Gesundheit oder die Gewaltbereitschaft) thematisiert werden.

Fernsehen

„Unser Baby soll einmal schlau werden, viel wissen und kann daher mit dem Lernen gar nicht früh genug anfangen." – So oder so ähnlich denken viele Eltern. Babys bräuchten daher Stimulation, sie sollten sich nicht langweilen bzw. ihre wertvolle wache Zeit verdösen. Weil aber in der heutigen Gesellschaft beide Eltern nicht selten berufstätig sind, selbst kaum Zeit haben und sich in ihrer Freizeit auch einmal gerne ausruhen (z.B. vor dem Fernseher), haben genau diese Eltern ein schlechtes Gewissen. Für diese Menschen mit viel Stress, wenig Zeit und einem Baby gibt es in den letzten Jahren zunehmend auch hierzulande speziell auf Babys zugeschnittene Programme – im Fernsehen und auf Video oder DVD. Über 80% der

Zwei- bis Dreijährigen schalten bereits selbstständig den Fernseher an,
mehr als die Hälfte wechselt in diesem Alter bereits die Programme selbstständig und mehr als 40% legen schon ein Video oder eine DVD selbstständig ein (vgl. Tabelle 12.1). Selbst bei noch kleineren Kindern (sechs
bis 23 Monate) ist dieser autonome Umgang mit dem Fernseher erstaunlich häufig, wie eine Studie an 1.051 Eltern mit Kindern im Alter von
sechs Monaten bis sechs Jahren ergab (Rideout & Hamel 2006).

Tabelle 12.1 Fertigkeiten im Umgang mit Bildschirmmedien in Abhängigkeit vom
Alter der Kinder (nach Rideout & Hamel 2006, S. 8).

Prozent der Kinder, die Folgendes können	6–23 Monate	2–3 Jahre	4–6 Jahre
den Fernseher selbst einschalten	38%	82%	87%
Programme mit der Fernbedienung umschalten	40%	54%	71%
ein Video oder eine DVD selbstständig einlegen	7%	42%	69%

In den USA sehen bereits 40% aller Babys im Alter von drei Monaten
regelmäßig fern und schauen sich DVDs oder Videos an. Mit zwei Jahren
sind es mit 90% dann praktisch alle Kinder. Dabei sehen Babys unter einem Jahr im Durchschnitt etwa eine Stunde am Tag, mit zwei Jahren dann
mehr als eineinhalb Stunden am Tag fern. Dies alles steht in deutlichem
Gegensatz zu den Empfehlungen amerikanischer Kinderärzte, die Bildschirmmedienkonsum für Kinder unter zwei Jahren klar ablehnen und bei
Kindern unter drei Jahren auf maximal eine Stunde täglich beschränkt sehen möchten (Zimmerman et al. 2007a). Hinzu kommt, dass vor allem Eltern aus niedrigeren sozialen Schichten ihre Kinder aktiv zum Fernsehen
anhalten. Dies ist insofern besonders bemerkenswert, als die negativen
Auswirkungen des Bildschirmmedienkonsums auf die Bildung nachgewiesen sind und somit das Verhalten der Eltern zu einer Verschlechterung der
Chancen ihrer Kinder führt und damit soziale Ungerechtigkeit verfestigt.

Man könnte meinen, dass es sich hier um ein auf die USA begrenztes Phänomen handele, aber dem ist nicht so. Nach einer Umfrage an 729 deutschen Müttern (vgl. Götz 2007) dürfen 13% der unter Einjährigen fernsehen, 20% der Einjährigen, 60% der Zweijährigen und 89% der Dreijährigen. Zudem ist bekannt, dass in Deutschland um 22 Uhr noch 800.000 Kinder im Kindergartenalter vor dem Fernseher sitzen, um 23 Uhr sind es noch 200.000 und selbst um Mitternacht schauen noch 50.000 Kinder unter sechs Jahren fern (vgl. die Zusammenfassung in Spitzer 2005). Und auch in Baden-Württemberg kann man Babyfernsehen über Kabel oder Satellit empfangen, das speziell für Zuschauer produziert und ausgestrahlt wird, die für die Teletubbies noch zu jung sind (also unter zwei Jahren alt). Und DVDs mit klangvollen Namen („Baby Einstein" etc.), für die mit dem Argument geworben wird, dass ihr Konsum die Babys besonders schlau mache, gibt es hierzulande auch, nachdem sie seit 2003 in den USA durch den Disney-Konzern bereits weite Verbreitung erlangten.

Chinesisch vom Bildschirm?

Diese Daten zur Mediennutzung stehen in krassem Gegensatz zu den Erkenntnissen der Gehirnforschung zu den Rahmenbedingungen kindlicher Entwicklung (Spitzer 2002a, 2005) sowie zu den publizierten psychologischen Arbeiten. Betrachten wir kurz eine Studie zum Thema Lernen durch Bildschirmmedien (Kuhl et al. 2003; vgl. auch Meltzoff et al. 2009), in welcher der Einfluss der Erfahrungen mit einer Fremdsprache auf die Fähigkeit von Babys untersucht wurde, die Laute dieser Fremdsprache zu unterscheiden.

Der Hintergrund der Studie ist folgender: Es gibt weltweit etwa 6.500 Sprachen und eine begrenzte Menge an Sprachlauten (etwa 70), wobei jede einzelne Sprache mit weniger als 70 Lauten auskommt. Italienisch beispielsweise hat etwa 30 Laute, das Englische 44. Während ein Neugeborenes alle 70 Sprachlaute, die es überhaupt gibt, gleich gut (oder gleich schlecht) unterscheiden kann, zeigen Einjährige ganz klar den Effekt des Erlernens ihrer Muttersprache, denn sie können deren Laute sehr gut, die anderen jedoch praktisch gar nicht unterscheiden. Wie man weiterhin bereits weiß, lernen die Kleinen besonders in der zweiten Hälfte des ersten Lebensjahres die Laute der Muttersprache.

Die Wissenschaftler gingen daher in eine Krabbelgruppe mit neun bis zehn Monate alten Babys und sorgten im Laufe von vier Wochen zwölfmal dafür, dass die Kinder Chinesisch hörten. Es wurde für jeweils zehn Minuten Chinesisch vorgelesen und dann für 15 Minuten mit vorgegebenem Spielzeug durch einen Chinesen oder eine Chinesin gespielt. Insgesamt vier Vorleser bzw. Vorspieler wechselten sich hierbei ab, sodass die Babys unterschiedlichen Sprach-Input (insgesamt etwa fünf Stunden) erhielten. Zuvor waren die Kinder nach dem Zufallsprinzip in zwei Gruppen zu jeweils 16 eingeteilt worden. Die eine Gruppe erhielt den beschriebenen Chinesischunterricht (Vorlesen, Spielen), die andere Gruppe erhielt das Gleiche in Englisch (Kontrollgruppe). Während dieses Unterrichts saßen die Kinder in kleinen Gruppen auf einer Decke auf dem Fußboden, recht nahe bei der Chinesin oder dem Chinesen (knapp einen Meter entfernt), es gab häufigen Augenkontakt, und die „Lehrer" wandten sich häufig direkt an die Kinder. Die Auswertung der Sprachaufnahmen dieser Chinesischstunden ergab, dass die Kinder insgesamt zwischen 25.989 und 42.184 chinesische Silben (Mittelwert: 33.120) über die zwölf Sitzungen verteilt hörten.

Mithilfe eines Tests zur Unterscheidung zweier chinesischer Sprachlaute, die im Englischen nicht vorkommen, wurde dann im Alter von einem Jahr getestet, wie gut das Unterscheidungsvermögen der Babys in beiden Gruppen war. Es zeigte sich hierbei erwartungsgemäß, dass die Babys aus der Chinesischgruppe signifikant besser abschnitten als die Babys, die nur Englisch gehört hatten (Abb. 12.1, Unterschied der beiden Säulen links).

Um die Bedeutung des realen sozialen Kontakts für das Lernen der Babys zu untersuchen, wurden eine CD und ein Video produziert, die das gleiche Material (und die gleichen Personen) wie beim Live-Unterricht enthielten und in je eine weitere Krabbelgruppe von 16 Babys, die entweder das Video ansahen oder nur die CD hörten. Die Zeit dieses medialen „Unterrichts" war identisch mit der im ersten Experiment, er enthielt jedoch signifikant mehr (49.866) chinesische Silben als die Live-Versionen

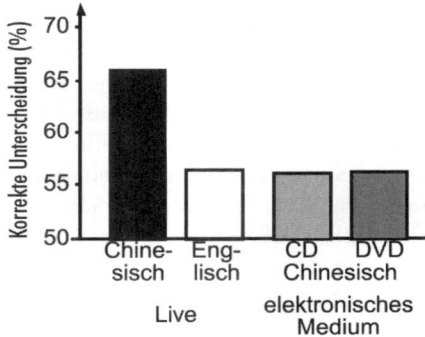

12.1 Auswirkung des Chinesischtrainings (insgesamt fünf Stunden, aufgeteilt in zwölf Sitzungen von je 25 Minuten) bei neun bis zehn Monate alten Babys (schwarze Säule ganz links) auf das im Alter von einem Jahr getestete Unterscheidungsvermögen für chinesische Laute im Vergleich zu einer Kontrollgruppe (weiße Säule), die mit englischem Material trainiert wurde. Der Unterschied war mit p < 0,05 statistisch signifikant. Weder das Sehen und Hören einer DVD (dunkelgraue Säule) noch deren bloßes Hören (hellgraue Säule) hatte irgendeinen Lerneffekt (nach Daten aus Kuhl et al. 2003).

im Mittel. Daran schloss sich wieder die Test-Prozedur an, deren Ergebnisse ebenfalls in Abbildung 12.1 (rechts) dargestellt sind. Es zeigte sich, dass die elektronischen Medien zu keinerlei Lerneffekt führten.

Man könnte nun meinen, dass dieser Befund zum Fehlen der Wirksamkeit von Chinesischunterricht per CD oder Video doch unwichtig sei. Dies ist jedoch nicht der Fall, wie die vielen multimedialen Angebote für Babys (bzw. deren Eltern, die für ihr Kind das Beste wollen) zeigen. Zudem ist zu bedenken, dass Babys den Hauptteil ihres Lebens mit Schlafen zubringen. Wenn sie dann für einen wesentlichen Teil ihrer wachen Zeit einem Medium ausgesetzt werden, von dem sie – im Gegensatz zur wirklichen Welt und wirklichen Menschen – nichts lernen können, dann lernen sie insgesamt weniger. Wer also sein Baby zum Erwerb der Muttersprache vor einen Bildschirm setzt, der riskiert einen *negativen* Einfluss auf dessen Sprachentwicklung.

Baby Einstein?

Genau dies zeigt eine Studie an über 1.000 Babys und deren Eltern (Zimmerman et al. 2007b). Man befragte die Eltern genau nach den Mediennutzungsgewohnheiten ihrer Kinder und führte mit den Kleinen dann einen Sprachtest durch. Das Ergebnis: Wer Baby-TV oder Baby-DVDs schaut, kennt deutlich weniger Wörter, ist also in seiner Sprachentwicklung verzögert. Der Effekt war beim Konsum von Babyprogrammen besonders stark ausgeprägt. Wenn ein Elternteil täglich vorlas, ergab sich hingegen ein *positiver* Effekt auf die Sprachentwicklung (Abb. 12.2).

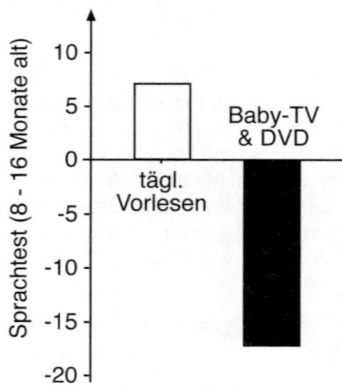

12.2 Auswirkung des täglichen Vorlesens (links) oder Konsums von speziell für Babys produzierten Programmen (Baby-TV oder Baby-DVD) auf das Ergebnis eines Sprachtests (Rohwerte) bei Kindern im Alter von acht bis 16 Monaten (nach Daten aus Zimmerman et al. 2007b, S. 367).

Auch das tägliche Erzählen von Geschichten hatte einen positiven Effekt. Dies ist zwar trivial, denn jeder weiß ja, dass man mit Kindern sprechen muss, damit sie sprechen lernen. So ist dieses Ergebnis der Studie also kein neuer Befund; es ist aber dennoch wichtig. Hätte man es nämlich nicht gefunden, dann hätte man nicht geschlossen, dass Kinder zum Sprechenlernen keinen Erwachsenen, die mit ihnen sprechen, brauchen. Man hätte vielmehr die Studie angezweifelt. Die Logik dahinter: Wenn ich einen Topf kaltes Wasser über einem Feuer aufhänge, die Wassertemperatur mit einem Thermometer messe und das Thermometer nicht steigt – dann stimmt etwas mit dem Thermometer nicht! Der Wasserversuch testet also nicht, ob Wasser über Feuer warm wird (das weiß man ja), sondern er testet den Test, in diesem Fall das Thermometer. (Wenn ich mit diesem Thermometer beispielsweise Fieber messen will und bei einer ganzen Reihe von Patienten mit Schüttelfrost und Kopfschmerzen kein Fieber finde, kann ein solcher Test des Thermometers durchaus sinnvoll sein.) Wenn man mit einem Test etwas Bekanntes misst und findet, spricht man von einer *aktiven Kontrolle*.

Das Ergebnis, dass tägliches Sprechen (Vorlesen, Geschichten erzählen) mit Babys deren Sprachentwicklung förderlich ist, macht also die Daten der Studie sehr glaubhaft. Denn man weiß ja schon lange, dass Babys in ihrer Muttersprache akustisch und sozial gleichsam „baden" müssen, damit sie diese erwerben. Und genau aus diesem Grund muss man das zweite negative Ergebnis der Studie so ernst nehmen.

Wie schädlich der Bildschirmmedienkonsum für die Sprachentwicklung kleiner Kinder ist, kann man daran ablesen, dass sein negativer Effekt auf die Sprachentwicklung doppelt so stark ist wie der positive Effekt des Vorlesens. Man sieht an den dargestellten wissenschaftlichen Untersuchungen, dass Behauptungen über die lehrreichen Auswirkungen von Bildschirmmedien auf die geistigen Leistungen von Babys durch Daten in keiner Weise gestützt werden. Im Gegenteil: Elektronische Medien sind dem Lernen und damit der geistigen Entwicklung von Babys abträglich![1]

Eine weitere Studie zu den Auswirkungen des frühkindlichen Fernsehens auf die intellektuellen Leistungen im Einschulungsalter zeigt einen deutlichen beeinträchtigenden Effekt auf kognitive Fähigkeiten. Bei 1.797 Kindern wurde der Fernsehkonsum (von den Müttern berichtet) im Alter

---

[1] Nachdem der Disney-Konzern, der seit dem Jahr 2003 *Baby Einstein* DVDs vertreibt, zwei Jahre vergeblich versucht hatte, die Ergebnisse der Studie zu unterdrücken, begann er im Oktober 2009 damit, die DVDs bei voller Kostenerstattung von den Kunden zurückzunehmen (Lewin 2009). Dies tat man keineswegs aus Freundlichkeit, sondern weil man davor Angst hatte, empörte Kunden könnten mehr wollen, als nur ihr Geld zurück für die nutzlose DVD. Schließlich wurde Kindern Schaden zugefügt!

von unter drei Jahren sowie im Alter von drei bis fünf Jahren mit Testwerten für eine Reihe kognitiver Funktionen (Konzentration, Lesefähigkeit, Sprachverständnis, mathematische Fähigkeiten) im Alter von sechs Jahren in Beziehung gesetzt. Zudem wurden die soziale Herkunft und das Intelligenzniveau der Mütter erfasst, um den Einfluss dieser Messgrößen aus den Effekten des Fernsehens herausrechnen zu können. Der durchschnittliche Fernsehkonsum vor dem dritten Lebensjahr lag in dieser Studie bei 2,2 Stunden und bei 3,3 Stunden zwischen dem dritten und fünften Lebensjahr. Mit sechs Jahren schauten die Kinder im Durchschnitt 3,5 Stunden täglich fern. Insgesamt zeigte sich beim Vergleich der Vielseher (mehr als drei Stunden täglich) mit den Wenigsehern (weniger als drei Stunden täglich) ein deutlicher Effekt des Fernsehens im Sinne einer Beeinträchtigung der kognitiven Fähigkeiten. Dieser Effekt blieb auch bestehen, wenn man die zusätzlich gemessenen Größen berücksichtigte, und er war für das Fernsehen vor dem dritten Lebensjahr besonders ausgeprägt (Zimmerman & Christakis 2005).

Fernsehen und Bildungsbiographie

Sind erst einmal die sprachlichen und kognitiven Grundvoraussetzungen eines Menschen vergleichsweise ungünstiger entwickelt, leidet seine gesamte Bildungsbiographie, wie die weltweit erste prospektive Geburtskohortenstudie zu den Auswirkungen des Fernsehens von Kindern und Jugendlichen auf deren Bildungsniveau als Erwachsene zeigt (Hancox et al. 2005). Hierzu wurden zunächst alle Kinder erfasst, die im neuseeländischen Dunedin, einer Stadt auf der Südinsel, vom 1. April 1972 bis 31. März 1973 geboren worden waren (Silva & Stanton 1996). Als die Kinder das Alter von drei Jahren erreichten, wurden die Familien erstmals untersucht, wodurch man eine Gruppengröße von 1.037 Kindern erhielt. In weiteren Abständen von zwei bis drei Jahren (das heißt im Alter von 5, 7, 9, 11, 13, 15, 18 und 21 Jahren) wurden dann weitere Befragungen und Untersuchungen durchgeführt. Zuletzt geschah dies im Alter von 26 Jahren, als es immerhin gelang, 980 (96%) der 1.019 noch lebenden Teilnehmer der Studie zu untersuchen.

Als die Kinder fünf, sieben, neun und elf Jahre alt waren, wurden die Eltern nach der Zeit des durchschnittlichen Fernsehkonsums an einem Wochentag befragt. Bei den späteren Befragungen im Alter von 13, 15 und 21 Jahren zum Fernsehkonsum konnten die Teilnehmer selbst zu ihrem Fernsehkonsum an Wochentagen und an Wochenenden befragt werden. Diese Daten dienten der Berechnung der mittleren Fernsehdauer zwischen fünf und 15 Jahren. Darüber hinaus wurde der Fernsehkonsum für die Zeiträume Kindheit (fünf bis elf Jahre) und Jugend (13 bis 15 Jahre) separat berechnet. Im Alter von 26 Jahren wurde das erreichte Bildungsniveau auf einer Skala von 1 (keine berufliche Qualifikation) bis 4 (Universitätsabschluss) eingestuft. Mittels eines Fragebogens wurde zudem der sozioökonomische Status der Herkunftsfamilie (berechnet als Mittelwert der entsprechenden Variablen zwischen der Geburt und dem Alter von 15 Jahren) erfasst und mithilfe von Intelligenztests zu den Messzeitpunkten der IQ der Kinder bestimmt.

Der wesentliche Befund der Studie, deren Daten aufgrund ihres Längsschnittcharakters als sehr verlässlich eingestuft werden können, ist der, dass der Fernsehkonsum der Kinder bzw. Jugendlichen im Alter zwischen fünf und 15 Jahren mit einem geringeren erreichten Bildungsniveau im Alter von 26 Jahren einhergeht (Abb. 12.3).

Da niedriger IQ und niedriger sozioökonomischer Status sowohl mit schlechterem Ausbildungsabschluss als auch mit vermehrtem Fernsehkonsum korrelierte, ist von Bedeutung, dass man diese beiden Faktoren aus dem Zusammenhang von Fernsehkonsum und Bildungsniveau herausrechnet. Aber auch danach blieb der Zusammenhang bestehen und war signifikant. Mit anderen Worten: Es ist durchaus der Fall, dass weniger begabte Kinder oder Kinder aus unteren sozialen Schichten mehr fernsehen, aber dieser Effekt allein kann den Zusammenhang zwischen Fernsehkonsum und Bildung nicht vollständig erklären. Dieser Zusammenhang – je mehr ferngesehen wird, desto schlechter das erreichte Bildungsniveau – ist damit real und kein statistisches Artefakt.

Interessant ist weiterhin die Tatsache, dass der Fernsehkonsum im Jugendalter (13 und 15 Jahre) vor allem mit dem Verlassen der Schule ohne jeglichen Abschluss in Zusammenhang stand; ein geringer Fernsehkonsum im Kindesalter dagegen am stärksten mit dem Erreichen eines Universitätsabschlusses verbunden war. Beim ersten Befund ist nämlich die Rich-

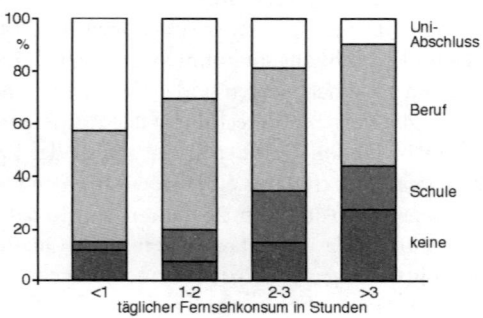

12.3 Einfluss des täglichen Fernsehkonsums in Kindheit und Jugend auf die berufliche Qualifikation im Alter von 26 Jahren. Jede Säule entspricht 100% der jeweiligen Untergruppe mit einem täglichen Fernsehkonsum von weniger als einer Stunde, ein bis zwei Stunden, zwei bis drei Stunden und mehr als drei Stunden (schwarz: kein Abschluss; dunkelgrau: Schulabschluss; hellgrau: beruflicher Abschluss; weiß: Universitätsabschluss; Daten aus Hancox et al. 2005, S. 616).

tung der Verursachung nicht klar: Es könnte sein, dass die Jugendlichen zu viel fernsehen und deswegen die Schule verlassen; es könnte aber auch sein, dass sie sich in der Schule langweilen und deswegen mehr fernsehen. Der negative Zusammenhang zwischen Fernsehen in der Kindheit und dem Abschluss eines Universitätsstudiums hingegen lässt sich nicht in dieser Weise ursächlich neutral deuten. Hier bleibt nur der Schluss, dass das Fernsehen den erreichten Bildungsabschluss negativ beeinträchtigt.

Man fand weiterhin, dass das Fernsehen die berufliche Qualifikation der Kinder mit mittlerem Intelligenzniveau am deutlichsten beeinflusste. Mit anderen Worten: Der gering Begabte hat, relativ unabhängig vom täglichen Fernsehkonsum, eher keinen Abschluss, und der Hochbegabte landet an der Universität, ebenso unabhängig vom täglichen Fernsehkonsum. Was aber mit der breiten Masse in der Mitte geschieht, hängt wesentlich davon ab, wie viel ferngesehen wird.

Computer

Computer verarbeiten Informationen. Denkende und vor allem lernende Menschen auch. Daraus allein scheint für viele zwangsläufig zu folgen, dass Computer ideale Werkzeuge sein müssten, um dem Menschen das Lernen zu erleichtern. Und weil Lernen in der Schule stattfindet, seien Schulen flächendeckend mit Computern auszustatten. – So etwa muss die Logik gewesen sein, nach der man vor geraumer Zeit bereits Schulen mit PCs ausgestattet hat, ohne dass zunächst klar war, wer damit eigentlich was macht. Computerhardware tut nur das, was die auf ihr laufende Software angibt, und gute Lern- oder gar Bildungssoftware gab es zum Zeitpunkt der Einführung von Computern nicht (Abb. 12.4). Entsprechend zeigte eine im Jahr 2002 publizierte Studie (Angrist & Levy), dass computergestützter Unterricht den Schulerfolg negativ beeinflusst.

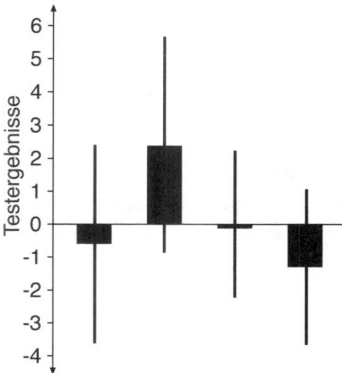

12.4 Ergebnisse einer Studie zu Mathematik-Lernsoftware des US-amerikanischen Bildungsministeriums (Campuzano et al. 2009; vgl. auch Mervis 2009). Dargestellt sind die Effekte – Mittelwerte (Säulen) und die Schwankungsbreite (schmale Balken) – von vier Softwarepaketen auf die Testergebnisse in Mathematik. Die schmalen Balken kreuzen jeweils die Null-Linie, was bedeutet, dass die Effekte in keinem Fall statistisch bedeutsam waren.

Dies erklärt zwei daraus resultierende Entwicklungen. Zum einen gab man den Forderungen der Arbeitgeber nach, dass junge Auszubildende den Umgang mit Anwendersoftware in der Schule lernen müssten, so dass dies nicht mehr im Rahmen der Lehre zu erfolgen habe. Und so wurde aus den Schwächen der Produkte der weltgrößten Softwarefirma das Schulfach Informationstechnik (IT). Reduziert wurde zum Ausgleich nicht selten Unterricht in vermeintlich unwichtigen Fächern wie Kunst, Musik und Sport. Zum zweiten wussten manche Schüler mit Computern durchaus schon etwas Interessantes anzufangen: Ballern. Und weil das alleine langweilig ist, wurden so genannte LAN-Partys organisiert. Man traf sich am Freitagnachmittag in der Schule, vernetzte die Computer (baute ein *local area network – LAN –* auf) und verwendete die auf Staatskosten angeschaffte Rechenleistung zu kollektiven Gewaltspielen, die bis zum Montagmorgen dauerten. Die Hersteller entsprechender kollektiver Tötungstrainigs-Software (Spitzer 2005) argumentieren bis heute, dass die Jungendlichen hierdurch soziale Kompetenz einüben würden, weshalb man sie in diesen Bemühungen unterstützen müsse (Spitzer 2009). Die Kultusministerien vieler Länder sahen das anders und erließen – nicht zuletzt auf Druck vieler besorgter Eltern – mit einigen Jahren Verspätung Verbote solcher LAN-Partys an Schulen.

Unter dem Schlagwort *Computer-Literacy* erreichte der Gedanke, das Erlernen der Bedienung des Computers sei etwa so wichtig wie das Erlernen des Lesens, in den USA weite Verbreitung. Hierzulande ist es mit dem Schlagwort der *Medienkompetenz* nicht viel anders. Bei dieser handle es sich, so wird behauptet, um etwa das Gleiche wie bei der Lesekompetenz, also um eine „Schlüsselkompetenz", „Kernkompetenz" bzw. „Kulturtechnik". Betrachtet man jedoch genau, was in Schulen unter dem Mäntelchen des Übens von Medienkompetenz tatsächlich geschieht, so geht es in aller Regel weder um das Programmieren, um Boolsche Algebra oder um andere grundlegende, am Computer lernbare intellektuelle Tätigkeiten, sondern meist um nichts weiter als oberflächliche Kenntnisse verbreiteter Anwendersoftware sowie die Benutzung des Computers als Lexikon, in Verbindung mit Internet und Suchmaschinen. Die Schwächen der Softwareprodukte des weltgrößten Herstellers wurden zum Schulfach. Ich kenne keine Studie, die gezeigt hat, dass hierdurch irgendjemand gebildeter geworden ist. Oder glaubt etwa jemand ernsthaft, dass Jugendliche schlauer werden, wenn in der Schule das Lesen und Schreiben durch die Funktionen *Kopieren* und *Einfügen* ersetzt wird?

Google statt hermeneutischer Zirkel

Wer diese Frage für polemische Rhetorik hält, betrachte nur den ganz normalen Alltag an deutschen Schulen. Seit einigen Jahren ist man stolz darauf, dass Referate mit Powerpoint gehalten werden, was jedoch deren Qualität nicht verbessert hat. Man hat damit allerdings vor allem den männlichen Schülern der Mittelstufe das Lesen von Büchern gänzlich abgewöhnt. Sie konkurrieren mittlerweile darum, wer mit dem geringsten Aufwand (und vor allem: ohne irgendetwas wirklich zu wissen) die beste Note im Referat bekommt. *Google* macht es möglich! Papierflieger im Deutschunterricht zu bauen ist out; *Kopieren* und *Einfügen* heißt der neue Sport, *ohne* zu denken oder gar zu lernen.

Hierzu passt, was Londoner Bibliothekare kürzlich über das Suchverhalten von Nutzern ihres Online-Katalogs in Abhängigkeit vom Alter der Nutzer berichteten. Normalerweise sucht man, indem man sich zwischen Quellen vor- und zurückbewegt (man also eine Spur verfolgt, sie aber wieder aufgibt, bei einer guten Quelle erneut startet und sich auf diese Weise immer besser in der Vielfalt des Wissens zurechtzufinden lernt). Junge Menschen durchlaufen jedoch diesen *hermeneutischen Zirkel* des Verstehens nicht mehr, sondern klicken nur ein paar Mal oberflächlich hie und da etwas an und hören dann mit ihrer Suche wieder auf.

Dieser Befund lässt Zweifel an der Meinung der Gurus von E-Learning, Edutainment, Computer-Literacy und Medienkompetenz aufkommen, Zweifel an der Aussage, es handele sich bei einem Computer um eine Art High-Tech-Version des Nürnberger Trichters. Viele Eltern sind dennoch verunsichert und kaufen allein schon aus diesem Grund ihren Kindern einen Computer: Sie sollen es einmal besser haben; wer einen PC nicht bedienen kann, sei von den Segnungen der modernen Gesellschaft ausgeschlossen (etwa wie derjenige, der nicht lesen kann). Aus dem gleichen Grund schaffen auch Kindergärten und Schulen Computer an. Besonders kritisch zu betrachten ist die Tatsache, dass durch Schlagworte wie

Computer-Literacy (in den USA) oder Medienkompetenz (hierzulande) gerade den verunsicherten Eltern aus sozial eher schwachen Schichten vorgegaukelt wird, sie würden etwas Gutes tun, wenn sie ihr knappes Geld in rasch veraltende Hard- und Software stecken. „Wenn Sie ihr Kind nicht von klein auf vor den Computer setzen, dann ist sein Schicksal als Fließbandarbeiter oder Mülltonnenleerer besiegelt", suggeriert die Industrie – und (Medien-) Pädagogen stimmen fröhlich ins gleiche Lied ein. Viele Eltern meinen daraufhin, sich den Computer für den Nachwuchs vom Munde absparen zu müssen.

Betrachtet man die wissenschaftlichen Erkenntnisse zu Auswirkungen des Computers auf Kinder und Jugendliche, so zeigt sich, wie heimtückisch diese Vermarktungsstrategie in Wahrheit ist: Sozial schwache Familien kaufen ein Gerät – letztlich aus Sorge um die Zukunft der Kinder – und bewirken damit genau das Gegenteil dessen, was sie wollen, denn Computer machen die Bildung der jungen Menschen nicht besser, sondern schlechter. Die Industrie operiert also geschickt mit der Sorge und Angst der Eltern aus sozial schwachen Schichten, um ihnen auch noch das letzte Geld aus den Taschen zu ziehen. Und das Fiese daran ist: Was die Eltern dann tun, bewirkt genau das, was sie *nicht* wollen und wovor sie sich sorgen und ängstigen.

Die Benutzung des Computers im frühen Kindergartenalter kann zu Aufmerksamkeitsstörungen führen (Christakis 2004), im späteren Kindergartenalter zu Lesestörungen (Ennemoser & Schneider 2007). Im Schulalter bewirkt der Computer soziale Isolation, wie zunächst amerikanische Studien (Kraut et al. 1998; Sanders et al. 2000; Subrahmanyam et al. 2000) und mittlerweile auch deutsche Studien (Thalemann et al. 2004). In diesem Zusammenhang ist die Auswertung von Daten der PISA-Studie zum Einfluss der Verfügbarkeit von Computern auf die Leistungen in der Schule (Fuchs & Woessmann 2004) von besonderer Bedeutung. Zunächst schienen diese Daten *für* die Nutzung von Computern zu sprechen: Ein Schüler mit Computer sei in Mathematik und im Lesen besser als ein Schüler ohne Computer. Betrachtet man die Daten jedoch genauer (multivariate Analyse), zeigt sich ein ganz anderes Bild: Rechnet man den Einfluss des Elternhauses (sozioökonomischer Hintergrund, Bildungsstand, Beruf, Anzahl der Bücher im Haushalt und einige weitere Messgrößen) sowie der Schule (Klassengröße, Lehrerausbildung, Gelder für Lehr-

und Lernmittel etc.) heraus, so ergibt sich: Computer in Schulen zeigen *keinen positiven* Einfluss auf die Schulleistungen; und ein Computer zu Hause bewirkt *schlechtere* Schulleistungen. Dies betrifft jeweils sowohl das Rechnen als auch das Lesen. Die Autoren kommentieren ihre Ergebnisse wie folgt:

„Das bloße Vorhandensein von Computern zu Hause führt zunächst einmal dazu, dass die Kinder Computerspiele spielen. Dies hält sie vom Lernen ab und wirkt sich negativ auf den Schulerfolg aus. [...] Im Hinblick auf den Gebrauch von Computern in der Schule zeigte sich einerseits, dass diejenigen Schülerinnen und Schüler, die nie einen Computer gebrauchen, geringfügig schlechtere Leistungen aufweisen als diejenigen, die den Computer einige Male pro Jahr bis einige Male pro Monat benutzen. [...] Auf der anderen Seite sind die Leistungen im Lesen und Rechnen von denjenigen, die den Computer mehrmals wöchentlich einsetzen, deutlich schlechter. Und das Gleiche zeigt sich auch für den Internetgebrauch in der Schule." (Fuchs & Woessmann 2004, S. 15f).

Insgesamt zeigte sich ein umgekehrt u-förmiger Zusammenhang zwischen Computer- und Internetgebrauch einerseits und Schulleistungen andererseits (Abb. 12.5). Am schlechtesten waren die Leistungen jeweils bei denjenigen, die Computer und Internet am häufigsten nutzten (wobei „häufig" als „mehrmals pro Woche" definiert war und die Kategorien „mehrmals täglich" oder „mehrmals stündlich" gar nicht vorkamen). Die Autoren sagen zudem sehr deutlich, dass die Zeit am Computer dem Lernen und auch der Kreativität abgeht, so dass ein insgesamt deutlich negativer Einfluss resultiert. Mit diesem Befund stehen die Autoren nicht alleine: Bereits 1998 zeigte die Übersicht von Kirkpatrick und Cuban einen negativen Effekt von Computern auf die schulische Leistung. Zudem ist bekannt, dass Computerkenntnisse sich nicht auf den Verdienst eines Arbeiters auswirken, Kenntnisse in Mathematik oder Deutsch jedoch sehr wohl (Borghans & ter Weel 2004).

Dies alles bedeutet nicht, dass Computer in der Zukunft keinen Beitrag zur Bildung leisten könnten: Sie sind langmütiger als jeder Vater und jede Mutter und eignen sich daher besser zum Abhören von Vokabeln. Sie können sich auf die Stärken und Schwächen und vor allem auf das Wissen und die Wissenslücken der Schüler einstellen. Und sie können dem Lehrer viel Zeit sparen, indem sie ihm Routineaufgaben abnehmen und ihm so-

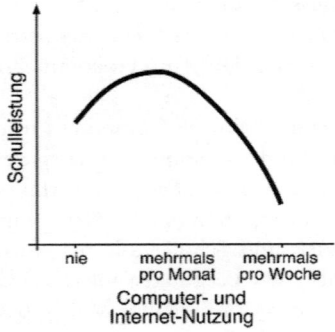

12.5 Zusammenhang zwischen Computer- und Internetnutzung und Schulleistung.

mit helfen, sich auf sein Kerngeschäft, das individuelle Lernen jedes einzelnen Schülers, wirklich zu konzentrieren. Hierfür bedarf es jedoch der Entwicklung entsprechender Software, die derzeit noch am Anfang steht.

Den Lehrer beimischen

Es geht also um nichts weniger als um eine kleine Revolution im Bereich des computer- gestützten Unterrichts, der einen miserablen Start hatte. Übereifer, Profitgier, überzogene Erwartungen und Betriebsblindheit für Risiken und Nebenwirkungen haben schon vor einigen Jahren für das Versagen von *E-Learning* gesorgt. Jetzt habe man etwas besseres, sagen die Vertreter der Community, und sprechen von *Blended Learning.* To blend heißt auf Deutsch „mischen" und neu hinzugemischt zum Lernen wird – der Lehrer! Nur dann, so die neue (alte) Einsicht, wenn ein Mensch einem anderen Menschen das Problem zunächst erklärt, zwischendurch auf Lernfortschritt achtet und entsprechend belohnt sowie am Ende nochmals die Dinge durchspricht, gelingt Lernen wirklich. Der Computer alleine leistet das nicht. Aber er kann einen guten Lehrer ganz enorm unterstützen und dafür sorgen, dass es zu mehr Lernen und weniger Frust kommt. So steigt die Effizienz des Unterrichts, ohne dass Lehrer oder Schüler mehr Zeit einsetzen müssen.

Ich persönlich halte es für eine Dreistigkeit erster Güte, wie heute zuweilen das Blended Learning als letzter Schrei verkauft wird. Lehrer sollten sich dagegen wehren, dass sie dem Lernen „beigemischt" werden sollen – schon die Ausdrucksweise ist respektlos und tut so, als sei der Lehrer eben noch – neben Festplatte, CPU und Internetanschluss – eine weitere Zutat für das richtige Rezept zum Lernen. Ein *blender* (engl.) ist ein Küchengerät (ein *Mixer*), der Ausdruck verrät damit das mechanistische Verständnis derer, die Blended Learning anpreisen. Das Lernen in Bildungseinrichtungen ist jedoch ein aktiver Prozess zwischen Menschen, die ihm nicht irgendwie hinzugemischt werden, sondern die ihn seinem Wesen nach tragen.

Die Vertreter von E-Learning hätten zunächst einmal einfach und ehrlich sagen können, dass man mit dem Computer alleine nicht lernen kann. Genau das haben ja unzählige Versuche letztlich ergeben. Tummeln sich wirklich nur geblendete, für die tatsächlichen Bedürfnisse von lernenden Menschen völlig taube Marktschreier und Marketingstrategen auf dem Bildungsmarktplatz? – Mein Eindruck ist, dass nicht wenige Lehrer dem ewig alten „Neuen" nicht zuletzt deswegen skeptisch gegenüberstehen, weil sie spüren, dass sie von Menschen an der Nase herumgeführt werden, die nie mit wirklichen Schülern zu tun haben.

Computer haben durchaus das Zeug dazu, den Unterricht an unseren Schulen zu verbessern. Dass ihr Einsatz eher mit dem Hässlichen begann, sich zum Schlechten mauserte und erst in jüngster Zeit das Gute am Horizont aufscheinen lässt, kann man der Hardware nicht anlasten. Es kommt jetzt darauf an, dass man sie im Rahmen der für die kommenden Jahre geforderten Bildungsoffensive – erstmals – richtig einsetzt. Hierzu bedarf es guter Software, in deren Entwicklung und vor allem Erprobung mehr investiert werden muss (vgl. Kapitel 15, Seite 252).

13 Lehrer: Aus- und Weiterbildung

Die Frage, wie Lehrer am besten ausgewählt, ausgebildet und weitergebildet werden, verdiente eigentlich ein ganzes Buch! Sie kann hier nur kurz angerissen werden, und zwar aus der Sicht eines Mediziners und zugleich eines Vaters von Schulkindern. Beginnen möchte ich mit zwei Beobachtungen. Die eine stammt von Michael Fritz, Grund- und Hauptschullehrer, ehemaliger Schulleiter und seit sechs Jahren Geschäftsführer des von mir 2004 in Ulm gegründeten *Transferzentrums für Neurowissenschaften und Lernen* (ZNL). Er kommt viel herum und hat mir irgendwann einmal eine Beobachtung beschrieben, die er in einer ganz normalen Schule gemacht hat. Die zweite Beobachtung stammt von meinem Sohn Thomas, der an einer deutschen Universität studiert und die Situation von Lehramtsstudenten beschreibt.

Der Alltag von Schülern und Lehrern

Tobias besucht die fünfte Klasse einer sächsischen Mittelschule. Auf dem Stundenplan stehen heute fünf verschiedene Fächer: Technik, Erdkunde, Biologie, Englisch, Ethik. Da drei der fünf Fächer dieses Tages in Fachräumen unterrichtet werden, wechselt Tobias fünfmal Raum, Tisch und Stuhl. Die Arbeitsplätze muss er am Ende der Stunde wieder räumen, ohne persönliche Spuren hinterlassen zu haben. Jede Unterrichtsstunde dauert exakt 45 Minuten. In jeder Stunde trifft Tobias auf eine neue Lehrkraft, die der Klasse mitteilt: „Heute wollen wir…" Kein einziges Mal wird Tobias gefragt, ob er selbst das auch will. In drei der fünf Stunden wird Tobias einer Arbeitsgruppe zugewiesen, deren Zusammensetzung ausschließlich von der jeweiligen Lehrkraft bestimmt wird. Die Kriterien zur Zusammenstellung der Gruppen lauten: „Fenster-, Mittel- und Wandgruppe", „die in den ersten/mittleren/hinteren Reihen sitzen", „Fahrschüler/Orts-ansässige". Richtig bitter wird es für den zwölfjährigen Tobias allerdings nur, als er zufällig in eine Mädchengruppe gerät. In den beiden anderen Gruppen ist eine wirkliche Kooperation mit den anderen Schülern eigent-lich gar nicht notwendig, um an der geforderten Aufgabe zu arbeiten. Am Ende jeder Stunde werden die Arbeitsergebnisse, die meistens in Form aus-gefüllter Arbeitsblätter bestehen, in Mappen verstaut – gleichgültig, ob Tobias den Anweisungen entsprochen hat oder nicht, ob er die Arbeit ab-geschlossen hat oder nicht, ob seine Ergebnisse richtig sind oder nicht. To-bias verhält sich an diesem Tag weitgehend unauffällig. Nur zu Beginn der dritten Unterrichtsstunde schlägt Tobias mit seiner Stirn dreimal hinter-einander auf die Tischplatte und stöhnt geräuschvoll auf. Die anwesende Lehrkraft geht nicht darauf ein. Während der fünften Stunde – es ist das Fach Ethik, die Lehrerin führt in das Thema „Mythologien" ein und hat das Lernziel, den Schülern zu erklären, was Mythen sind – erhält Tobias einen Verweis: Er gibt eine fachlich korrekte Definition des Begriffes „My-thos" – allerdings gleich zu Beginn der Stunde und ohne vorher gestreckt zu haben. Hierdurch hat er das didaktische Konzept der Lehrerin durch-kreuzt. Danach gefragt, wie er den Nachmittag dieses Tages gestalten wer-de, berichtet er eifrig von seiner Mitarbeit in einem schulisch organisierten Ganztagsangebot. Er hilft in einer Schäferei mit, in der an diesem Tag, kurz vor dem Wintereinbruch, die Stallungen wind- und wetterfest ge-macht werden müssen. Seine Sätze leitet er ein mit „Ich will ...", „Dazu müssen wir ...", „Ich finde es immer ganz toll, wenn ..."

Ganz offensichtlich stimmt etwas nicht mit dem Schulalltag dieses Schülers. Und weil es sich hier um einen ganz normalen Alltag eines ganz normalen Schülers handelt, gibt es wenig Grund anzunehmen, dass andere Schüler andere Erlebnisse haben.

Betrachten wir einmal den Alltag von Studenten, die auf das Lehramt hin studieren, später also einmal Lehrer werden wollen. Diesen Alltag be-schreibt mein Sohn Thomas in einer E-Mail wie folgt:

„Zunächst sei gesagt, dass ich als Mathematik-Student kein Experte auf dem Gebiet der Erziehungswissenschaften (EWS) bin. Mein Eindruck mag drastisch sein, aber auch ich sitze in der Mensa ungern allein, habe viele gute Freunde, die Lehrer werden wollen, und bin an den Bereichen Pädagogik und Didaktik nicht uninteressiert.

Offenbar muss man – um Lehrer zu werden – eine handvoll EWS-Scheine machen, wobei man bei der Wahl der Fächer gewisse Freiheiten zu haben scheint. So kommt es zum Beispiel, dass wir in der Philosophie (meinem Nebenfach) immer wieder von Lehramtsstudenten besucht werden – wobei hier wirklich nur von einem Besuch die Rede sein kann. Lehramtsstudenten kommen in der Regel zehn Minuten zu spät, setzen sich dann ganz hinten in den Hörsaal, trinken Kaffee, schauen aus dem Fenster, blättern in Zeitschriften und malen Mandalas. Das kann – und darf – ihnen niemand verübeln. Denn der Lehrplan eines Lehramtsstudenten ist oft so vollgepackt mit Seminaren, Vorlesungen und Übungen, dass man gar nicht anders kann als teilnehmen, auf die Klausur lernen und dann hoffen, die Klausur irgendwie zu bestehen, um – wie bei einem Computerspiel – ins nächste Level zu gelangen. Frei nach dem Motto: Dabei sein ist alles.

Und eben weil der Lehramtsstudent so gestresst ist und jeder normale Mensch dafür Verständnis aufbringen muss („denn später habt ihrs ja auch nicht leichter – mit den ganzen kleinen Bälgern"), werden die EWS-Scheine zu reinen *Dabei-sein-ist-alles*-Scheinen. Was konkret bedeutet, dass unser Philosophie-Professor gleich am Anfang des Semesters gesagt hat, man müsse als Lehramtsstudent unbedingt groß und fett EWS auf die Klausur schreiben, damit das in die „Bewertung mit einfließen" könne. Was so viel heißt wie: „Dann bestehen Sie das auf jeden Fall." Und dabei sind Philosophie-Klausuren alles andere als kompliziert.

Das Ganze kann dann natürlich wiederum als direkte Aufforderung aufgefasst werden, nicht aktiv teilzunehmen, sondern tatsächlich nur anwesend zu sein. Als leere körperliche Hülle.

Und das prägt die „Lehrämtler": Lehramtsstudenten haben – das muss man einfach so sagen – was den Stoff anbelangt von Tuten und Blasen keine Ahnung, sind dafür furchtbar gut darin, sich ihre Zeit einzuteilen. Lehrämtler wissen immer, wo es den besten Kaffee gibt und wo die billigsten Kopien. Hauptsache organisieren. Hauptsache, irgendwann irgendwo sein. Oder eben zehn Minuten zu spät.

Da stellt sich mir – nicht nur als Philosophie-Student – sofort die Frage nach dem Sinn. Auf der einen Seite mussten meine ewig gehetzten, dafür aber freundlichen, Lehramtskommilitonen an irgendeinem Punkt zu dem werden, was sie sind (und sie haben es ja wirklich nicht leicht). Zum anderen denke ich mir immer wieder: Was kann der fertige Lehrer seinen Schülern denn schon groß vermitteln außer dabei sein, körperlich anwesend, Kaffee trinken, aus dem Fenster schauen, Zeitschriften blättern, Mandalas malen, für Kumpels mitschreiben, von Kumpels kopieren, Karteikärtchen machen, auf Klausur pauken, Klausur bestehen, wieder Kaffee trinken, aus dem Fenster schauen, Zeitschriften blättern?"

Die verblüffende Ähnlichkeit von Schüleralltag und Lehramtsstudentenalltag sticht ins Auge: sinnloses Auswendiglernen, nicht-selbstbestimmtes Lernen, indirekt gesagt bekommen, dass man ein Versager ist („Lehrämtler" werden überall „besonders" behandelt, man weiß ja, sie studieren nicht wirklich ihr Fach, sondern werden „nur Lehrer"), keine Zeit zum Nachdenken haben, die Zeit vielmehr irgendwie herumbringen müssen. Nicht wirklich ernst genommen werden (die Arbeiten des Schülers werden bestenfalls „abgeheftet", die der Lehramtsstudenten „wohlwollend" benotet) gehört zum Schlimmsten, was man jungen Menschen – Schülern wie Studenten – antun kann. Dies wurde gleich mehrfach in den entsprechenden Kapiteln dieses Buchs deutlich. „Ja, ich kann etwas!", „Darauf bin ich stolz!", sind demgegenüber Sätze, die ein Lernender sagen können muss, die ihn tragen, auch wenn es mal schwierig wird. Gibt es hierzu keine Gelegenheit, resultieren gewiss keine Neugierde oder Motivation; es stellen sich vielmehr Frustration, Angst, Stress und deren langfristige medizinisch relevante Folgen ein.

Gesund, gestresst, ausgebrannt?

Die in Deutschland wahrscheinlich bedeutsamste Studie hierzu stammt von einer Potsdamer Arbeitsgruppe um den Psychologen Uwe Schaarschmidt (Schaarschmidt 2005; Schaarschmidt & Kieschke 2007). Es ging um die psychische Gesundheit in Berufen mit erhöhter Belastung, insbesondere um die Bewältigung psychischer Anforderungen bei Lehrkräften (also um „Lehrerstress", wie dies im Volksmund heißt). Mittels eigens entwickelter Fragebögen wurden insgesamt 16.753 Personen untersucht, insbesondere Lehrerinnen und Lehrer aus verschiedenen Regionen Deutschlands (7.693, davon 4.229 in den alten Bundesländern) sowie aus Österreich (363), England (355), Russland (255) und Polen (289). Hinzu kamen 411 Schulleiter, 116 Referendare, 752 deutsche und österreichische Studierende für das Lehramt sowie andere Berufsgruppen zum Vergleich: 3.653 aus dem Bereich des Strafvollzugs, 851 Polizisten, 382 Feuerwehrleute, 378 Krankenschwestern und -pfleger, 205 Erzieher, 764 Existenzgründer und 185 auf einem Sozialamt tätige Menschen. Man befragte sie alle detailliert daraufhin, wie sie ihren Beruf erleben und was sie im Einzelnen tun.

Aus der Stressforschung weiß man seit langem, dass „Stress" nicht durch die objektiven Umstände, sondern durch das subjektive Erleben bedingt ist. Das in unserem Zusammenhang wichtigste Tierexperiment hierzu (vgl. Spitzer 2002a): Zwei Ratten befinden sich in je einem Käfig in zwei verschiedenen Räumen. Die eine hat eine Lampe im Käfig und immer, wenn diese aufleuchtet, bekommt sie einen kleinen leicht schmerzhaften elektrischen Schock, es sei denn, sie drückt ganz schnell eine Taste. Man stellt die Sache so ein, dass die Ratte es meistens schafft, dem Schock zu entgehen. Die andere Ratte bekommt ganz einfach immer dann einen Schock, wenn die erste einen bekommt. Ansonsten hat sie nichts zu tun. Man möchte nun meinen, dass der „Alltag" der ersten Ratte „recht stressig" ist – dauernd aufpassen, gelegentlich rasch reagieren –, wohingegen die andere Ratte gemütlich im Käfig sitzt und nur gelegentlich durch einen Schock belästigt wird; die erste hat Stress, die zweite nicht. So könnte man meinen, liegt damit aber genau falsch! Denn die erste erlebt, dass sie ihr „Schicksal" einigermaßen im Griff hat, wohingegen sich die zweite den gelegentlich auftretenden Schocks völlig ausgeliefert erlebt. Bestimmt man nun objektive Maße von Stress (Stresshormone im Blut oder Langzeitfolgen wie Bluthochdruck oder Magengeschwüre), findet man diese bei der *zweiten* Ratte (die nichts weiter tun kann) und *nicht* bei der ersten. Aus Experimenten wie diesen wurde klar, dass Stress vor allem davon abhängt, wie man seine Situation erlebt und welche Spielräume des Verhaltens man für sich selber für möglich hält. Freiheit und Selbstbestimmung sind das Gegenteil von Stress.

Die Potsdamer Wissenschaftler untersuchten nicht nur Lehrerinnen und Lehrer, sondern auch andere Berufsgruppen wie Polizisten, Krankenpflegepersonal, Sozialarbeiter und Unternehmer. Mittels ihres diagnostischen Instruments, das vor allem die Bereiche *Arbeitsengagement, Widerstandsfähigkeit und Emotionen* erfasste, konnten sie vier unterschiedliche, relativ stabile Muster des Erlebens und Verhaltens identifizieren, die einerseits psychische Gesundheit und andererseits gesundheitliche Risiken anzeigen. Diese Muster sind[1]

- *Gesundheit* (Engagement, Belastbarkeit, Zufriedenheit)
- *Schonung* (wenig Engagement, Gelassenheit, mittlere Zufriedenheit)
- *Stress* (Selbstüberforderung, starkes Engagement bei geringer Belastbarkeit/Zufriedenheit)
- *Burnout* (Resignation, Überforderung, geringes Engagement, geringe Belastbarkeit/Zufriedenheit).

Sowohl *Gesundheit* als auch *Schonung* sind Verhaltensmuster, die langfristig letztlich eher mit Gesundheit einhergehen. *Stress* und Selbstüberforderung mit großem Arbeitseinsatz und gleichzeitigem Ausbleiben von Erlebnissen der Anerkennung hingegen wird seit langem mit einem erhöhten Risiko von Herz-Kreislauferkrankungen in Verbindung gebracht (man nennt diesen Verhaltenstypus in der Forschungsliteratur seit etwa vier Jahrzehnten auch *Typ-A*). Die Resignation, verbunden mit herabgesetzter Widerstandsfähigkeit und negativen Emotionen bezeichnet man in der gegenwärtigen Forschung häufig mit dem Begriff des *Burnout*. Diese Erlebens- und Verhaltensmuster zeigen einen deutlichen Zusammenhang sowohl mit seelischer als auch mit körperlicher Gesundheit (Abb. 13.1).

Wer gesund ist oder sich schont, kann sich ferner besser entspannen, achtet eher auf seine Gesundheit, erholt sich aktiv und erlebt sich sowohl als fachlich als auch erzieherisch vergleichsweise kompetenter. Fragt man nach der Bewältigung des Berufs in den vergangenen zwei bis drei Jahren, so wird es bei den Gesunden eher besser, bei den Gestressten oder Resignierenden schlechter. Interessant ist auch ein Ost-West-Unterschied: Stress gibt es mehr im Osten (Brandenburg, Polen), Schonung eher im

---

1 Ich verwende diese Begriffe hier (leicht abweichend von Schaarschmidt, der von den Typen G, S, A und B spricht) zur Vereinfachung und aus mnemotechnischen Gründen.

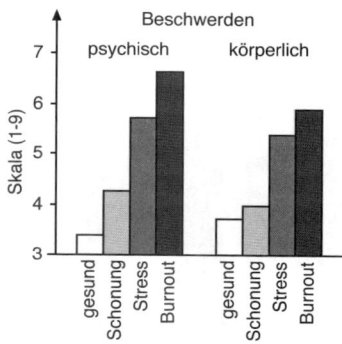

13.1 Psychische und körperliche Beschwerden bei Personen mit unterschiedlichem Typ ihres beruflichen Erlebens- und Verhaltensmusters (Mittelwerte bei insgesamt 948 Personen; nach Schaarschmidt & Kieschke 2007, S. 32). Alle Unterschiede zwischen den Säulen links sind signifikant; rechts unterschieden sich die beiden gesunfen Muster von den beiden kranken signifikant.

Westen (Niedersachsen, Bremen, Österreich). Berlin liegt dazwischen; teilt man es in den Ost- und West-Teil, zeigt sich wiederum das gleiche Muster signifikant. Abbildung 13.2 zeigt beispielhaft die Verteilung der vier Muster bei den Lehrern in Brandenburg und Baden-Württemberg.

Frauen erwiesen sich insgesamt als kränker verglichen mit den Männern (Schaarschmidt & Fischer 1998; Schaarschmidt 2005). In Grundschule und Gymnasium findet man vergleichsweise mehr Stress, in der Haupt- und Gesamtschule dagegen mehr Burnout. Im Hinblick auf das Alter fand man praktisch keine Unterschiede, aber hierzu später.

Der Vergleich des jeweiligen Anteils der vier Muster bzw. Typen über verschiedene Berufsgruppen hinweg zeigt, dass bei Lehrerinnen und Lehrern die krankmachenden Erlebens- und Verhaltensmuster *Stress* und *Burnout* am häufigsten vorkommen (Abb. 13.3). Lediglich auf dem Sozialamt tätige Menschen (nicht abgebildet) erleben sich ähnlich belastet. Erziehern geht es ein klein wenig besser, mit weniger als halb so viel Stress und entsprechend mehr Schonung. Danach folgen Krankenpflege, Strafvollzug, Polizei und Feuerwehr, also alles Berufe, die bekanntermaßen mit Not und Leid, schwierigen zwischenmenschlichen Situationen und ganz

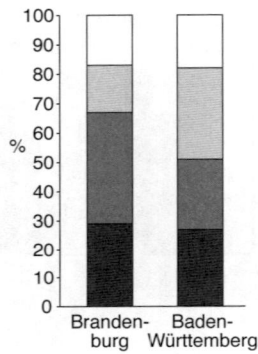

13.2 Anteil der vier Muster bzw. Typen von berufsbezogenem Erleben und Verhalten (*gesund:* weiß; *Schonung:* hellgrau; *Stress:* dunkelgrau; *Burnout:* schwarz) bei den Lehrern in Brandenburg und Baden-Württemberg, welche den größten Unterschied des Anteils der beiden pathologischen Bewältigungsmuster aufwiesen (Muster *Stress* plus Muster *Burnout:* in Brandenburg mehr als zwei Drittel, in Baden-Württemberg die Hälfte aller untersuchten Lehrkräfte) (nach Schaarschmidt 2005, S. 49).

allgemein mit hohen Belastungen verbunden sind. Existenzgründer sind hingegen deutlich gesünder, wenn auch gestresster. Wer sich schonen will oder an Burnout leidet, gehört jedoch kaum zu dieser Gruppe.

Ein höheres Krankheitsrisiko als in Deutschland haben die Lehrer in Russland, Polen und Tschechien, aber auch in England. Geringer als bei den deutschen Lehrern ist es bei den Österreichern.

Von besonderer Bedeutung für das vorliegende Kapitel erscheinen mir die Daten zu den Erlebens- und Verhaltensmustern über verschiedene Altersgruppen, einschließlich der Lehramtsstudenten und Referendare (Abb. 13.4). Hier zeigt sich insgesamt eine Abnahme gesunden Erlebens und Verhaltens sowie eine Zunahme des Musters *Stress*. Der Anteil des Musters *Schonung* ist bei den Studenten am höchsten, und der Anteil des Musters *Burnout* ist bei den Lehramtsstudenten ebenso hoch wie bei den Lehrern, die mehr als 35 Jahre im Beruf sind. Gerade beim Betrachten dieses Musters mit dem stärksten Risiko für die Entwicklung körperlicher

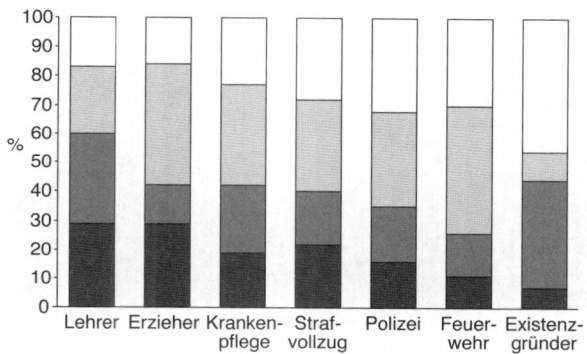

13.3 Anteil der vier Muster bzw. Typen von berufsbezogenem Erleben und Verhalten (*gesund:* weiß; *Schonung:* hellgrau; *Stress:* dunkelgrau; *Burnout:* schwarz) bei verschiedenen Berufsgruppen in Deutschland. Bei Lehrern zeigt sich der größte Anteil der beiden pathologischen Bewältigungsmuster *Stress* und *Burnout* (nach Schaarschmidt 2005, S. 42).

und seelischer Probleme bzw. Krankheiten fällt auf, dass es – mit Ausnahme der Lehrer im ersten Jahr – in allen Altersgruppen mit 25 bis 30 % einen hohen Anteil hat.[2]

Drei Gedanken seien an dieser Stelle noch abschließend zu diesem kurzen Ausflug in die Medizin für Lehrer angeführt: Zum einen ist der Anteil der früher aus dem Beruf Ausscheidenden („Drop-Out"-Rate) im Lehrerberuf bekanntermaßen besonders hoch. Damit zeigt die Abbildung 13.4 nicht wirklich die volle Dramatik der berufsbedingten Entwicklung pathologischer Erlebnis- und Verhaltensmuster. Insbesondere die Tatsache, dass sich kein Ansteigen (sondern eher eine geringfügige Abnahme) der Risikomuster in den rechts dargestellten Gruppen höheren (Berufs-)Alters zeigt, deutet darauf hin, dass hier die „übrig gebliebenen" relativ Gesunden das Bild prägen.

---

2 Dieser Befund ist deswegen so bedenkenswert, weil bereits in Kapitel 2 klar wurde, dass nur derjenige, der für sein Fach brennt, andere dafür begeistern kann.

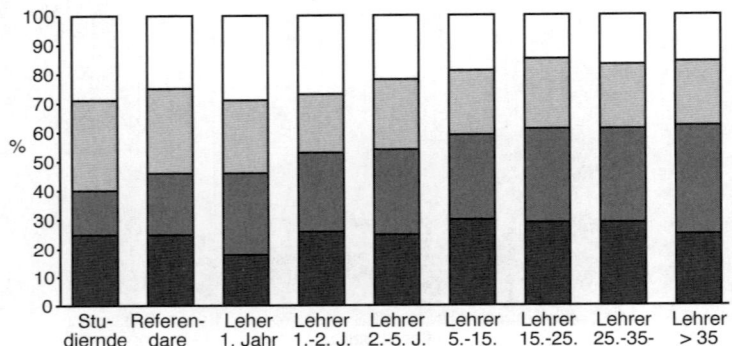

13.4 Altersabhängigkeit des Anteils der vier Muster bzw. Typen von berufsbezogenem Erleben und Verhalten (*gesund:* weiß; *Schonung:* hellgrau; *Stress:* dunkelgrau; *Burnout:* schwarz) bei Lehrern über die gesamte Berufsspanne hinweg, angefangen bei Lehramtsstudenten und Referendaren bis hin zu Lehrern, die mehr als 35 Jahre im Beruf sind in Deutschland. *Gesundheit* nimmt ab, *Stress* nimmt zu; *Burnout* bleibt nahezu gleich (nach Schaarschmidt 2005, S. 58, 69).

Zweitens erweist sich nach diesen Daten der Begriff *Burnout* letztlich als falsch gewählt, denn er impliziert, dass jemand zunächst „für sein Tun gebrannt hat" und durch übermäßigen Einsatz dann irgendwann eben „ausgebrannt" ist. Dies mag im Einzelfall zwar der Fall sein, zumal, wie eben gerade betont, der Anteil der Pathologie real größer sein muss als dies in der Grafik zum Ausdruck kommt, da diese die Drop-Outs nicht berücksichtigt. Dennoch legen die Daten nahe, dass viele Lehrer mit *Burnout* letztlich nie *gebrannt* haben, denn bei 25 % der Studierenden für das Lehramt lag dieses Muster bereits vor!

Diese Lehrer, die nicht ausgebrannt sind, sondern nie gebrannt haben, hätten ihren Beruf nie ergreifen sollen, und sie wissen dies auch! Dieser dritte und letzte Gedanke zeigt sich an folgendem Befund: Man befragte die untersuchten Studierenden unter anderem danach, wie sie die Richtigkeit ihrer Berufswahl auf einer Skala von 1 bis 5 einschätzen, von „1. Ich bin mir sehr unsicher, dass der Lehrerberuf der richtige Beruf für mich ist" bis „5. Ich bin mir sehr sicher, dass der Lehrerberuf der richtige Beruf für mich ist". Hierbei zeigte sich ein sehr deutlicher Zusammenhang zwischen der Selbsteinschätzung der Richtigkeit der Berufswahl und der Häufigkeit der vier Muster (Abb. 13.5). Wer sich nicht wirklich sicher ist, dass er Lehrer werden will, sollte den Beruf nicht ergreifen.

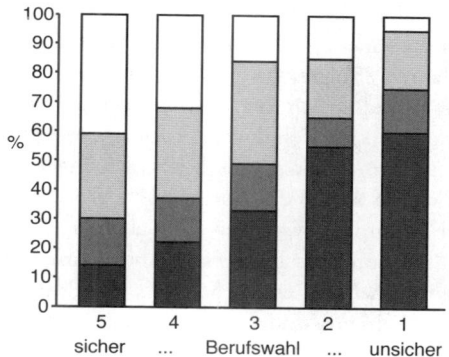

13.5 Abhängigkeit des Anteils der vier Muster bzw. Typen von berufsbezogenem Erleben und Verhalten (*gesund:* weiß; *Schonung:* hellgrau; *Stress:* dunkelgrau; *Burnout:* schwarz) von der Selbsteinschätzung der Richtigkeit der Berufswahl bei Lehramtsstudierenden. Im Zweifel nicht – dieses Motto gilt für den Lehrerberuf wie fürs Überholen (nach Schaarschmidt 2005, S. 69).

Lernen am Modell

Werdende Lehrer lernen nicht anders als Schüler: aktiv und selbstbestimmt. Und vor allem am Modell. Lehramtsstudenten sollten also die Möglichkeit haben, Unterricht zu beobachten. Dies sollte wie in der Medizin so erfolgen, dass der Universitätslehrer selbst unterrichtet und dann darüber mit den Studenten spricht. Wie bereits in Kapitel 1 erwähnt, schließt meine Tätigkeit als Lehrer von Medizin selbstverständlich ein, dass ich Patienten betreue. Wie könnte ich den Studenten vermitteln, wie sich depressive Menschen fühlen? Wie würde klar, was es unter den heute üblichen Lebensbedingungen heißt, depressiv, suchtkrank oder dement zu sein? Schlimmer noch: Wie könnte ich angehenden Ärzten vermitteln, wie man depressive Menschen nach dem heutigen Stand des Wissens optimal behandelt? Referendare kommen an die Studienseminare und wollen praktisch tätig werden. Man sagt ihnen dann: „Vergessen Sie bitte alles, was Sie im Studium an grauer Theorie gelernt haben! Hier haben Sie es mit wirklichen Schülern zu tun!"

Abhilfe könnte aus meiner Sicht, der Sicht eines Quereinsteigers in die Bildung, der aus einem Fach kommt, das Grundlagenforschung und Praxis seit 150 Jahren erfolgreich verbindet, nur dadurch geschaffen werden, dass Lehrer grundsätzlich nur dort ausgebildet werden sollten, wo auch Schüler sind. Und nur derjenige, der auch Schüler unterrichtet, darf Lehrer ausbilden. Damit wären eine Reihe wichtiger Forderungen erfüllt: Warum sollen Sie sich all dies vorstellen? – Weil Sie dann einen Eindruck davon bekommen, was im Bereich der Lehrerbildung der Normalfall ist. Professoren für Pädagogik haben keine Schüler. Die „Praxis" erleben Studenten irgendwo an Schulen, losgelöst von der Theorie. Nirgends erfahren Lehramtsstudenten, wie ihr theoretisches Wissen von demjenigen, der es lehrt, konkret angewendet wird. Die Lehren der Professoren sind nicht in der Praxis geerdet. Die Mentoren von Referendaren können sich wiederum nicht wirklich auf Wissenschaft, sondern lediglich auf angesammelte Erfahrungen berufen. Dies entspricht schlichtweg nicht den heutigen Möglichkeiten des Wissenserwerbs und der empirischen Absicherung von Wissen. Ob etwas wirkt oder nicht, lässt sich klarer begründen als mit „ich sehe doch, dass es klappt".

- Junge Lehrer kämen nicht mehr unvorbereitet an die Schulen.
- Ein Klima der konstruktiven Diskussion und Kritik von Unterricht würde vorgelebt.
- Junge Lehrer verfügten bei Berufsanfang über eine Unterrichtserfahrungsbasis.
- Der Schulstoff würde permanent akademisch reflektiert und auf seine Notwendigkeit hin hinterfragt.

Mir ist durchaus sehr bewusst, dass diese Forderung nicht leicht umzusetzen ist, politisch und praktisch. Denn für die Ausbildung von Lehrern ist letztlich der Wissenschaftsminister zuständig, für die Schulen dagegen der Kultusminister. Zudem gilt die Freiheit der Forschung und Lehre an den Universitäten. Und es würde gelten, dass man eine Schule in der universitären Pädagogik jeweils integriert (man muss täglich über Schüler stolpern), was wahrscheinlich nicht ganz einfach ist. Zudem sollte gelten, was für Universitätskliniken auch gilt: „Einfache" Patienten kommen nicht zu uns; wir kümmern uns vielmehr um die schwierigen. Entsprechend sollte an einem pädagogischen Institut kein normales Gymnasium oder gar eine Hochbegabtenschule untergebracht werden, sondern eine Brennpunktschule. Alle Zweige und alle Klassen. Nur so lernt ein Lehrer wirklich, was er später können muss. Andernfalls, und dies zeigt die Forschung sehr deutlich, lernt ein Lehrer an der Universität graue Theorie, kommt in die Praxis, merkt, dass die Theorie nicht funktioniert – und verfällt in genau diejenigen alten Verhaltensmuster, die er aus seiner Zeit als Schüler kennen gelernt hat. Und so geht es weiter und nichts, im Grunde wirklich gar nichts, ändert sich langfristig an Schulen. Man könnte das ändern. Aber einfach ist es nicht.

Mentoren und lebenslanges Lernen

Ganz allgemein sei zunächst angemerkt, dass es aufgrund der unterschiedlichen Charakteristika der Informationsverarbeitung von Menschen in verschiedenen Lebensabschnitten von Vorteil sein muss, wenn Menschen verschiedenen Alters miteinander lernen und arbeiten. Der eine hat eine größere und genauere Wissensbasis, der andere ein größeres Arbeitsgedächtnis oder eine raschere Verarbeitungsgeschwindigkeit. Wenn dann ein Problem in einer solchen Gemeinschaft intensiv bearbeitet wird, dann wird die Wahrscheinlichkeit einer guten Lösung maximal sein. Kein anderer als Wilhelm von Humboldt hat dies klar gesehen, wenn er mit Blick auf die Universität und damit die von ihm immer wieder propagierte Gemeinschaft von Lehrenden und Lernenden sagt: „Der Gang der Wissenschaft ist offenbar auf einer Universität, wo sie immerfort in einer großen Menge und zwar kräftiger, rüstiger und jugendlicher Köpfe umhergewälzt wird, rascher und lebendiger". Die Herausforderung besteht darin, diesen Sachverhalt auf die Institutionen des Lernens anzuwenden. Wer das Altern nur als lästig, als Problem einer auf dem Kopf stehenden Populationspyramide oder als Problem der Umverteilung ansieht, hat hierbei schon verloren.

Lebenslanges Lernen gehört zu den gesellschaftlichen Herausforderungen der Zukunft. Ältere Menschen lernen zwar langsamer als junge, dafür haben sie jedoch bereits sehr viel gelernt und können dieses Wissen dazu einsetzen, neues Wissen zu integrieren. Je mehr man schon weiß, desto besser kann man neue Inhalte mit bereits vorhandenem Wissen verknüpfen. Da Lernen zu einem nicht geringen Teil im Schaffen solcher interner Verbindungen besteht, haben ältere Menschen beim Lernen einen Vorteil! Wissen kann helfen, neues Wissen zu strukturieren, einzuordnen und zu verankern.

Wissen kann aber auch den Blick verstellen, kann regelrecht blind machen für das, was direkt vor unseren Augen liegt. Für ältere Menschen ist es daher wichtig, einerseits offen zu bleiben und andererseits das angesammelte Wissen zum Lernen zu verwenden. Programme zur beruflichen Weiterbildung müssen dies nutzen, um effektiv zu sein. Dies ist nicht leicht zu realisieren, wie die Praxis zeigt, wo die Weiterbildung ohne Rücksicht auf das Alter der Betreffenden erfolgt. Wenn aber jeder genau die gleiche Fortbildung bekommt, funktioniert dies mit jungen Mitarbeitern am besten, mit älteren am schlechtesten, was wiederum gerne als Argument für die Bevorzugung jüngerer Mitarbeiter angeführt wird. Vergessen wird dabei der große Erfahrungsschatz älterer Mitarbeiter, der dann zum Tragen kommt, wenn Selbstständigkeit, Konstruktivität und Problemlösekapazität verlangt sind. Wer schon viele Probleme gelöst hat, kann neu auftauchende Schwierigkeiten besser einordnen, er hat einen Erfahrungs-Schatz, der nicht umsonst so heißt.

Im Hinblick auf die Qualifikation zum Lehrer und die lebenslange Weiterbildung lässt sich ableiten, dass es ein Mentorenverhältnis älterer, erfahrener Lehrer zu jungen, erst am Anfang stehenden Lehrern geben sollte. Dieses in der Medizin längst übliche Arrangement (ein erfahrener Oberarzt betreut etwa eine Handvoll Assistenzärzte) sollte auch an Schulen zur Regel werden. Nur so kann sich eine Kultur der Diskussion über eigene Erfahrungen, eine erfolgreiche Weitergabe dessen, was funktioniert, und damit eine konstruktive kritische Atmosphäre bei der Reflexion des Verhaltens des Lehrenden einstellen. Ganz nebenbei sorgen die jungen Lehrer für die Aktualisierung des Wissens ihrer älteren Kollegen, halten sie mit ihren Fragen und Problemen auf Trab.

Regelmäßige Unterrichtsbesuche – gegenseitig durch die jungen Lehrer sowie durch den Mentor – müssen an Schulen der Normalfall werden. Hierbei darf es nicht um „Kontrolle" gehen, sondern um Unterstützung. Für entsprechende Stellen und Freistellungen sollte gesorgt werden für die Mentoren, die nicht nur jüngere Kollegen betreuen, sondern den Unterricht auch selbst übernehmen, nicht zuletzt immer dann, wenn der junge Kollege Schwierigkeiten hat. Das Verhältnis Betreuer zu Betreuten sollte, wie in der Medizin auch, bei etwa eins zu fünf liegen, nicht bei eins zu 50 (wie dies bei einem für 50 Lehrer zuständigen Rektor der Fall ist). Eine solche Zwischenebene ist bislang allenfalls durch Fachleiter implementiert, es geht hierbei jedoch um mehr als um fachliche Abstimmung und Qualifizierung. Die Kunst des Lehrens lernt man – wie die Kunst der Medizin auch – am Beispiel. Daher muss man institutionell die Möglichkeit schaffen, dass jeder Praktiker genügend solcher Beispiele erfahren kann.

Das Gehirn für Lehrer: ein Curriculum

Inhaltlich gilt für die allgemeine pädagogische Ausbildung von Lehrern, dass „alte Zöpfe" abzuschaffen sind, so dass genügend Raum für neue Erkenntnisse zur Verfügung steht. Der Sachverhalt des Lernens gehört zu den wichtigsten Forschungsgegenständen der Neurowissenschaften. Die gewonnenen Erkenntnisse sind für den Alltag in Institutionen des Lernens (vom Kindergarten über die Schule bis hin zur Universität) relevant. Da die Erkenntnisse der Gehirnforschung bislang nicht Gegenstand in der Lehrerausbildung sind, ergibt sich die Notwendigkeit von Änderungen in der Ausbildung sowie zu Weiterqualifikationsmaßnahmen. Diese sollte auf drei Säulen ruhen:

1. Prinzipien der Gehirnforschung sollten vermittelt werden, sofern sie wesentlich für die pädagogische Arbeit sind.
2. Der Zusammenhang zwischen neurowissenschaftlicher Grundlagenforschung und pädagogischer Anwendung sollte verständlich gemacht werden. Hierzu kann das medizinische Modell dienen: Grundlagenforschung schränkt den Suchraum möglicher Anwendungen ein und erlaubt somit die gezielte empirische Forschung solcher Anwendungen. Anders ausgedrückt: Nur die Grundlagenfor-

schung verhindert, dass man empirisch Daten sammelnd „im Dunkeln tappt".

3. Neben dem Verständnis grundlegender Erkenntnisse aus der Neurowissenschaft für die Pädagogik und dem Verhältnis von Grundlagenforschung und Anwendungsforschung im Sinne translationaler Forschung sollten drittens Fallbeispiele diskutiert werden, die direkt für Bildungsprozesse relevant sind.

Solange noch nicht alle Lehrer während ihrer Ausbildung entsprechende Lehrveranstaltungen durchlaufen haben, sollte ein *Curriculum* zur berufsbegleitenden Weiterbildung entwickelt werden, das u. a. die folgenden Inhalte abdeckt:

1. Prinzipien aus der Gehirnforschung und wichtige Grundkenntnisse: Neuroplastizität, Modularität, Vernetzung, Entwicklung (bis ins Erwachsenenalter), Pubertät, Gehirnfunktionen (Kortex und Hippocampus, implizit-explizit, Basalganglien, das Unbewusste); Emotionen (Angst, Mandelkern; Glück, Nucleus accumbens); Neuromodulatoren (Dopamin, Serotonin, Noradrenalin).

2. Translationale Forschung

*   Fallbeispiele zum medizinischen Modell (aus Medizin und Pädagogik).

*   Fallbeispiele zu naturwissenschaftlicher Erkenntnis (z. B. Diskussion der Argumente in Problemfeldern wie „global warming", „Homöopathie", „intelligent design" etc. – klar werden soll: was man weiß, wie man es weiß, was man nicht weiß).

*   Klärung der Begriffe Wahrheit (definitionsgemäß versus empirisch) und Wissenschaft; wissenschaftliches Vorgehen (Hypothesenprüfung, Signifikanzprüfung, statistische Grundlagen).

Wenn möglich, sollten die Dinge nicht nur theoretisch erörtert, sondern praktisch in kleinen Experimenten ausprobiert werden. Hieraus sollten konkrete Anwendungen resultieren.

Das Ganze sollte als gemischtes Curriculum durchgeführt werden: einführende Phasen (Frontalunterricht), direkte Beschäftigung mit Forschungsprimärliteratur im Rahmen von Kurzreferaten, Gruppenarbeit und Diskussionen, kleine praktische wissenschaftliche Projekte, die an der jeweiligen Schule selbstständig durchzuführen sind. Diskussion der Ergebnisse; erneute Hypothesenbildung, etc.

Kürzlich wurde dieses Vorgehen im Fachblatt *Science* von führenden Neuro- und Erziehungswissenschaftlern unter der Überschrift *Grundlagen einer neuen Wissenschaft des Lernens* wie folgt beschrieben (Meltzoff et al. 2009, S. 288, Übersetzung und eckige Klammern vom Autor):

„Konvergierende Entdeckungen in den Bereichen der Psychologie, der Neurowissenschaft und des maschinellen Lernens [in neuronalen Netzwerken] haben zu Prinzipien des menschlichen Lernens geführt, die in Veränderungen der Theorie dessen, was Erziehung ist, resultierten sowie in Änderungen der Konzeption von Lernumgebungen. Umgekehrt führt die Praxis des Lehrens und Lernens zu neuen experimentellen Studien."[3]

Es muss uns auch hierzulande gelingen, Veränderungen herbeizuführen, und Bildungsprozesse vom Lernenden her – und damit den Lernenden und auch den Lehrer jeweils neu – zu betrachten. Die Gehirnforschung kann hierzu einen Beitrag leisten, indem sie Lernen auf eine naturwissenschaftliche Basis stellt und die Kunst des Lehrens als Anwendung dieses Wissens begreift – analog zur Heilkunst als angewandte Naturwissenschaft. Damit würde nicht zuletzt auch das Ansehen der Lehrer wieder gestärkt und der Beruf wieder für die Besten eines Jahrgangs attraktiv. Etwas anderes hat die zu bildende junge Generation nicht verdient!

---

3 „A convergence of discoveries in psychology, neuroscience, and machine learning has resulted in principles of human learning that are leading to changes in educational theory and the design of learning environments. Reciprocally, educational practice is leading to the design of new experimental work."

14 Grundlagenforschung für die Praxis

Wie bekommt man Erkenntnisse über die Mechanismen des Lernens aus der neurowissenschaftlichen Grundlagenforschung in den schulischen Alltag? – Diese Frage ist keineswegs trivial, und der aufmerksame Leser wird sie sich vielleicht im Verlauf der Lektüre dieses Buchs schon mehrfach selbst gestellt haben. „Von selbst" geschieht es jedenfalls nicht. Viele Professoren der Pädagogik empfinden die Gehirnforschung als unerwünschte Einmischung in ihre inneren Angelegenheiten und bekämpfen sie nach Kräften. Wie sollen diese Erkenntnisse dann in die Ausbildung der Lehrer eingehen, von einem direkten Transfer in die Schulen einmal gar nicht zu reden?

Wissenschaft ist kein einheitliches Geschäft. Es handelt sich bei ihr vielmehr um einen ganzen Kanon von Tätigkeiten, die das Ziel haben, klar zu sagen und zu verstehen, was es alles gibt. Hierzu gehört oft die Beschreibung dessen, was es gibt, was man mit oder ohne Hilfsmittel (vor-)finden kann (Tiere, Pflanzen, Berge, Flüsse, alte Knochen, junge Sterne, Wasser, Luft, ferne Inseln und nahe Mitmenschen). Man kann die Dinge zudem analysieren, sie zerlegen, in Teile, Bestandteile, deren Zusammenspiel man wiederum versuchen kann zu verstehen. Neben der Analyse sind hierzu Experimente hilfreich, bei denen man bestimmte Fragen stellt, indem man bestimmte Größen verändert, um die Auswirkung auf andere Größen zu messen. Das Verstehen von Zusammenhängen zeigt dann zuweilen, wie etwas funktioniert, von einfachen Mechanismen bis zu komplizierten Zusammenhängen zwischen Teilen, die zusammenspielen und ein System bilden. Oft ist es zum Verständnis von Systemen notwendig, vereinfachte Modelle zu entwerfen und deren Verhalten zu untersuchen. Zur Beschreibung von Dingen, Zusammenhängen, Mechanismen, Funktionen, Systemen oder Modellen eignet sich neben der natürlichen Sprache vor allem die Sprache der Mathematik besonders gut. Mittels der Sprache ist es vor allem möglich, Wissen zu speichern und weiterzugeben. Das Produzieren und Verstehen von Texten gehört damit ebenfalls zur Wissenschaft wie das Klären von Begriffen, das Verstehen zeitlicher Abläufe oder das unerschöpfliche Bemühen, sich selbst besser zu verstehen.

Ich halte nichts von „Kästchendenken", von Versuchen, Felder abzustecken oder die Welt in Seinsbereiche einzuteilen. Zwar gehört das Einteilen zu den Lieblingsbeschäftigungen mancher Wissenschaftler (und kann durchaus beim Verstehen von Dingen bis Systemen helfen), aber in der Welt „draußen", wo wirkliche Menschen wirkliche Probleme haben und saubere Luft, Wasser, Nahrung, Wärme und ein Dach über dem Kopf brauchen, helfen solche Einteilungen nicht weiter. Ein guter Koch, Gärtner oder Bäcker wendet neben Physik, Chemie, Biologie auch kulturelles Wissen, Ökonomie, Psychologie, Physiologie und Soziologie an und interpretiert zudem Bücher und Menschen, Aussagen und Ansprüche. Neben wahren Aussagen geht es im wirklichen Leben daher immer auch um richtiges, dem Kontext angemessenes Handeln. Die Antwort auf Fragen wie „bin ich schwanger?", „habe ich Krebs?" oder „stürzt das Flugzeug ab?" lauten nie: „von welchem Wahrheitsbegriff sollen wir ausgehen?" oder „meinen Sie das natur- oder geisteswissenschaftlich?"

Grabenkämpfe zwischen Natur- und Geisteswissenschaftlern nützen dem Verständnis von Bildungsprozessen ebenso wenig wie das Ausspielen hermeneutischer gegen empirische Methoden. Man kann auch Texte empirisch betrachten und muss Daten immer interpretieren. Interessant ist etwas immer dann, wenn man etwas Neues, Unerwartetes, Überraschendes findet.

Ich glaube, dass gerade im Hinblick auf das Problem der Anwendung allgemeiner grundlagenwissenschaftlicher Erkenntnisse auf den konkreten Alltag im Bereich der Medizin seit weit über hundert Jahren Erfahrungen vorliegen, von denen der Bereich der Bildung profitieren kann. Hiervon handelt dieses Kapitel.

Translationale Forschung

Zur Sicherstellung der praktischen Anwendbarkeit grundlagenwissen-schaftlicher Erkenntnisse gibt es in der Medizin seit langem die *translationale Forschung*. Früher sprach man von *Anwendungsforschung* oder auch von *interdisziplinärer* Forschung, weil Praktiker und Theoretiker notwendigerweise zusammenarbeiten müssen. Der Grundgedanke der translationalen Forschung ist einfach und im Bereich der Medizin gut entwickelt: Erkenntnisse aus der Grundlagenforschung werden auf ihre praktische Anwendbarkeit hin geprüft, so dass sie nicht im sprichwörtlichen wissenschaftlichen Elfenbeinturm verbleiben, sondern dem Wohl der Gemeinschaft dienen. Es geht also um Strategien, mit deren Hilfe der intellektuelle Reichtum der biomedizinischen Forschung in praktischen Reichtum für die Gesellschaft umgesetzt werden kann. In der Medizin wird dadurch *aus Wissen Heilung*.

Aus Sicht vieler Grundlagenwissenschaftler haftet dieser Anwendungsforschung etwas Zweitklassiges an, geht es doch „nur" um die Anwendung bereits vorhandenen Wissens. Das sei Sache der (Pharma-) Industrie, hört man des Öfteren. Vergessen wird dabei gerne, dass Grundlagenforschungsergebnisse nichts nützen, wenn sie nicht Eingang in das praktische Handeln erhalten. Daher gibt es auch die Warnung, man dürfe die Anwendungsforschung nicht vernachlässigen und müsse ihr einen größeren Stellenwert einräumen.

Im Bereich der Medizin wurden in den vergangenen Jahrzehnten klare Standards translationaler Forschung entwickelt, zu denen Randomisierung und Verblindung ebenso gehören wie die objektive und zuverlässige Datenerhebung sowie die statistischen Verfahren zu deren Auswertung. Dies musste geschehen, denn die Erfahrungen und Beobachtungen der praktizierenden beteiligten Personen sind eine Sache, der konkrete Nachweis positiver Effekte ihres Handelns eine ganz andere. Mit einer ungeprüften „Praxologie" und dem „gefühlten" Wissen um die Wirksamkeit einer Maßnahme ist niemandem gedient. Vielmehr bedarf ein solcher Wirksamkeitsnachweis einer Maßnahme (sei das ein pädagogisches Programm wie die Ganzheitsmethode des Lesenlernens oder das Theaterspielen, eine Psychotherapie, ein Medikament oder eine Operation) einer empirischen Überprüfung entlang fest vereinbarter standardisierter Regeln. Denn wenn ein Mensch mit einem anderen Menschen irgendetwas tut (das berühmte „Handauflegen" in der Medizin), dann geht es dem anderen oft hinterher besser. Will man wissen, ob eine bestimmte Maßnahme wirklich einen spezifischen Effekt hat, braucht man mehr als nur Erfahrungen beim Einzelnen.

Evidenz durch Kontrolle und Randomisierung

Ein zentrales Moment in diesem Regelwerk ist der Einsatz einer Kontrollgruppe, d.h. einer Gruppe von Personen auf die die Maßnahme nicht oder in anderer Form angewendet wird. Die Zuweisung zur Kontrollgruppe oder zur Gruppe mit der zu überprüfenden Maßnahme muss unbedingt zufällig (z.B. mittels Losverfahren) erfolgen. Man spricht auch von *Randomisierung* (engl. *random*: Zufall). Nur so kann verhindert werden, dass „die Guten" in die eine und „die Schlechten" in die andere Gruppe kommen und so das Ergebnis durch die Selektion der Teilnehmer bereits vorgezeichnet ist. Werden in der Medizin beispielsweise die leichter Kranken medikamentös behandelt und die schwerer Kranken operiert und versterben dann mehr aus der Gruppe der schwerer Kranken, dann sagt dies gar nichts über die Wirksamkeit der beiden Therapieverfahren. Oder stellt man beispielsweise fest, dass Adoptivkinder intelligenter sind als Heimkinder, so sagt dies zunächst nur darüber etwas aus, nach welchen Gesichtspunkten sich Eltern Kinder aus Heimen aussuchen, um sie mit nach Hause zu nehmen (siehe unten).

Ein anderes zentrales Moment im Regelwerk der empirischen Nachweisbarkeitsprüfung ist das *Vorher-Nachher-Design*, d.h. Messungen vor und nach der Maßnahme sind wichtig, weil man nur so Veränderungen messen kann, die durch die Maßnahme bedingt wurden. Das genannte methodische Vorgehen – man spricht von einem kontrollierten randomisierten experimentellen Design mit Wiederholungsmessung – ist im medizinischen Bereich seit langem Standard, wenn es um die Frage geht, was eine bestimmte Maßnahme ganz konkret bringt. Im pädagogischen Bereich (in dem dieses Vorgehen genauso schwierig, aber auch genauso möglich ist wie in der Medizin!) setzt es sich jedoch erst langsam durch. Man spricht daher seit einiger Zeit auch – in Analogie zur Evidenz-basierten Medizin – von *Evidenz-basierter Pädagogik.*

Der Stellenwert individueller Erfahrungen durch den Praktiker sei durch diese methodischen Überlegungen keineswegs geschmälert. Wovon sollte man ausgehen, wenn nicht von eigenen Beobachtungen und Erfahrungen? „Eine Paste aus schimmeligem Brot ist gut gegen eine eitrige Wunde." – Das wusste man schon im Mittelalter, rein aus entsprechenden Beobachtungen bei der praktischen Anwendung volksmedizinischer Rezepte. Aber man wusste weder, wie viel Schimmel (und welchen) es braucht, noch wusste man, warum das so ist. „Immer wenn meine Petri-Schalen verschimmelt sind, wachsen die Bakterien schlecht." Diese Beobachtung machte der Entdecker des Penicillins, der spätere Nobelpreisträger Alexander Fleming. Es war dabei mit dieser Beobachtung keineswegs getan. Vielmehr war es ein langer, sehr arbeitsreicher Weg bis zum heutigen klinischen Alltag mit routinemäßiger Anwendung verschiedener Antibiotika (in verschiedenen Dosierungen) bei den verschiedensten Infektionskrankheiten.

Zweierlei war wichtig für diesen Weg: Zum einen wurde durch Wissensfortschritt in der Grundlagenwissenschaft der Biochemie immer klarer, welche *Mechanismen* der Wirkung von Antibiotika auf Bakterien zugrunde liegen. Und zum anderen folgten auf unzählige einzelne Beobachtungen vieler Ärzte an vielen Patienten hypothesengeleitete kontrollierte randomisierte Studien an noch mehr Patienten, durch die geklärt wurde: Bei Blasenentzündung mit dem Keim X genügt die Einmalgabe von Medikament A in der Dosierung von x Milligramm; bei Lungentuberkulose mit dem Bakterienstamm Y braucht es ein halbes Jahr die Medikamente B und C in der Tagesdosis von y und z Milligramm. Kurz: Aus einzelner Erfahrung wurde allgemeines Wissen.

Meinungen auf dem Prüfstand

„Ein p-Wert von 5% bedeutet doch auch, dass die Ergebnisse jeder zwanzigsten wissenschaftlichen Studie nicht zutreffen." Man belächelt heute gerne das „Streben nach Signifikanz", und es ist in manchen Kreisen sogar

üblich, sich über „Erbsenzähler" lustig zu machen. Dieser Hochmut ist jedoch unangebracht, denn sobald wir in die Apotheke gehen und ein Medikament gegen Kopfschmerzen oder irgendein anderes Gebrechen
erwerben, haben wir die „Jagd nach Signifikanz" (wie zuweilen gespottet
wird) schon unterschrieben. Von völligem Unverständnis zeugt es, wenn
der auf translationaler Forschung gegründeten medizinischen Praxis die so
genannte „Erfahrungsmedizin" gegenübergestellt wird. Translationale
Forschung besteht ja gerade darin, Grundlagenforschung in Erfahrungen
umzusetzen. Und das Besondere an ihr ist, dass nicht jeder seine eigenen
Erfahrungen macht („bei mir hat es geholfen" – „bei mir nicht" – Ende der
Diskussion), sondern dass man auf eine kontrollierte und nachvollziehbare
Weise Erfahrungen gewinnt, die ein Maß an Allgemeingültigkeit haben,
das sich sogar quantifizieren lässt. Schulmedizin (die immer nur dann so
heißt, wenn sie verteufelt wird) ist daher Erfahrungsmedizin im besten
Sinne des Wortes. „Erfahrungsmedizin" entpuppt sich in aller Regel dagegen einfach nur als schlechte Medizin, weil die Erfahrungen gerade *nicht*
auf eine von allen nachvollziehbare und allgemeingültige Weise gewonnen
wurden.

Wie wichtig translationale Forschung in der Medizin ist, zeigt sich
immer dann, wenn althergebrachte „Erfahrungen" auf den Prüfstand
kommen. Betrachten wir ein ganz alltägliches und zugleich sehr instrukti-
ves kürzlich publiziertes Beispiel: Was ist bei einem verstauchten Fuß zu
tun? „Das ist doch klar: früh bewegen, damit die Beweglichkeit des so
wichtigen Sprunggelenks erhalten bleibt und die Funktion rasch wieder-
hergestellt wird", sagen die meisten Ärzte und handeln entsprechend. „Ist
doch klar: ruhigstellen", sagen andere Ärzte und können sich hierbei auf
Erfahrungen berufen, die an anderen Gelenken gewonnen wurden: Eine
Zerrung im Bereich der Schulter oder des Ellenbogens wird in aller Regel
durch Ruhigstellung behandelt. Beim Sprunggelenk war dies jedoch –
ebenso in aller Regel (ohne dass irgendjemand hätte angeben können, warum) – anders und man bewegte früh. Was ist nun richtig?

Um dies herauszufinden unterzogen sich einige Ärzte der Mühe einer
Studie an über 1.000 Patienten. Die Teilnehmer wurden gefragt, ob sie an
einer Studie teilnehmen möchten, wurden genau untersucht und dann per
Zufall in verschiedene Behandlungsgruppen aufgeteilt. Dann wurde das
Gelenk entweder auf verschiedene Weise ruhiggestellt oder früh bewegt.

Nach drei Monaten schaute man sich das Behandlungsergebnis an und fand: Die bislang gängige Behandlungspraxis (früh bewegen) war falsch. Zehn Tage Ruhigstellung im Gips bringt dagegen die besten langfristigen Ergebnisse (Lamb et al. 2009).

Diese Studie ist ein schönes Beispiel dafür, wie wichtig translationale Forschung ist: Jeder praktisch tätige Arzt hat mit Verstauchungen und Zerrungen zu tun; und manchmal heilt es besser, manchmal schlechter. Jeder wird seine Beobachtungen anstellen, wird aber dabei leicht Selbsttäuschungen, Beobachtungsfehlern, systematischen Wahrnehmungsverzerrungen etc. aufsitzen und damit eben nur „seine eigenen Erfahrungen" machen. Daher gibt es im Bereich der Medizin die *Cochrane Collaboration* (www.cochrane.org), ein weltweites Netz von Wissenschaftlern und Ärzten, deren Ziel es Ziel ist, systematische Übersichten (*systematic reviews*) zur Bewertung von medizinischen Therapien zu erstellen, aktuell zu halten und zu verbreiten, um damit den Transfer des akkumulierten medizinischen Wissens in die klinische Praxis zu erleichtern.

In praktisch allen Bereichen außerhalb der Medizin befindet sich translationale Forschung noch in den Anfängen. Zwar gibt es die *Campbell Collaboration*[1] (www.campbellcollaboration.org), die sich als sozialwissenschaftliches Analogon zur medizinischen Cochrane Collaboration versteht (vgl. Anon 2009), jedoch kann sie auf deutlich weniger entsprechende Studien zurückgreifen, um Fragen systematisch beantworten zu können. Wie lange sollte eine Schulstunde dauern? Bei Kindern welchen Alters? In welchem Fach? Wie lässt sich Kriminalität auf den Straßen vermindern? Welche Maßnahmen im Strafvollzug wirken präventiv, welche bewirken das Gegenteil? Wie sieht der richtige Mix aus Freiheit, Gerechtigkeit und Gleichheit aus, in dem menschliche Gemeinschaften nachhaltig und dauerhaft funktionieren? In ländlichen Gesellschaften? In großen Städten? In Bezug auf Gesundheitssystem, Besteuerung, Arbeitslosen- und Rentenversicherung?

Fragen wie diese werden hierzulande praktisch ausschließlich ideologisch diskutiert. Dabei wird übersehen, dass solche Fragen auch als Gegenstand empirischer Forschungsbemühungen gesehen werden können. Die

---

1 Das ist der gleiche Campbell, den wir oben bereits bei *Campbell's Law* kennengelernt hatten (siehe Seite 19).

empirische Sozialforschung der letzten Jahrzehnte hat klar gezeigt, dass mit methodisch sauber durchgeführten Studien auch Fragen beantwortet werden können, die bislang ohne entsprechende evidenzbasierte Grundlage einfach politisch entschieden wurden. Betrachten wir zwei Beispiele:

(1) Wann sollten Kinder spätestens aus einem Heim in eine Pflegefamilie verbracht werden? – Die Antwort lautet: So früh wie möglich!

(2) Sollten die öffentlich-rechtlichen Fernsehanstalten den privaten Anbietern folgen und ebenfalls ein spezielles Babyfernsehen anbieten? – Nein, weil die Form des Mediums Fernsehen, ganz unabhängig vom Inhalt, für die natürliche Entwicklung von Wahrnehmungs- und Aufmerksamkeitsprozessen nicht förderlich ist (Zimmerman et al. 2007a; vgl. die Zusammenfassung in Spitzer 2007a).

Ein Grund, warum translationale Forschung im Bereich des Lernens und Lehrens (also der Pädagogik) kaum stattfindet, besteht möglicherweise darin, dass als Grundlagenwissenschaft für die Pädagogik lange Zeit die Psychologie galt und hier insbesondere die Lernpsychologie im Sinne des Behaviorismus. Versuche von „Theoretikern", die Prinzipien des Behaviorismus beispielsweise im Rahmen eines programmierten Unterrichts in die Praxis zu überführen, scheiterten kläglich. Hierdurch sahen sich die „Praktiker" bestätigt, deren Zielsetzung man sogar dadurch charakterisieren kann, dass sie den Unterricht vor allzu viel „grauer Theorie" zu bewahren suchen. Man stelle sich dieses Verhältnis einmal übertragen auf die Medizin vor: Der praktische „Barfußdoktor", der auf Biochemie und Pharmakologie verzichtet und Medizin ohne all diese „graue Theorie" betreibt. – Niemand würde sich ihm anvertrauen!

Die Situation ist eigenartig: Wenn es um Medizin geht, vom Zahnweh bis zur Krebstherapie, gelten klare Richtlinien für das, was zu tun ist. Wenn es dagegen darum geht, wie wir unsere Kinder unterrichten sollen, damit das Lernen gelingt und sie zu leistungsfähigen und glücklichen Menschen werden, dann bemühen wir nicht die wissenschaftliche Methode des systematischen Fragens und Forschens.

Um nicht missverstanden zu werden: Man kann sicherlich über *Inhalte*, die gelernt oder nicht gelernt werden sollen (Jodeln in Schleswig-Holstein?), unterschiedlicher Meinung sein. Die Frage aber, wie Lesen, Schreiben und Rechnen in der Grundschule, wie Englisch, Französisch, Algebra, Geschichte oder Biologie in der Oberschule am besten gelernt wird, ist nicht eine Frage aus dem Bereich der Ideologie, sondern aus dem Bereich der empirischen Wissenschaft. Gewiss werden bei der *Anwendung von Wissen in der Praxis* immer Bewertungen im Spiel sein, und es müssen Entscheidungen gefällt werden, die unterbestimmt sind (das folgt aus ihrer Definition; vollständig bestimmte Entscheidungen sind gar keine, sondern logische Schlüsse). Aber Entscheidungen sind umso besser, je mehr sie auf gesicherten Erkenntnissen beruhen. Translationale Forschung dient der Generierung solch praktisch relevanten Wissens. Daher ist es an der Zeit, dass wir translationale Forschung auch außerhalb des medizinischen Bereichs implementieren. In der Medizin wird durch diese Forschung aus Wissen Heilung. Überall, wo gelernt wird, könnte in ganz ähnlicher Weise durch Gehirnforschung und translationale Forschung aus dem Wissen über Lernprozesse *begründetes pädagogisches Handeln* werden.

15 Rückblick und Ausblick

Die vorstehenden Kapitel enthielten neben interessanten Fakten und Daten zum Gehirn und zum Lernen vor allem eines: *Existenzbeweise.* Es ist möglich, Bildungsprozesse zu verstehen, d.h. zu erforschen, was sich positiv und was sich negativ auf sie auswirkt. Und es ist möglich, dieses Wissen in bessere Bildung umzusetzen: Je jünger der Mensch, desto rascher lernt er. Angst behindert Kreativität. Neugierde bewirkt sehr rasches Lernen. Stolz sein können auf die eigene Leistung ist wichtig für die Motivation. Ein negatives Selbstbild schadet der Leistungsfähigkeit. Wiederholungen von Einzelnem lassen uns Allgemeines lernen. Diese und eine ganze Reihe weiterer Erkenntnisse, die sich mit den über Jahrhunderte gesammelten Erfahrungen guter Lehrer decken und die sich heute durch die Aufdeckung der zugrunde liegenden Mechanismen durch die Gehirnforschung untermauern lassen, sollten uns für die Implementierung eines Bildungssystems genügend Richtschnur geben, das viel besser wäre als es heute faktisch ist. Auch dies zeigen die Studien klar.

Dennoch schaffen wir es nicht, der nächsten Generation die Bildung zukommen zu lassen, die sie braucht. Mehr als 10% der in Deutschland lebenden Bevölkerung sind funktionelle Analphabeten; mehr als 10% der Schulabgänger in einer ganzen Reihe von Bundesländern (Mecklenburg-Vorpommern, Brandenburg, Hamburg und Sachsen-Anhalt) verlassen die Schule ohne Abschluss; und von denen mit Abschluss sind nicht wenige für eine Ausbildung im Sinne einer Lehre nicht ausreichend vorbereitet. Ein großer Teil auch der begabten Schüler erreicht die Universität nur auf Umwegen. Viele Schüler sehen den Sinn der Schule nicht ein, viele Studenten nicht den Sinn ihres Studiums. Seit einigen Jahren fragen Studenten zu Beginn von Lehrveranstaltungen nicht mehr nach den Inhalten, sondern nur noch danach, wie man die Punkte bekommt, für deren Sammlung man am Ende einen Titel erwirbt.

Wir leisten uns jede Menge Ungereimtheiten, die historisch bzw. politisch begründet sind, aber bei Licht betrachtet einfach keinen Sinn ergeben. Beleuchten wir in aller Kürze einige davon.

Investitionen statt Sozialausgaben

Eine ganze Reihe von Studien zu den ökonomischen Aspekten von Bildung zeigte immer wieder Folgendes: Investitionen in die Bildung junger
Menschen rechnen sich (vgl. Anger et al. 2007; Wössmann & Piopiunik
2009; siehe auch Kapitel 2). Es handelt sich bei öffentlichen Ausgaben für
Bildungsmaßnahmen in Kindertagesstätte und Schule also *nicht* um laufenden Verbrauch (Sozialausgaben), sondern um Zukunfts*investitionen*.
Die Rendite dieser Investitionen liegt, je nach Studie und Berechnungs-
grundlage, bei 8 bis 13%. Von Bedeutung ist, dass man bei den Kosten-
Nutzen-Berechnungen eine langfristige Perspektive wählt: Ähnlich wie
beim Klimawandel muss im Bereich Bildung die Perspektive von einigen
Jahrzehnten in der Zukunft eingenommen werden.

Ein weiteres durchgängiges Ergebnis bildungsökonomischer Studien
ist die Tatsache, dass Investitionen in Bildung umso lohnender sind, je früher sie getätigt werden (vgl. die im Fachblatt *Science* publizierte Übersicht
von Heckman 2006, der auch Abbildung 15.1 entnommen ist). Diese
Einsicht steht im krassen Widerspruch zum derzeitigen für Bildungs-pro-
zesse über die Lebensspanne gesellschaftlich betriebenen Aufwand. Wir
leisten uns Kindertagesstätten mit zu geringen Betreuungsschlüsseln und
ungenügenden Bildungsangeboten. Jahrzehnte später reparieren wir die
angerichteten Schäden bestenfalls mit fragwürdigen und zugleich teuren
Weiterbildungs- und Qualifizierungsmaßnahmen im Erwachsenenalter,
schlimmstenfalls noch mit Zusatzausgaben für Sozialarbeiter und Bewäh-
rungshelfer. Dies ist nicht sinnvoll.

Wir investieren in Bildung nicht zu dem Zeitpunkt, an dem es sich
am meisten lohnt. Hinzu kommt, dass wir die Ausgaben falsch bezeichnen
und verbuchen: Ausgaben für den Kindergarten sind, wie bereits gesagt,
keine Sozialausgaben, sondern Bildungs*investitionen* (und gehören – ins-

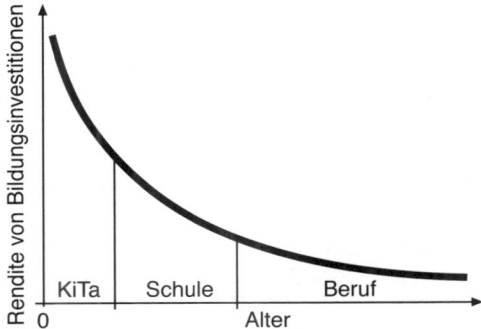

15.1 Abnahme der Rendite von Bildungsinvestitionen über die Lebensspanne des zu bildenden Menschen (nach Heckman 2006). Man vergleiche diese Abbildung mit Abbildung 6.7, die zeigt, wie stark die Lerngeschwindigkeit über das Lebensalter absinkt: Je langsamer sich Synapsen im Gehirn erfahrungsabhängig ändern, desto mehr Zeit und damit Aufwand bedarf es beim Bilden neuer Gedächtnisspuren. Die Kurve ist damit letztlich Ausdruck der Entwicklungsneurobiologie des Gehirns.

besondere in Zeiten der Krise – auch entsprechend verbucht!). Umgekehrt sind Ausgaben für Umschulung und Weiterbildung oft keine Bildungsausgaben, sondern verkappte Sozialausgaben.

Wir verlangen von den Eltern kleiner Kinder Geld für den Kindergarten und stellen zugleich geradezu grotesk anmutende „Bildungsausgaben" für Erwachsene kostenlos und sogar mit zusätzlicher Bezahlung zur Verfügung (Anon 2010a): Ein Alkoholiker, dessen Problem bei der Arbeitsagentur bekannt ist, wird zum Kraftfahrer „umgeschult" (er wird nie dürfen, was er lernt); eine Bürofachfrau „lernt" in der Umschulung das Adressieren von Briefen (sie kann bereits, was sie „lernt"); und ein Gabelstaplerfahrer macht eine Umschulung – zum Gabelstaplerfahrer, und dann noch eine Umschulung, wieder zum Gabelstaplerfahrer. Gehirnloser geht es nicht mehr! Und dies ist nur die Spitze des Eisberges! Mit wem man auch darüber spricht: Sehr viele Umschulungsmaßnahmen, für die deutschlandweit im Jahr 2009 mehr als zehn Milliarden Euro ausgegeben wurden, sind entweder von vorne herein nicht sinnvoll oder werden schlecht durchgeführt (man lernt sinnlose, langweilige Inhalte, die man schon beherrscht; „reißt das herunter", letztlich nur, weil man Geld dafür bekommt).

Abhilfe: Selbstbeteiligung! Jede Anstrengung für Bildung ist letztlich eine Investition, die ein jeder *selbst* in seine *eigene* Zukunft tätigt. Es gibt daher auch keinen Grund, jemanden dafür zu bezahlen, dass er dies tut. Wir zahlen schließlich Schülern und Studenten auch kein Gehalt, sondern gehen davon aus, dass jeder weiß, warum er lernt, auch wenn es einmal keinen Spaß macht. Warum müssen Studenten für ihre Bildung (Erststudium) Studiengebühren zahlen, wohingegen Menschen mit Berufsausbildung während ihrer Ausbildung bereits verdienen? Und warum zahlt man Letzteren ein Gehalt, wenn sie umschulen, wenn man zugleich in der Diskussion als selbstverständlich erachtet, dass Studiengebühren definitiv für Studenten, die ein Zweitstudium absolvieren oder sich ein oder zwei Semester mehr Zeit lassen, gerechtfertigt seien? Das Ganze mag historisch so gewachsen sein (Studenten waren nie gewerkschaftlich organisiert), sinnvoll ist es nicht!

Mobilität und Internationalität

Bis zum Abitur gilt, dass innerhalb Deutschlands 16 verschiedene Bildungssysteme nebeneinander bestehen und dass das gut sei für die kulturelle *Vielfalt*. Nach dem Abitur gilt seit gut zehn Jahren, dass Bildung europaweit *einheitlich* gehandhabt werden muss. Und für angehende Lehrer gilt plötzlich wieder, dass man nur in dem Bundesland unterrichten kann, wo man auch (europaweit einheitlich!) studiert hat. Ich glaube nicht, dass sich dieser Zustand vernünftig begründen lässt.

Politisch gewollt ist Mobilität und Internationalität. Und Lehrjahre sind Wanderjahre oder sollten es zumindest sein können: Die eigene Kultur, die Sitten und Gebräuche, Werte und Einstellungen, in und mit denen man aufgewachsen ist, kann man überhaupt nur dann bewusst erkennen, wenn man einmal die Möglichkeit hatte, in einer anderen Kultur zu leben (um die Unterschiede überhaupt erst einmal zu bemerken) und damit auch die eigene Kultur von außen betrachten zu können. Auch aus der Sicht einer gelingenden Bildung ist Mobilität und Internationalität damit unbedingt zu unterstützen und zu fordern!

Das Dumme ist nur, dass unser Bildungssystem Mobilität und Internationalität nicht fördert, sondern massiv behindert: Wie bereits eingangs in diesem Buch erwähnt, birgt Umziehen mit Schülern in Deutschland wegen des Föderalismus hohe Bildungsrisiken (16 Bundesländer, 16 Lehrpläne etc.). Darüber hinaus gestalten sich Auslandsaufenthalte von Schülern durch die Kürzung der Gymnasialzeit auf acht Jahre heute viel schwieriger als zu früheren Zeiten des neunjährigen Gymnasiums: Die Klasse 11, die sich als Zeit für solche Aufenthalte anbot, wurde im G8 gestrichen, und in allen anderen Klassenstufen ist die Stofffülle größer und damit auch das Risiko, den Anschluss zu verlieren. Aus diesem Grund haben die Auslandsaufenthalte von Schülern mit dem G8 deutlich abgenommen.

Die bildungspolitisch im vergangenen Jahrzehnt durchgesetzten, mit dem Namen *Bologna-Prozess* bezeichneten Veränderungen an den Universitäten wurden u.a. dezidiert damit begründet, mehr Internationalität zu ermöglichen. Faktisch haben sie jedoch das genaue Gegenteil bewirkt: Die Zahl der Studenten, die ins Ausland gehen, ist seit der Einführung des Bologna-Prozesses nicht gestiegen, sondern gesunken. Und wer Lehrer wird, kann während des Studiums nicht einmal von Mainz nach Frankfurt wechseln!

Bologna-Befürworter sagen, dass die Bologna-Reform nicht *weniger* Auslandsaufenthalte bewirkt habe, sondern lediglich eine *Verschiebung* von deren Zeitpunkt auf eine spätere Phase des Studiums. Nach den repräsentativen Zahlen aus der neuesten Erhebung des Studentenwerks (BMBF 2010) trifft dies jedoch nicht zu: Richtig ist, dass 32% der Studierenden in den Studiengängen mit traditionellem Abschluss einen studiumsbedingten Auslandsaufenthalt absolviert haben und weitere 12% einen solchen planen. Nur 16% der Bachelorstudierenden absolvieren demgegenüber einen studiumsbezogenen Auslandsaufenthalt. Zwar planen 29% der Bachelorstudierenden einen solchen Aufenthalt, aber selbst wenn alle Pläne aller Studenten sich erfüllten, hätte die Bologna-Reform die Auslandsaufenthalte von 44% auf 45% gesteigert. Nimmt man jedoch hinzu, dass von den 29% ihren Auslandsaufenthalt planenden Studenten nur 12% dessen

Realisierung als sicher bezeichnen, 17% hingegen dies „eventuell" vorhaben, wird deutlich, dass auch bei optimistischer Sicht der Dinge die Bologna-Reform ihr Ziel, den Studenten mehr internationale Erfahrungen im Studium zu vermitteln, eindeutig verfehlt hat.

Gerechtigkeit und Freiheit

Nach einer repräsentativen Umfrage des Emnid-Instituts (Kober 2008) hält nur die Hälfte der deutschen Bevölkerung unser Bildungssystem für gerecht. Die Bürger in den neuen Bundesländern halten es gar nur zu einem Drittel für gerecht, und gerade mal 14% von ihnen sind der Auffassung, dass es gleiche Chancen für alle Jugendlichen bietet. Fragt man die Studierenden zu ihrer wirtschaftlichen und sozialen Lage, ergibt sich ein ganz entsprechendes Bild: Alle drei Jahre werden die Studierenden in Deutschland im Rahmen der Sozialerhebungen des Deutschen Studentenwerks befragt. An der jüngsten, 19. Sozialerhebung nahmen im Sommer 2009 16.370 Studierende von 210 Hochschulen teil. Erste Ergebnisse wurden am 23. April 2010 publiziert. Danach studieren 71 von 100 Akademikerkindern, aber nur 24 von Nicht-Akademiker-Kindern (Bundesministerium für Bildung und Forschung 2010). Dabei ist wenig tröstlich, dass langfristig zwar ein Rückgang der studierenden Akademiker-Kinder stattgefunden hat, nicht aber ein Zuwachs der Nicht-Akademiker-Kinder: Das Verhältnis lag 2003 bei 83 zu 26, und 2005 bei 83 zu 23. Studieren also heute von hundert Akademiker-Kindern zwölf weniger als vor sieben Jahren, so studiert nur ein Nicht-Akademiker-Kind mehr als vor sieben Jahren. Kaum ein Befund, der zum Jubeln Anlass gibt.

Deutschland ist also nach wie vor ein Land, in dem die soziale Herkunft die Bildungschancen eines jungen Menschen ganz wesentlich bestimmt. Dies mögen manche verteidigen, wie beispielsweise viele ängstliche Bürger der Hamburger Mittelschicht, die Angst vor dem sozialen Abstieg haben und daher ihre Kinder nicht mit vermeintlichen „Schmuddelkindern" in die gleiche Schule schicken möchten (Kloepfer 2010). Die gegenwärtige Wirtschaftskrise und deren langfristige Folgen

geben nicht zur Hoffnung Anlass, dass die Auswirkungen von Verteilungs-
kämpfen auf unsere Schulen geringer werden. Das Gegenteil ist vielmehr
sehr wahrscheinlich. Dies leitet über zum nächsten Gesichtspunkt.

Die Freiheit von Lehrenden und Lernenden wird in Deutschland
durch eine Vielzahl von Institutionen und Verordnungen beschränkt.
Kindergartenplatz, Schulwahl, Studienplatz können oft nicht frei gewählt
werden, sondern werden „zugewiesen". Auch der Lehrer kann sich nicht
an der Schule bewerben, an der er arbeiten will, denn auch er wird „zuge-
wiesen". Und sehr viele Leute in Schulämtern und Ministerien reden denen hinein, die vor Ort die Arbeit wirklich leisten. Zu den interessantesten
Ergebnissen der PISA-Studie gehört, dass diejenigen Länder, in denen der
Staat klar Ziele vorgibt, die konkrete Art und Weise des Erreichens der
Ziele jedoch den Schulen überlässt, die besten Bildungsergebnisse haben.
Umgekehrt zeigen Staaten mit unklaren Zielvorgaben, wenig Freiheit der
Lehrenden und viel Einfluss der Verwaltungen dazwischen einen schlech-
ten Bildungserfolg (Abb. 15.2). Im Grunde ist es ganz einfach: Für das
Lehren gilt das Gleiche wie für das Lernen – frei und selbstbestimmt geht
es am besten!

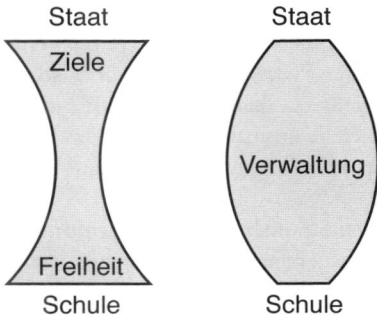

15.2 Gute Bildungssysteme sind schlank, d.h. der Staat setzt klare Ziele und gibt
den Schulen viel Freiheit bei der Ausführung. Dazwischen braucht man im
Grunde fast nichts. Schlecht funktionierende Bildungssysteme sind durch
unklare Ziele, wenig Freiheit der Lehrenden und einen dicken Verwaltungsbauch
gekennzeichnet.

Gesellschaft

Bildungsprozesse vollziehen sich immer innerhalb gesellschaftlicher Rahmenbedingungen, die ihrerseits politischen Festlegungen unterliegen. Diese Rahmenbedingungen haben sich in den letzten Jahren rascher gewandelt als die Bildungseinrichtungen. Die Familie ist heute nicht mehr das, was sie vor 30 Jahren war; der Vater ist nicht mehr der Ernährer, die Mutter definiert sich ebenso über ihren Beruf wie der Vater und nicht über ihre Tätigkeit als Kristallisationspunkt einer Mehrkindfamilie. Vater, Mutter und drei Kinder sind nicht mehr die Regel, sondern die Ausnahme. Die Großeltern sind nicht mehr wie früher oft in die Familie integriert; zudem hat die Bedeutung von außerfamiliären Bindungen in Nachbarschaften, Verwandtschaften oder kirchlichen Gemeinschaften an Bedeutung verloren. Hinzu kommen die Existenzängste einer kleiner werdenden Mittelschicht, die zu Abgrenzungsbemühungen „nach unten" und vermehrtem Leistungsdruck führen. Dies alles konzentriert sich dann oft auf nur ein Kind.

Zugleich hat die Verunsicherung der Eltern zugenommen, denn es gibt mittlerweile keinen allgemeinen Konsens mehr darüber, wie man Kinder erzieht. Wenn viele Eltern glauben, dass ihren Kindern aggressive Videospiele gut tun, weil man hierdurch auf die real existierende Aggressivität in der wirklichen Welt vorbereitet werde, und wenn umgekehrt ein evangelischer Pfarrer Bücher darüber schreibt, warum Kinder Ballerspiele spielen müssen, damit sie ihre Aggressivität abbauen können, wird deutlich, in welche absurden Bereiche das Spektrum der ernsthaft vertretenen (und in Handlungen umgesetzten) Meinungen mittlerweile reicht.

Hinzu kommt eine Zunahme der von Armut betroffenen Menschen. Nach einem 2010 erschienenen ausführlichen *Gesundheits*report (Marmot et al. 2010) ist Bildung die bedeutsamste Einflussgröße auf der Liste gesundheitsrelevanter Faktoren: Gebildete Menschen sind gesünder und leben deutlich länger als ungebildete. Aufgrund seiner Zahlen rechnet Marmot für Großbritannien vor: „Für Menschen im Alter von 30 Jahren und älter gilt Folgendes: Wenn für jeden ohne Universitätsabschluss die Lebenserwartung auf diejenige von Menschen mit Abschlüssen gesteigert werden könnte, ergäben sich 202.000 weniger vorzeitige Todesfälle pro

Jahr." Und er fügt hinzu: „Und dies ist sicher ein Ziel, das sich anzustreben lohnt" (Marmot 2010, S. 3, Übersetzung durch den Autor). Ein geringer sozioökonomischer Status, Armut also, erwies sich in sehr vielen Studien als Hauptrisikofaktor für ungenügende Bildung. In dieser Hinsicht zeigen Medizin und Bildung bedeutsame Parallelen: Auch das Risiko zu erkranken und zu sterben ist abhängig vom sozioökonomischen Status. Daher geht es beim Problem der sozialen Gerechtigkeit (bzw. bei sozialen Umverteilungsprozessen) nie nur um die gerechtere („gleichere") Verteilung von Geld, sondern auch von Lebenserwartung und Bildung. Man muss sich hierbei klar machen, dass weder die Medizin noch die Bildung (bzw. das entsprechende „System") für sich genommen für einen Ausgleich sorgen kann, der durch ungerechte Verteilung von Geld bedingt ist. Es ist zuviel verlangt, wenn man der Medizin oder der Bildung allein das Problem sozialer Ungerechtigkeit aufsattelt, ohne es zugleich auch dort anzupacken, wo es entsteht. Anders gewendet: Armutsbekämpfung gehört zu den wirksamsten Maßnahmen für Gesundheit und Bildung. Sie kann aber nicht die Aufgabe des Gesundheits- und Bildungssystems sein.

Eine ganz praktische Konsequenz: Man kann noch so viele Ressourcen in die Schulen stecken – sie werden nichts nützen, solange viele Kinder und Jugendliche morgens müde und hungrig in der Schule sitzen: Ein eigener Fernseher im Kinderzimmer verschlechtert die Schulleistungen wesentlich (vgl. Kapitel 12), eine eigene Playstation ebenfalls (Weis & Cerankosky 2010), nicht zuletzt aufgrund des nächtlichen multimedialen Zeitvertreibs. Zehn bis 30% unserer Schüler haben kein Frühstück zu sich genommen, und wenn, dann haben viele das Falsche gegessen (Widenhorn-Müller et al. 2008).

Heterogenität und Individualität

Ein Kaktus liebt es heiß und trocken, Moos hingegen mag es feucht. Apfelbäume brauchen einen guten Frost im Winter, bei dem Pfirsich- und Olivenbäume eingehen. Für Pflanzen gibt es keine „beste Umgebung", denn diese hängt ganz von den genetisch festgelegten Eigenschaften der Pflanze ab.

Ganz entsprechend sind auch Menschen verschieden, sogar Schüler! Dennoch lautet einer der zuweilen ausgesprochenen und oft auch unausgesprochenen Aufträge an die Schule, ausgleichend zu wirken, d.h. die weniger Begabten mehr zu fördern und die Begabten etwas weniger, so dass am Ende mehr Gleichheit herrscht, die in diesem Zusammenhang mit Gerechtigkeit verwechselt wird. Richtig ist, dass Menschen Fairness und Gleichheit anstreben, wie gerade jüngste Ergebnisse entsprechender sozialwissenschaftlicher Studien zeigen. Weder ist der Mensch ein rationaler Egoist, des Menschen Wolf, der Hai unter Haien (wie uns die Ideologie der Ökonomie einredet, die den *homo oeconomicus* entsprechend definiert), noch will er es sein. Menschen bezahlen freiwillig für die Bestrafung von Egoisten, für Gleichheit und für Fairness (Spitzer 2004, 2007b; Dawes et al. 2007).

Dieses Streben nach Fairness und Gleichheit haben Menschen ganz offensichtlich deswegen entwickelt, *weil sie es nicht sind!* Begabungen, Vorlieben und Abneigungen gibt es nun einmal ebenso wie es unterschiedliche Temperamente gibt, aus denen unter dem Einfluss der Umwelt unterschiedliche Charaktere werden (Kagan 2010). Bereits in Kapitel 5 hatten wir uns mit den Zusammenhängen zwischen Begabung und Umwelt beschäftigt und gesehen, dass eine förderliche Umwelt Begabungsunterschiede überhaupt erst sich entwickeln lässt. Daraus folgt – ob es nun manche Bildungspolitiker mögen oder nicht –, dass ein gutes Bildungssystem die durch Begabung verursachten Unterschiede nicht abschwächt, sondern verstärkt.

Ein gutes Beispiel hierfür stellt der Erwerb der Lesefähigkeit dar. Wir wissen, dass sich Kinder darin unterschieden, wie gut sie lesen lernen und dass ein nicht unbeträchtlicher Teil dieser Unterschiede auf die genetische Veranlagung zurückzuführen sind (Byrne et al. 2009). So unterschieden sich beispielsweise eineiige Zwillinge kaum in ihrer Lesefähigkeit, selbst dann, wenn sie von verschiedenen Lehrern unterrichtet wurden (Byrne et al. 2010). Aber wir alle wissen auch, dass es gute und schlechte Lehrer gibt und wie groß ihr Einfluss auf das Lernen ist, auch auf das Lesenlernen (Connor et al. 2007, 2009).

Um herauszufinden, welche Faktoren sich wie auswirken, analysierten amerikanische Wissenschaftler (Taylor et al. 2010) Daten von 280 eineiigen und von 526 zweieiigen Zwillingen aus einem großen Zwillingsforschungsprojekt, dem *Florida Twin Project on Reading*. Am Ende der ersten und zweiten Klasse absolvierten die Kinder der gesamten Klasse einen Lesetest. Die Qualität des Lehrers in der Klasse wurde dadurch gemessen, dass man den Lesefortschritt der Klasse im Durchschnitt bestimmte: Je mehr dazu gelernt wurde, desto besser war der Lehrer ganz offensichtlich. Da eineiige Zwillinge 100% ihrer Gene teilen, zweieiige hingegen nur 50%, ließ sich anhand der Daten berechnen, wie stark der Einfluss der Gene und der des Lehrers auf die Lesefähigkeit war. Es zeigte sich hierbei, dass der Einfluss der Gene *umso größer* war, *je besser* der Lehrer unterrichtete. Bei einem schlechten Lehrer hingegen waren alle Schüler relativ ähnlich schlecht im Lesen.

Dieses Ergebnis zeigt, dass genetische Unterschiede durch guten Unterricht oft *überhaupt erst sichtbar werden*. Die Autoren kommentieren ihre Ergebnisse wie folgt: „Wenn wir gute Lehrer in die Klassenzimmer bringen, werden dadurch weder die Unterschiede zwischen den Schülern geringer, noch ist dadurch garantiert, dass alle Schüler gleiche und hohe Leistungen erbringen. Wenn man jedoch die Lehrer als einen wesentlichen Beitrag der Umwelt in der Klasse ignoriert, verpasst man die Gelegenheit zur Entfaltung des Potentials der Kinder in der Schule und für deren Lebenserfolg" (Taylor et al. 2010, S. 514, Übersetzung durch den Autor). Guter Unterricht wirkt also nicht ausgleichend, sondern hat die gegenteilige Funktion!

In dieser Spannung – Menschen wollen Gleichheit und Gerechtigkeit, sind jedoch verschieden – befindet sich jede Bildungsbemühung. Wer auf Gleichheit der Resultate besteht, muss auf guten Unterricht verzichten. Denn wer gut unterrichtet, fördert jeden nach dessen Begabungen und Möglichkeiten und bewirkt, dass aus unterschiedlichen Potentialen, d.h. Möglichkeiten, auch wirkliche Unterschiede werden.

Erinnern wir uns an das Beispiel des Samens, der auf verschiedenen Böden aufgeht. Ist der Boden kärglich, werden kärgliche Pflanzen wachsen. Ist der Boden hingegen förderlich, dann werden große und kleine Pflanzen wachsen, mit einer großen oder vielen kleinen, blauen oder roten oder gelben Blüten – je nach Anlage.

Lernräume

Im Fachblatt *Science* wurden 2008 von Psychologen der Universität Gro-
ningen in Holland insgesamt sechs Feldexperimente publiziert (Keizer et
al. 2008), in deren Rahmen das Verhalten von Passanten unbemerkt beobachtet und registriert wurde. Es ging jeweils um die Verletzung sozialer
Normen in Abhängigkeit davon, ob die Umgebung solche Normverlet-
zungen gleichsam nahe legte. Die Überlegungen sind seit den achtziger
Jahren unter dem Schlagwort *broken-window-Theorie* bekannt: Wo schon
ein Fenster kaputt ist, wird mit höherer Wahrscheinlichkeit ein weiterer
Stein hingeworfen. Betrachten wir eines der sechs Experimente: Ein Briefumschlag wurde so in einen Briefkasten gesteckt, dass er noch aus dem
Schlitz herausschaute und dass eine Fünf-Euro-Banknote deutlich zu sehen war, die in dem Briefumschlag enthalten war (Abb. 15.3 links).

15.3 Versuchsanordnung (links) und Häufigkeit der Verletzung einer allgemeinen
Norm (*Du sollst nicht stehlen!*) in Abhängigkeit von wahrgenommenen Normver-
letzungen durch Graffiti oder Müll (rechts). Die Unterschiede zwischen der Kontrollbedingung (normaler Briefkasten in sauberer Umgebung) und den beiden
Experimentalbedingungen (Briefkasten mit Graffiti; Müll um den Briefkasten
herum) sind jeweils statistisch bedeutsam (nach Daten aus Keizer et al. 2008).

Wer an dem Briefkasten vorbeilief, musste also sehen, dass man hier
fünf Euro „mitnehmen" konnte. Die Häufigkeit dieser Normverletzung
betrug 13%. War der Briefkasten hingegen voller Graffiti oder lag in der
Umgebung des Briefkastens Abfall herum, stieg die Häufigkeit der Norm-

verletzung auf 27% (Graffiti) bzw. 25% (Müll). In diesem Experiment führte also die offensichtliche Verletzung einer Norm (*keine Briefkästen bemalen!* bzw. *man wirft seinen Müll nicht auf die Straße!*) zur Verdopplung der Häufigkeit kriminellen Verhaltens (Stehlen)!

Wenn jemand beobachtet, dass es „in Ordnung" ist, eine Norm zu verletzen (Unordnung zu verbreiten, Abfall wegzuwerfen etc.), dann steigt die Wahrscheinlichkeit, dass sich diese Person selbst normverletzend verhält. Dabei ist es offensichtlich egal, um welche Normen es sich handelt, d.h. der Effekt bezieht sich ganz allgemein auf die Verletzung von Normen und *nicht* auf die Verletzung *einer bestimmten* Norm. Die Situation ist damit weitaus ungünstiger als von der so oben erwähnten *broken-window-Theorie* angenommen, denn das normverletzende Verhalten generalisiert auf andere Normen.

Die Konsequenzen dieser Erkenntnisse für die Gestaltung von Lernräumen wie Klassenzimmern etc. liegen auf der Hand: Wenn die Vorhänge sichtbar beschädigt in Fetzen vor den Fenstern hängen oder die Flure und Toiletten unsauber aussehen, wird den Schülern signalisiert, dass es in solchen Räumen in Ordnung ist, Normen zu verletzen. Entsprechend fühlen sich viele Kinder in der Schule nicht wohl und lernen lieber zuhause. Dies wird durch die Aussagen von Schülern bestätigt (Abb. 15.4).

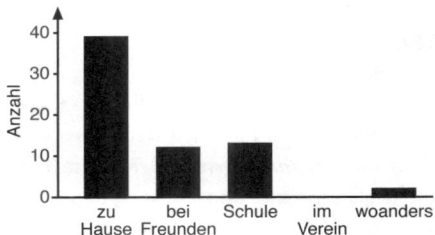

15.4 Wo Fünft- und Sechstklässler am liebsten lernen (nach Hille 2009).

Wenn dreimal mehr Kinder und Jugendliche angeben, lieber zuhause zu lernen als in der Schule, fühlt man sich an *Johann Heinrich Pestalozzi* erinnert, der sich den Schulraum als „Wohnstube des Kindes" wünscht. Gute Schulen und Kindergärten erweisen bereits mit ihrem Interieur den Kindern Wertschätzung. Solche auf qualitativ hohem Standard ausgestattete Schulen findet man vor allem in Skandinavien. „Dort weiß man auch, dass die Gesellschaft vor allem den Raum und die Gelegenheit zum Lernen schaffen muss. Lernen können die Schüler nur selbst. Die Zeit bloßer Container, in denen sie mit Wissen abgefüllt werden, ist vorbei," kommentiert der Publizist Reinhard Kahl (2008, S. 64), Autor und Produzent des Films *Treibhäuser der Zukunft* mit Recht.

„Jede Schule muss so schön sein wie die Filiale einer Bank", sagte Dr. Annette Schavan, Bundesministerin für Bildung und Forschung anlässlich eines Vortrags bei der Konrad-Adenauer-Stiftung im Jahr 2008. Und Reinhard Kahl (2008) fügt hinzu: „Es geht ja um keine Variante von *Schöner Wohnen*, sondern darum, die Räume zu schaffen, die für die Kinder und Jugendlichen eine Einladung in die Welt versprechen und nicht mit dem altbekannten Ernst des Lebens drohen."

Wie wäre es mit einem Anhang zum Schulbautenfinanzierungsgesetz: Bei Neubau oder Renovierung von Schulen ist darauf zu achten, dass die Kosten der Bereitstellung der Räume pro Quadratmeter die entsprechenden Kosten der ortsansässigen Geldinstitute um mindestens 10% übersteigt. Gewiss, der Bau von Schulen ist Sache der Kommunen, aber das muss ebenso wenig in Stein gemeißelt sein wie die Forderung, dass Banken allein Sache des Marktes sind und völlig unabhängig vom Staat ...

Ja, wir können!

Wir können doch, wenn wir nur wollen. Die Krise hat gezeigt, wie viele Mittel bereit stehen, wenn man plötzlich sieht, dass es nicht anders geht. *Auch in der Bildung muss es anders gehen:* Bereits im Kindergarten geht es um wesentlich mehr als um „satt und sauber", denn Kinder erwerben im Vorschulalter wesentliche Fähigkeiten, die ihnen den erfolgreichen Schulbesuch später erlauben: Sprechen, soziales Handeln (sich in der Gruppe einfügen und gelegentlich auch einmal von ihr abheben), geregeltes Miteinander und vor allem Selbstkontrolle, das heißt, die Fähigkeit unmittelbare Bedürfnisse längerfristigen Zielen unterzuordnen.

In der Schule geht es um die Schaffung eines Raums zur Entwicklung von Denken, Wahrnehmen, Erleben, Planen, Einfühlen, Selbstwirksamkeit sowie Selbstvertrauen. Die Erfahrung „ja, ich kann" ist von entscheidender Bedeutung für die Lernbiographie eines Menschen. Wurde erst einmal gelernt „ich kann nichts" ist es später nur noch schwer möglich, einem Menschen mit dieser Lebenserfahrung den Stellenwert von persönlicher Bildung für das erfolgreiche Bewältigen eines glückenden Lebensvollzugs zu vermitteln.

Und an den Universitäten sollen die Studenten wieder wissen, dass es dort auf Inhalte ankommt und nicht auf Punkte. Sie sollten merken, dass Universitäten *Orte der Selbsterfahrung* sind, an denen man sich kennenlernt, sich bis an seine Grenzen ausreizt, sich selbst in Frage stellt, Neues erfährt und Fähigkeiten und Einstellungen erlernt, die einem helfen, sein gesamtes späteres Leben besser zu bewältigen.

Man hört oft, in Deutschland jammerten alle auf hohem Niveau. Dies ist im Bereich der Bildung nicht richtig. Es gibt eine breite Mehrheit von motivierten, netten, schlauen und fleißigen Lehrern und Schülern; und von Studenten und Professoren; von den kleinen Kindern, denen wir den Spaß am Lernen noch nicht austreiben konnten (in Institutionen, die traditionell mit „Ernst des Lebens" bezeichnet werden) sowie von deren Eltern und Erzieherinnen[1], die trotz aller Widrigkeiten guten Mutes sind und sich mit Feuer ihrer Kleinen annehmen, gar nicht zu reden.

Es gibt gerade in der jüngeren und jüngsten Vergangenheit eine ganze Reihe richtig guter Entwicklungen, die optimistisch stimmen. Ich kann an dieser Stelle nur einige wenige Beispiele anführen; ich führe bewusst ganz unterschiedliche Projekte aus ganz unterschiedlichen Bereichen an:

- *Jedem Kind ein Instrument.* Dieses Projekt des Bundeslandes Nordrhein-Westfalen wurde im Schuljahr 2007/2008 in 34 Kommunen des Ruhrgebiets unter Beteiligung von 34 Musikschulen und 223 kooperierenden Grundschulen begonnen und betraf damals 7.100 Erstklässler. Im Mai 2010 nahmen bereits 43.300 Kinder aus 522 Grundschulen in 42 Kommunen (sowie 56 Musikschulen) teil (Anon 2010b). Das Programm verknüpft Grundschulen mit Musikschulen und privatem Engagement und ermöglicht jedem Kind unabhängig von seiner sozialen Herkunft das

---

1 Ein Pardon an alle Erzieher; die allermeisten sind tatsächlich weiblich!

Erlernen eines Musikinstruments seiner Wahl (innerhalb eines „vernünfti-
gen" Rahmens!), wobei die Gitarre am begehrtesten ist, gefolgt von Geige,
Flöte und Trompete. Wie positiv und erfolgreich dieses Projekt mittlerweile gesehen wird, zeigt nicht zuletzt die Tatsache, dass es in anderen
Bundesländern (Hamburg, Hessen, Thüringen, Sachsen) mittlerweile
ähnliche Projekte gibt. Es ist zu hoffen, dass es in nicht allzu ferner Zukunft bundesweit verfolgt wird, so dass jedes Kind, das Begabung für und
Spaß an Musik hat, entsprechend gefördert werden kann. Nach allem, was
in den vorangegangenen Kapiteln über Emotionen, Motivation, das Erleben von Selbstwirksamkeit und Lernprozesse gesagt wurde, kann man die
Bedeutung des Projekts für die lebenslange Bildung der Kinder, die daran
teilnehmen, kaum überschätzen.

• *Bildungshaus 3–10.* Dieses Projekt des Bundeslandes Baden-Württemberg hat zum Ziel, „neue Modelle der Zusammenarbeit von Kindergarten und Grundschule zu finden und in der Praxis zu erproben"
(Ministerium für Kultus, Jugend und Sport Baden-Württemberg 2007, S.
1). Inhaltlich wurden den entstehenden *Bildungshäusern* bewusst keine
Vorgaben gemacht und die Beteiligten wurden aufgefordert, mit „Mut
und Einfallsreichtum [...] die je vor Ort sinnvolle Form eines „Bildungs-
hauses 3–10" zu entwickeln" (S. 2). Für die Kindergärten und Grundschulen ist eine derartige Zusammenarbeit keineswegs einfach: Arbeitsprozesse,
Themen, Bildungsangebote müssen abgesprochen und gemeinsam durchgeführt werden, ebenso die Vor- und Nachbereitung sowie die Dokumen-
tation. Menschen, die für ein unterschiedliches Gehalt eine
unterschiedliche Anzahl von Wochenstunden für unterschiedliche Arbeitgeber arbeiten, sollen einen Teil ihrer Identität plötzlich in Frage stellen
und sich auf andere Menschen einlassen, die etwas anderes besser können
als sie selber. Das ist ein Rezept für Stress und Ärger! Zwar befassen sich
sowohl Erzieherinnen als auch Lehrerinnen[2] mit der Erziehung und Bildung von Kindern, sie arbeiten jedoch unter verschiedenen Rahmenbedingungen und müssen immer wieder aufs Neue aufeinander zugehen, sich
austauschen, Konflikte austragen und sich gemeinsam weiterentwickeln.
Das Modell soll helfen, die Bildungsbiographie von Kindern bruchloser zu

---

2 Ähnlich wie mit den Erzieherinnen ist es in der Grundschule mit den Lehrerinnen:
   Das Lehrpersonal ist in dieser Schulart ganz überwiegend weiblich.

gestalten, die Kinder individueller zu fördern und nicht zuletzt die Schließung von kleinen Kindergärten oder Grundschulen zu verhindern.

Die wissenschaftliche Begleitung dieses Projekts ist derzeit das größte Einzelprojekt am Transferzentrum für Neurowissenschaften und Lernen (ZNL; siehe unten). Unsere Mitarbeiter begleiten die Lehrpersonen in den Einrichtungen, helfen, wenn es notwendig ist, und unterstützen damit den Prozess des Zusammenwachsens. Zugleich erheben sie Daten, um in Zukunft einmal klarer beurteilen zu können, unter welchen Rahmenbedingungen solche Bildungshäuser eher möglich sind bzw. welche Bedingungen erfüllt sein müssen, damit ein solches Unternehmen funktioniert.

• *Glück als Schulfach.* Glück ist weit mehr als ein privates flüchtiges Gefühl: Es ist vielmehr die Art und Weise, wie wir unser Leben gestalten; wie wir miteinander umgehen, unsere Stärken gebrauchen, um unser Leben selbst in die Hand zu nehmen, um anderen zu helfen, und um zu spüren, dass es nicht egal ist, dass es uns gibt. Viele Menschen wissen nicht, dass Besitz, Geld und Ruhm gar nicht glücklich machen, auch wenn uns Werbung und die Medien das beständig vorgaukeln. Bis in die Politik hat es sich mittlerweile herumgesprochen, dass eine Steigerung des durchschnittlichen Wohlstandes der Bevölkerung nicht zu einer Steigerung von deren Glück und Wohlbefinden führt (Bok 2010). Man denkt daher in fortschrittlichen Politikerkreisen ernsthaft darüber nach, ob eine Steigerung des Bruttoinlandsprodukts pro Kopf wirklich das einzige Ziel der Politik sein sollte.

Die Schule wird gerne als der *Ernst des Lebens* bezeichnet und nach einer Umfrage unter Schülern wird nur der Besuch des Zahnarztes als noch unangenehmer empfunden. Dass es sich bei der Schule also um den vorletzten Ort handelt, an dem man Glück findet, hat der Heidelberger Oberstudiendirektor Ernst Fritz-Schubert auf radikale Weise geändert: Er hat vor einigen Jahren an der Heidelberger Willy-Hellpach-Schule das Schulfach *Glück* eingeführt und ein Buch darüber geschrieben, was geschieht, wenn man dies tut: Die Schule ändert sich (Fritz-Schubert 2008). Es ist schade, dass Lebenskompetenz und Persönlichkeitsentwicklung, Selbsterfahrung in erlebnisorientierten Projekten, Konzentrations- und Wahrnehmungsübungen sowie das Übernehmen von Verantwortung bei gemeinschaftlichen Unternehmungen irgendwie in unseren Schulen abhanden gekommen sind. Es ist schade, dass Schüler einen „Coach" brauchen, der mit ihnen über Lebensziele spricht, über ihre Stärken und Schwächen, ihre Gefühle und Pläne. Bei all dem handelt es sich eigentlich um genau das, was in jeder Schule jeden Tag in jedem Fach von jedem Lehrer hauptsächlich betrieben werden sollte. Denn nur auf dem Boden dieser Basics wird überhaupt sinnvoll und wirklich gelernt. Wenn die Schule aber ihr ureigenstes Anliegen tatsächlich verloren hat, und das scheint in Deutschland vielerorts der Fall zu sein, dann muss man das Selbstverständliche neu erfinden, wenn es sein muss als eigenes Schulfach. Der Erfolg gibt dem engagierten Pädagogen Recht!

• *Bettermarks.* Was kann man tun, um das „Angstfach" Mathematik für die Schüler attraktiver zu machen? Obgleich ich gewiss nicht zu denjenigen gehöre, die technische Neuerungen und insbesondere neue Medien im Bereich der Bildung unkritisch befürworten, möchte ich an dieser Stelle eine Lanze für computergestütztes Lernen brechen. Wenn die Software entsprechend gut programmiert ist, können Lernsysteme das Lernen stark individualisieren und vor allem völlig von Angst befreien. Dies ist gerade im Fall der Mathematik sehr wichtig.

Als wir (ZNL) gefragt wurden, ob wir Interesse an der Evaluation des Lernsystems *bettermarks* (was auf deutsch soviel wie „bessere Noten" heißt) hätten, entschlossen wir uns, diese Aufgabe zu übernehmen. Gerade im Bereich der Mathematik gibt es bei der Vorbereitung von Aufgaben und bei deren Korrektur jede Menge Routine und genau hier kann ein Computer Abhilfe schaffen. Hierbei geht es keineswegs nur um den Ersatz von Bleistift und Papier durch Tastatur und Bildschirm. Ein didaktisch durchdachtes Computerprogramm kann nicht nur unerschöpflich viele Aufgaben jeden Schwierigkeitsgrades generieren und vom Gefühl her eingegebene Lösungen als richtig oder falsch erkennen, es kann auch den Schwierigkeitsgrad der Aufgaben dem jeweiligen Lernstand des Schülers anpassen und neben der korrekten Lösung auch den Lösungsweg sowie diese auf diesem Weg vorhandenen Hürden im Einzelnen mit dem Schüler bearbeiten. Wenn also alle Schüler einer Klasse mit der Bettermarks-Software Mathematik bearbeiten, bedeutet das gerade nicht, dass alle Schüler die gleichen Aufgaben in der gleichen Zeit und auf gleiche Weise erledigen. Begabte Schüler können Rechenschritte überspringen und sich eigenständig an schwierigere Aufgaben heranwagen. Weniger begabte Schüler oder solche, die noch Defizite bei ihren Vorkenntnissen haben, können sich ihre eigene Zeit nehmen, um die Aufgaben Schritt für Schritt zu lösen und im Falle von Lücken im Bereich von Vorkenntnissen können sie diese wieder ganz individuell schließen. Unsere Evaluation einer beta-Version des Systems fiel daher trotz noch vorhandener Programmfehler positiv aus: Die Schüler profitierten davon, und die Lehrer wurden von Routinearbeit entlastet und konnten ihre eigentliche Aufgabe besser bewältigen. Ein guter Mathematiklehrer kennt die Stärken und die Schwächen der einzelnen Schüler, wird sich aber im heutigen Schulalltag diesen kaum widmen können. Durch die Mithilfe des Computers für Routineaufgaben hat der Lehrer mehr Zeit, sich dem einzelnen Schüler zu widmen. Arbeitet die ganze Klasse mit dem System, so zeigt es ihm an, wie gut sie insgesamt mit dem Stoff klarkommt, wo jeder Einzelne liegt und vor allem, woran es beim Einzelnen im Detail hapert. Der Lehrer kann dann Aufgaben anpassen, die Themen für seinen Unterricht entsprechend auswählen und die Klasse als Ganze sowie jeden einzelnen Schüler im Blick behalten. Er behält den Überblick und sieht, metaphorisch gesprochen, den Wald und zugleich auch die Bäume.

• *ZNL.* Seit April 2004 gibt es in Ulm das Transferzentrum für Neurowissenschaften und Lernen (www.znl-ulm.de). Sein Ziel ist nichts Geringeres als Antworten auf die Frage zu finden, wie man die Erkenntnisse zu Lernprozessen aus der Gehirnforschung im Bereich der Bildung anwenden kann. Dies ist keineswegs trivial, wie in diesem Buch dargelegt wurde. Aber es kann gelingen und es muss gelingen, wenn sich an unseren Kindergärten und Schulen nachhaltig etwas zum Guten verändern soll. Von dieser Idee handelt das ganze Buch. Daher sei hier nur so viel gesagt, dass wir aus einer kleinen Grundfinanzierung von fünf Stellen über fünf Jahre ein Netzwerk von Bildungsinstitutionen, Projekten und letztlich engagierten Menschen im Bereich der Bildung geschaffen haben, das nationale und internationale Beachtung gefunden hat (Elsner 2005; Schultz 2009).

Reformen, Glück und langes Leben

Am Schluss sei erstens noch der Hoffnung Ausdruck verliehen, dass dieses Buch einerseits zu Reformen in der deutschen Bildungslandschaft beitragen möge, andererseits jedoch diese Reformen mit Zeit und Augenmaß –

und vor allem nicht ohne wissenschaftliche Begründung und Begleitung – erfolgen. Es gab schon genug „Reformen", die sich im Nachhinein als kontraproduktiv erwiesen haben, von Mengenlehre in der ersten Klasse über das G8 bis zum Bologna-Prozess und der Zertifizierung von Studiengängen. Funktionieren Reformen nicht, dann lasten die Reformer dies nahezu immer der „Implementierung" durch die „faulen und unwilligen Beamten" an, egal ob Lehrer oder Professoren. Verwendete man diese Argumentationsfigur in anderem Zusammenhang, würde man als naiv gelten: „Der Kommunismus ist gut, nur seine Implementierung in Russland und China ist schlecht", hörte man in meiner Jugend die Jüngeren sagen. Und die cleveren Älteren antworteten: „Eine vermeintlich nur ‚schlechte Implementierung' ist definitiv kein Indiz für die Richtigkeit des Grundgedankens!"

Ein System, das die Menschen gängelt, das Lehrende und Lernende als Befehlsempfänger begreift, das Zwang ausübt statt Freiheit gewährt, das Reformen von oben diktiert, statt sie von unten zuzulassen, bringt keine kreativen, selbstbewussten, kritischen, motivierten und zeitlebens bildungshungrigen wie bildungsfähigen Menschen hervor, sondern Rädchen in großen Getrieben, Büro- und Technokraten, Unselbständigkeit und Unfähigkeit zur Verantwortungsübernahme, und Angst vor Veränderung statt Aufgeschlossenheit für Neues.

Einem Jubilar wünscht man im allgemeinen Glück und langes Leben. Wissenschaftliche Studien haben gezeigt, dass der Schlüssel zu beidem Bildung heißt. Gebildete Menschen sind glücklicher und leben länger. Nehmen wir Glück und langes Leben also ernst und wünschen dies *allen* Kindern. Es wäre doch schön, wenn sie nicht schroff als Sechsjährige mit dem Ernst des Lebens beginnen müssten, sondern irgendwann zwischen drei und zehn in die Schule gleiten könnten, eben dann, wenn sie es *können*. Und dann alle die Möglichkeit dazu haben, ein Instrument (ihrer eigenen Wahl) zu spielen, Mathematik ohne Angst zu lernen und ihr Lebensglück in der Schule als wichtigstes Bildungsziel verfolgen können. – Eine romantische Utopie? Wenn wir die Zukunft unserer Kinder und damit die *Zukunft von uns allen* wirklich ernst nehmen, nein! Sondern unsere einzige Chance.

Literatur

Abrams RA, Davoli CC, Du F , Knapp WH 3rd, Paull D (2008) Altered vision near the hands. Cognition 107:1035–1047

Anger C, Plünnecke A, Tröger M (2007) Renditen der Bildung – Investitionen in den frühkindlichen Bereich. Institut der deutschen Wirtschaft, Köln

Angrist J, Levy V (2002) New evidence on classroom computers and pupil learning. The Economic Journal 112:735–765

Anon (1996) Publish and be debated. New Scientist 2027, 27.4.1996

Anon (2009) Campbell: better evidence for a better world. Lancet 373:1736

Anon (2010a) Stapler-Fahrer wird zum Stapler-Fahrer umgeschult. Bild-Zeitung, 23.2.2010 (www.bild.de, online aufgerufen am 25.4.2010)

Anon (2010b) Gitarre, Geige, Flöte, Trompete. Süddeutsche Zeitung, 5.5.2010

Baker M, Gruber J, Milligan K (2005) Universal childcare, maternality labor supply and family well-being. National Bureau of Economic Research Working Paper No. 11832 (www.nber.org/papers/w11832)

Bank V, Heidecke B (2009) Gegenwind für PISA. Ein systematisierender Überblick über kritische Schriften zur internationalen Vergleichsmessung. Zeitschrift für wissenschaftliche Pädagogik 85:361–372

Berns G (2006) Satisfaktion. Campus, Frankfurt a.M.

Berti A, Frassinetti F (2000) When far becomes near: remapping of space by tool use. Journal of Cognitive Neuroscience 12:415–420

Biro D, Inoue-Nakamura N, Tonooka R, Yamakoshi G, Sousa C, Matsuzawa T (2003) Cultural innovation and transmission of tool use in wild chimpanzees: evidence from field experiments. Animal Cognition 6:213–223

Blair C, Razza RP (2007) Relating effortful control, executive function, and false belief understanding to emerging math and literacy ability in kindergarten. Child Development 78: 647–663

Blakemoore C, Cooper GF (1970) Development of the brain depends on the visual environment. Nature 228:477–478

BMBF (Bundesministerium für Bildung und Forschung, 2010) Die wirtschaftliche und soziale Lage der Studierenden in der Bundesrepublik Deutschland 2009. 19. Sozialerhebung des Deutschen Studentenwerks durchgeführt durch HIS Hochschul-Informations-System. Ausgewählte Ergebnisse (www.studentenwerke.de, online aufgerufen am 25.4.2010)

Bok D (2010) The politics of happiness: what government can learn from the new research on well-being. Princeton University Press, Princeton, NJ

Borghans L, ter Weel B (2004) Are computer skills the new basic skills? The returns to computer, writing and math in Britain. Labour Economics 11:85–98

Bouchard TJ, Lykken DT, McGue M, Segal NL, Tellegren A (1990) Sources of human psychological differences: the Minnesota study of twins reared apart. Science 250:223–238

Bouchard TJ (2004) Genetic influence on human psychological traits: a survey. Current Directions in Psychological Science 13:148–151

Bramble DM, Lieberman DE (2004) Endurance running and the evolution of Homo. Nature 432:345–352

Brumlik M (2007) Vom Missbrauch der Disziplin. Beltz, Weinheim

Brünken R, Seufert T, Zander S (2005) Förderung der Kohärenzbildung beim Lernen mit multiplen Repräsentationen. Zeitschrift für Pädagogische Psychologie 19:61–75

Bueb B (2006) Lob der Disziplin, Eine Streitschrift. List, Berlin

Bull R, Scerif G (2001) Executive function as a predictor of children's mathematics ability: inhibition, switching and working memory. Developmental Neuropsychology 19:273–293

Bunge SA, Ochsener KN, Desmond JE, Glover GH, Babrieli JD (2001) Prefrontal regions involved in keeping information in and out of mind. Brain 124:2074–2086

Byrne B, Coventry WL, Olson RK, Samuelsson S, Corley R, Willcutt EG, Wadsworth SJ, DeFries JC (2009) Genetic and environmental influences on aspects of literacy and language in early childhood: continuity and change from preschool to grade 2. Journal of Neurolinguistics 22: 219–236

Byrne B, Coventry WL, Olson RK, Wadsworth SJ, Samuelsson S, Petrill SA, Willcutt EG, Corley R (2010) „Teacher effects" in early literacy development: evidence from a study of twins. Journal of Educational Psychology 102:32–42

Campbell DT (1976) Assessing the impact of planned social change. The Public Affairs Center, Dartmouth College, Occasional Paper Series, Paper No. 8

Campuzano L, Dynarski M, Agodini R, Rall K, Pendleton A (2009) Effectiveness of reading and mathematics software products. Findings from two student cohorts. International Center für Education Evaluation and Regional Assistance (NCEE), Institute of Educational Sciences (IES), US Department of Education (www.ies.ed.gov/ncee

Capron C, Duyme M (1989) Assessment of effects of socio-economic status on IQ in a full cross-fostering study. Nature 340:552–554

Cardinali L, Frassinetti F, Brozzoli C, Urquizar C, Roy AC, Farnè A (2009) Tool-use induces morphological updating of the body schema. Current Biology 19:R478

Chang EF, Merzenich MM (2003) Environmental noise retards auditory cortical development. Science 300:498–502

Christakis D, Zimmerman F, DiGuiseppe DL, McCarthy C (2004) Early television exposure and subsequent attentional problems in children. Pediatrics 113:708–713

Cohen GL, Garcia J, Apfel N, Master A (2006) Reducing the racial achievement gap: a social-psychological intervention. Science 313:1307–1310

Cohen GL, Garcia J, Purdie-Vaugns V, Apfel N, Brzustoski P (2009) Recursive processes in self-affirmation: intervention to close the minority achievement gap. Science 324:400–403

Comenius JA (1657/2007) Große Didaktik: die vollständige Kunst, alle Menschen alles zu lehren (Übers & Hg A Flitner). Klett-Cotta, Stuttgart

Connor CM, Morrison FJ, Fishman BJ, Schatschneider C, Underwood P (2007) The early years: algorithm-guided individualized reading instruction. Science 315:464–465

Connor CM, Piasta SB, Fishman B, Glasney S, Schatschneider C, Crowe E, Underwood P, Morrison F (2009) Individualizing student instruction precisely: effects of child x instruction interactions on first graders' literacy development. Child Development 80:77–100

Dar-Nimrod I, Heine SJ (2006) Exposure to scientific theories affects women's math performance. Science 314:435

Davoli CC, Abrams RA (2009) Reaching out with the imagination. Psychological Science 20:293–295

Dawes CT, Fowler JH, Johnson T, McElreath, Smirnov O (2007) Egalitarian motives in humans. Nature 446:794–796

De Waal FBM (1999) Cultural primatology comes of age. Nature 399:635–636

Devlin B, Daniels M, Roeder K (1997) The heritability of IQ. Nature 388:468–471

Diamond A, Barnett WS, Thomas J, Munro S (2007) Preschool program improves cognitive control. Science 318:1387–1388

Donner S (2005) Forscher schlagen Alarm: in den Industrieländern ist der IQ auf Talfahrt. Bild der Wissenschaft, 16.5.2005

Dresel M, Ziegler A (2006) Langfristige Förderung von Fähigkeitsselbstkonzept und impliziter Fähigkeitstheorie durch computerbasiertes attributionales Feedback. Zeitschrift für Pädagogische Psychologie 20:49–63

Drieschner E (2008) Bildungsstandards und Kompetenzauslegung. Zum Problem ihrer praktischen Umsetzung. Pädagogische Rundschau 62:557–572

Duncan GJ, Dowsett CJ, Claessen A, Magnuson K, Huston AC, Klebanov P, Pagani L, Feinstein L, Engel M, Brooks-Gunn J, Sexton H, Duckworth K (2007) School readiness and later achievement. Developmental Psychology 43:1428–1446

Duyme M, Dumaret A-C, Tomkiewicz S (1999) How can we boost IQs of "dull children"?: a late adoption study. Proceedings of the National Academy of Sciences of the USA 96:8790–8794

Elbert T, Pantev C, Wienbruch C, Rockstroh B, Taub E (1995) Increased use of the left hand in string players associated with increased cortical representation of the fingers. Science 220:21–23

Elsner A (2005) Neurowissenschaften und Lernen: ein einzigartiges Projekt. Deutsches Ärzteblatt 102:A–228/B–188

Engert F, Bonhoeffer T (1999) Dendritic spine changes associated with hippocampal long-term synaptic plasticity. Nature 399:66–70

Ennemoser M, Schneider W (2007) Relations of television viewing and reading: findings from a 4-year longitudinal study. Journal of Educational Psychology 99:349–368

Fadalti M, Petraglia F, Luisi S, Bernardi F, Casarosa E, Ferrari E, Luisi M, Bernasconi S (1999) Pediatric Research 46:323–327

Feinstein L (2003) Inequality in the early cognitive development of British children in the 1970 cohort. Economia 70:73–97

Felleman DJ, Van Essen DC (1991) Distributed hierarchical processing in the primate cerebral cortex. Cerebral Cortex 1:1–47

Feuillet L, Dufour H, Pelletier J (2007) Brain of a white-collar worker. Lancet 370:262

Fischer EP (2001) Die andere Bildung. Ullstein, Berlin

Flechsig P (1920) Anatomie des menschlichen Gehirns und Rückenmarks auf myelogenetischer Grundlage. Thieme, Leipzig

Flitner A (2007) Vorwort. In: Comenius JA (1657/2007) Große Didaktik: die vollständige Kunst, alle Menschen alles zu lehren (Übers & Hg A Flitner). Klett-Cotta, Stuttgart

Flynn JR (1984) The mean IQ of Americans: massive gains 1932–1978. Psychological Bulletin 95:29–51

Flynn JR (1987) Massive IQ gains in 14 nations: What IQ tests really measure. Psychological Bulletin 101:171–191

Fritz-Schubert E (2008) Schulfach Glück: Wie ein neues Fach die Schule verändert. Herder, Freiburg

Fuchs T, Woessmann L (2004) Computers and student learning: bivariate and multivariate evidence on the availability and use of computers at home and at school. CESifo Working Paper No. 1321 (www. CESifo.de)

Fuster JM (1995) Memory in the cerebral cortex. MIT Press, Cambridge, MA

Garbner HL (1988) Milwaukee Project: preventing mental retardation in children at risk. American Association on Mental Retardation, Washington, DC

Gehlen A (1978) Der Mensch. Seine Natur und seine Stellung in der Welt. 12. Aufl. Akademische Verlagsgesellschaft Athenaion, Wiesbaden

Gergely G, Egyed K, Király I (2007) On pedagogy. Developmental Science 10: 139–146

Giesecke H (2005) „Humankapital" als Bildungsziel? Grenzen ökonomischen Denkens für das pädagogische Handeln. Neue Sammlung H. 3, S. 377–389

Ginns P (2005). Meta-analysis of the modality effect. Learning and Instruction 15:313–331

Gopnik A, Melzoff AN, Kuhl PK (1999) The scientist in the crib: what early learning tells us about the mind. William Morrow, New York

Götz M (2007) Fernsehen von -0,5 bis 5. Televizion 20:12–17

Grön G, Schul D, Bretschneider V, Wunderlich AP, Riepe MW (2003) Alike performance during nonverbal episodic learning from diversely imprinted neural networks. European Journal of Neuroscience 18:3112–3120

Hamadani JD, Huda SN, Khatun F, Grantham-McGregor SM (2006) Psychosocial stimulation improves the development of undernourished children in rural Bangladesh. The Journal of Nutrition 136:2645–2652

Hancox RJ, Milne BJ, Poulton R (2005) Association of television viewing during childhood with poor educational achievement. Archives of Pediatrics & Adolescent Medicine 159:614–618

Hanushek EA, Wößmann L (2008) The role of cognitive skills in economic development. Journal of Economic Literature 46:607–668

Hare TA, Camerer CF, Rangel A (2009) Self-control in decision-making involves modulation of the vmPFC valuation system. Science 324:646–648

Harlow HF, Suomi SJ (1971) Social recovery by isolation-reared monkeys. Proceedings of the National Academy of Sciences of the USA 68:1534–1538

Hassabis D, Kumaran D, Vann SD, Maguire EA (2007) Patients with hippocampal amnesia cannot imagine new experiences. Proceedings of the National Academy of Sciences of the USA 104:1726–1731

Heath RG (1972) Pleasure and brain activity in man. Journal of Nervous and Mental Disease 154:3–18

Hecht J (2004) Evolution made us marathon runners. New Scientist 2472, 20.11.2004

Heckman JJ (2006) Skill formation and the economics of investing in disadvantaged children. Science 312:1900–1902

Hentig Hv (2007) Bewährung: von der nützlichen Erfahrung, nützlich zu sein. Beltz, Weinheim

Hille K (2009). Schüleraussagen im Spiegel der Wissenschaften vom Lernen. In: Enderlein O (Hg) Ihr seid gefragt!, S. 104–120. Deutsche Kinder- und Jugendstiftung, Berlin

Hopmann ST, Brinek G, Retzl M (2007) PISA zufolge PISA. Hält PISA, was es verspricht? LIT Verlag, Wien

Huttenlocher PR, De Courten C, Garey LJ, Van der Loos H (1983) Synaptic development in human cerebral cortex. International Journal of Neurology 16/17: 144–154

Hyde JS, Lindberg SM, Linn MC, Ellis AB, Williams CC (2008) Gender similarities characterize math performance. Science 321:494–495

Iacono WG, McGue M (2002) Minnesota twin family study. Twin Research 5:482–487

Iwamoto A (2010) http://www.mct.ne.jp/users/ayaiwamo7/My speech in Singapole.htm

Jahnke T, Meyerhöfer W (2007) PISA & Co. Kritik eines Programms. Verlag Franzbecker, Berlin

Jaspers K (1957) Autobiographie. In: Schilpp PA (Hg) Philosophen des 20. Jahrhunderts, Karl Jaspers. Kohlhammer, Stuttgart

Kagan J (2010) The temperamental thread: how genes, culture, time, and luck make us who we are. Dana Press, New York

Kahl R (2008) Ein Konjunkturprogramm für die Bildung. Pädagogik 12:

Kang MJ, Hsu M, Krajbich IM, Loewenstein G, McClure SM, Wang JT, Camerer CF (2009) The wick in the candle of learning: epistemic curiosity activates reward circuitry and enhances memory. Psychological Science 20:963–973

Karoly LA, Kilburn MR, Cannon JS (2005) Early childhood interventions: proven results, future promises. RAND, Santa Monica, CA

Keizer K, Lindenberg S, Steg L (2008) The spraying of disorder. Science 322: 1681-1685

Kiefer M, Sim E-J, Liebich S, Hauk O, Tanaka J (2007) Experience-dependent plasticity of conceptual representations in human sensory-motor areas. Journal of Cognitive Neuroscience 19:525–542

King-Casas B, Tomlin D, Anen Cedric, Camerer CF, Quartz SR, Montague R (2005) Getting to know you: reputation and trust in a two-person economic exchange. Science 308:78–83

Kloepfer I (2010) Das gespaltene Land. FAZ.NET (aufgerufen am 28.2.2010) F.A.Z. Electronic Media GmbH

Knutson B, Rick S, Wimmer E, Prelec D, Loewenstein G (2007) Neural predictors of purchases. Neuron 53:147–156

Kober U (2008) Integration durch Bildung. Ergebnisse einer repräsentativen Bevölkerungsbefragung in Deutschland. Emnid-Institut, im Auftrag der Bertelsmann-Stiftung, Gütersloh

Kraus J (2007) Der UNO-Querulant aus Costa-Rica. Kommentar zum Bericht des UNO-Beauftragten Vernor Muños. Deutscher Lehrerverband Aktuell, Bonn, 22.3.2007

Kraut R, Lundmark V, Patterson M, Kiesler S, Mukopadhyay T, Scherlis W (1998) Internet paradox. American Psychologist 53:1017–1031

Kuhl PK, Tsao F-M, Liu H-M (2003) Foreign-language experience in infancy: effects of short-term exposure and social interaction on phonetic learning. Proceedings of the National Academy of Sciences of the USA 100:9096–9101

Lamb SE, Marsh JL, JL, Nakash R, Cooke RMW, on behalf of The Collaborative Ankle Support Trial (CAST) Group (2009) Mechanical supports for acute, severe ankle sprain: a pragmatic, multicentre, randomised controlled trial. Lancet 373:575–581

LeDoux JE (1994) Emotion, memory and the brain. Scientific American 270:32–39

Lehmann AC, Ericsson A (1998) Historical development of expert performance: public performance of music. In: Steptoe A (Ed) Genius and the mind. Studies of creativity and temperament, p.67–94. Oxford University Press, Oxford

Lewin T (2009) No Einstein in your crib? Get a refund. The New York Times 23.10.2009

Magnuson KA, Meyers MK, Ruhm CJ Waldfogel J (2004) Inequality in preschool education and school readiness. American Educational Research Journal 41:115–157

Marmot M (2010) Fair society, healthy lives. The Marmot review. Strategic review of health inequalities in England post-2010 (www.ucl.ac.uk/gheg/marmotreview)

McCarthy MM (2007) GABA-Receptors make teens resistant to input. Nature Neuroscience 10:397–399

McClelland MM, Morrison FJ, Holmes DL (2000) Children at risk for early academic problems: the role of learning-related social skills. Early Child Research Quarterly 15:307–329

McGivern RF, Andersen J, Byrd D, Mutter KL, Reilly J (2002) Cognitive efficiency on a match to sample task decreases at the onset of puberty in children. Brain and Cognition 50:73–89

McKay H, Sinisterra L, McKay A, Gomez H, Lloreda P (1978) Improving cognitive ability in chronically deprived children. Science 200:270–278

Meinhardt P (2007) Muñoz-Bericht ist eine Zumutung. Presseinformation Nr.
    309, 22.3.2007 (www.fdp-fraktion.de)

Melhuish EC, Sylva K, Sammons P, Siraj-Blatchford I, Taggart B, Phan MB,
    Malin A (2008) Preschool influences on mathematics achievement. Science
    321:1161–1162

Meltzoff AN, Kuhl PK, Movellan J, Sejnowski (2009) Foundations for a new
    science of learning. Science 325:284–288

Mervis J (2009) Study questions value of school software for students. Science
    323:1277

Millum J, Emanuel EJ (2007) The ethics of international research with
    abandoned children. Science 318: 1874–1875

Ministerium für Kultus, Jugend und Sport Baden-Württemberg (2007):
    Ausschreibung Bildungshaus 3 – 10 (www.kultusportal-bw.de)

Muñoz V (2007) Bericht des Sonderberichterstatters für das Recht auf Bildung,
    Addendum, Deutschlandbesuch 13.-21.2.2006 (Arbeitsübersetzung)
    Umsetzung der UN-Resolution 60/251 „Rat für Menschenrechte" vom
    15.3.2006

MWK (Ministerium für Wissenschaft, Forschung und Kunst Baden-
    Württemberg, 2004) Evaluation der Erziehungswissenschaft an den
    Universitäten und Pädagogischen Hochschulen des Landes Baden-
    Württemberg. Lemmens, Bonn

Nelson CA, Zeanah CH, Fox NA, Marshall PJ, Smyke AT, Guthrie D (2007)
    Cognitive recovery in socially deprived young children: The Bucharest early
    intervention project. Science 318:1937–1940

Neuwirth E, Ponocny, Grossmann W (2006): PISA 2000 und PISA 2003:
    Vertiefende Analysen und Beiträge zur Methodik. Leykam, Graz

Nisbett RE (2009) Intelligence and how to get it: why schools and cultures count.
    Norton & Co, New York

OECD (2009a) Health at a glance 2009

OECD (2009b) Education at a glance 2009

Olds J, Milner P (1954) Positive reinforcement produced by electrical stimulation
    of septal area and other regions of rat brain. Journal of Comparative
    Physiology and Psychology 47:419–427

Perger WA (1995) Faule Säcke? ZEIT ONLINE, 23.6.1995

Plomin R, Fulker DW, Corley R, deFries JC (1997) Nature, nurture, and cognitive development from 1 to 16 years. A parent-offspring adoption study. Psychological Science 8:442–447

Posner MI, Rothbart MK (2007) Educating the human brain. American Psychological Association, Washington, DC

Ratey JJ (2008) Spark: The revolutionary new science of exercise and the brain. Little, Brown and Company, New York

Reed CL, Grubb JD, Steele C (2006) Hands up: attentional prioritization of space near the hand. Journal of Experimantal Psychology: Human Perception and Performance 32:166–177

Reynolds AJ, Temple JA, Robertson DL, Mann EA (2002) Age 21 cost-benefit analysis of the title I Chicago child-parent centers. Educational Evaluation and Policy Analysis 24:267–303

Rideout V, Hamel E (2006) The media family: electronic media in the lives of infants, toddlers, preschoolers and their parents. Kaiser Family Foundation, Menlo Park, CA

Rossato JI, Bevilaqua LRM, Izquierdo I, Medina JH, Cammarota M (2009) Dopamine controls persistence of long-term memory storage. Science 325:1017–1020

Sanders CE, Field TM, Diego M, Kaplan M (2000) The relationship of internet use to depression and social isolation among adolescents. Adolescence 35:237–242

Schaarschmidt U, Fischer AW (1998) Diagnostik interindividueller Unterschiede in der psychischen Gesundheit von Lehrerinnen und Lehrern zum Zwecke der differentiellen Gesundheitsförderung. In: Bamberg E, Ducki A, Metz A-M (Hg) Handbuch betriebliche Gesundheitsförderung, S. 375–394. Verlag für Angewandte Psychologie, Göttingen

Schaarschmidt U (2005) Halbtagsjobber? Psychische Gesundheit im Lehrerberuf – Analyse eines veränderungsbedürftigen Zustandes. 2. Aufl. Beltz, Weinheim

Schaarschmidt U, Kieschke U (2007) Gerüstet für den Schulalltag. Psychologische Unterstützungsangebote für Lehrerinnen und Lehrer. Beltz, Weinheim

Schendel K, Robertson LC (2004) Reaching out to see: arm position can attenuate human visual loss. Journal of Cognitive Neuroscience 16:935–943

Schiff M, Duyme M, Dumaret A, Stewart J, Tomkiewicz S, Feingold, J (1978) Intellectual status of working-class children adopted early into upper-middle-class families. Science 200:1503–1504

Schmoll H (2007) Dreistes Urteil über das deutsche Schulsystem. FAZ.NET (aufgerufen am 4.1.2010) F.A.Z. Electronic Media GmbH

Scholz C (2005) Zur Wahl des Wortes „Humankapital" zum Unwort 2004. Pressemitteilung der Universität des Saarlandes, 20.1.2005

Schönemann PH (1997) On models and muddles of heritability. Genetica 99:97–108

Schultz T (2007) Vernichtendes Zeugnis. Süddeutsche Zeitung, 21.3.2007

Schultz N (2009) Brain science to help teachers get into kids' heads. New Scientist 2726, 16. September 2009

Schwanitz D (1999) Bildung. Alles, was man wissen muss. Eichborn Verlag, Frankfurt a.M.

Sengpiel F, Stawinski P, Bonhoeffer T (1999) Influence of experience on orientation maps in cat visual cortex. Nature Neuroscience 2:727–732

Shen H, Sabaliauskas N, Sherpy A, Fenton AA, Stelzer A, Aoki C, Smith SS (2010) A critical role for alpha4beta-delta GABA-a receptors in shaping learning deficits at puberty in mice. Science 327:1515–1518

Silva PA, Stanton WR (1996) From child to adult: the Dunedin multidisciplinary health and development study. Oxford University Press, Oxford

Smith GE, Housen P, Yaffe K, Ruff R, Kennison RF, Mahncke HW, Zelinski EM (2009) A cognitive training program based on principles of brain plasticity: results from the improvement in memory with plasticity-based adaptive cognitive training (IMPACT) study. Journal of the American Geriatric Society 57:594–603

Soden-Fraunhofen, Rv, Sim E-J, Liebich S, Frank K, Kiefer M (2008) Die Rolle der motorischen Interaktion beim Erwerb begrifflichen Wissens: eine Trainingsstudie mit künstlichen Objekten. Zeitschrift für Pädagogische Psychologie 22:47–58

Spiewak M (2009) Die trotzdem Geborenen. Menschen mit Down-Syndrom haben bessere Lebenschancen als je zuvor – wenn sie sie denn bekommen. ZEIT ONLINE, 12.3.2009

Spitzer M (1996) Geist im Netz. Spektrum Akademischer Verlag, Heidelberg

Spitzer M (2002a) Lernen. Gehirnforschung und die Schule des Lebens. Spektrum Akademischer Verlag, Heidelberg

Spitzer M (2002b) Musik im Kopf. Schattauer Verlag, Stuttgart

Spitzer M (2004) Selbstbestimmen. Gehirnforschung und die Frage: Was sollen wir tun? Spektrum Akademischer Verlag, Heidelberg

Spitzer M (2005) Vorsicht Bildschirm. Klett, Stuttgart

Spitzer M (2007a) Achtung: Baby-TV. Nervenheilkunde 26:1036–1040

Spitzer M (2007b) Gleichheit. Nervenheilkunde 26:453–457

Spitzer M (2009) Gemütlich dumpf. Nervenheilkunde 28:343-346

Stiftung Rechnen (2009) Rechnen in Deutschland. (www.stiftungrechnen.de)

Subrahmanyam K, Kraut R, Greenfield PM, Gross EF (2000) The impact of home computer use on children's activities and development. Children and Computer Technology 10:123–144

Sundet JM, Barlaug DG, Torjussen TM (2004) The end of the Flynn effect? A study of secular trends in mean intelligence test scores on Norwegian conscripts during half a century. Intelligence 32:349–362

Szpunar KK, Watson JM, McDermott KB (2007) Neural substrates of envisioning the future. Proceedings of the National Academy of Sciences of the USA 104:642–647

Taylor J, Roehrig AD, Soden Hensler B, Connor CM, Schatschneider C (2010) Teacher quality moderates the genetic effects on early reading. Science 328:512–514

Thalemann R, Thalemann C, Albrecht U, Grüsser SM. Exzessives Computerspielen im Kindesalter. Der Nervenarzt 2004(Suppl 2):186

Toni N, Buchs P-A, Nikonenko I, Bron CR, Müller D (1999) LTP promotes formation of multiple spine synapses between a single axon terminal and a dendrite. Nature 402:421–425

Vishton PM, Stephens NJ, Nelson LA et al. (2007) Planning to reach for an object changes how the reacher perceives it. Psychological Science 18:713–719

Wagner U, Gais S, Haider H, Verleger R, Born J (2004) Sleep inspires insight. Nature 427:352–355

Wandler R (2009) Erster Lehrer mit Downsyndrom. Meine Zeit ist gekommen. Tasnews 22.3.2009 (aufgerufen am 17.1.2010) taz Entwicklungs GmbH & Co. Medien KG

Watanabe K, Flores R, Fujiwara J, Tran LTH (2005) Early childhood development interventions and cognitive development of young children in rural Vietnam. The Journal of Nutrition 135:1918–1925

Weinert FE (2001) Vergleichende Leistungsmessung in Schulen – eine umstrittene Selbstverständlichkeit. In: Weinert FE (Hg) Leistungsmessungen in Schulen, S. 17–31. Beltz, Weinheim

Weis R, Cerankosky BC (2010) Effects of video-game ownership on young boys' academic and behavioral functioning. Psychological Science 2010, E-pub ahead of print

Whetzel DL, McDaniel MA (2006) Prediction of national wealth. Intelligence 34:449–458

Widenhorn-Müller K, Hille K, Klenk J, Weiland U (2008) Influence of having breakfast oncognitive performance and mood in 13- to 20-year-old high school students: results of a crossover trial. Pediatrics 122:279–284

Williams LA, DeStono D (2009) Pride. Adaptive social emotion or seventh sin? Psychological Science 20:284–288

Wittgenstein L (1982) Philosophische Untersuchungen. Suhrkamp, Frankfurt a.M.

Wößmann L (2007) Letzte Chance für gute Schulen. ZS Verlag Zabert Sandmann, München

Wößmann L (2009) Bildungssystem, PISA-Leistungen und volkswirtschaftliches Wachstum. Ifo Schnelldienst 10/2009 62:23–29

Wößmann L, Piopiunik M (2009) Was unzureichende Bildung kostet. Eine Berechnung der Folgekosten durch entgangenes Wirtschaftswachstum. Ifo-Institut für Wirtschaftsforschung, im Auftrag der Bertelsmann-Stiftung, Gütersloh

Zimmerman FJ, Christakis DA (2005) Children's television viewing and cognitive outcomes. A longitudinal analysis of national data. Archives of Pediatrics & Adolescent Medicine 159:619–625

Zimmerman FJ, Christakis DA, Meltzoff AN (2007a) Television and DVD/video viewing in children younger than 2 years. Archives of Pediatrics & Adolescent Medicine 161:473–479

Zimmerman FJ, Christakis DA, Meltzoff AN (2007b) Associations between media viewing and language devlopment in children under age 2 years. Journal of Pediatrics 151:364–368

Zschirnt C (2002) Bücher: Alles, was man lesen muss. Eichborn, Frankfurt a.M.

Namen

Sachen